Jörg Nagel

Neues Konzept für die bedarfsgerechte Energieversorgung des Künstlichen Akkommodationssystems

Neues Konzept für die bedarfsgerechte Energieversorgung des Künstlichen Akkommodationssystems

Schriftenreihe des

Instituts für Angewandte Informatik / Automatisierungstechnik

am Karlsruher Institut für Technologie

Band 42

Eine Übersicht über alle bisher in dieser Schriftenreihe erschienenen Bände
finden Sie am Ende des Buchs.

Neues Konzept für die bedarfsgerechte Energieversorgung des Künstlichen Akkommodationssystems

von
Jörg Nagel

Dissertation, Universität Karlsruhe (TH)
Fakultät für Maschinenbau
Tag der mündlichen Prüfung: 08. April 2011
Hauptreferent: Prof. Dr.-Ing. Georg Bretthauer
Korreferenten: Prof. Dr. rer. nat. Volker Saile, Prof. Dr. med. Rudolf Guthoff

Impressum

Karlsruher Institut für Technologie (KIT)
KIT Scientific Publishing
Straße am Forum 2
D-76131 Karlsruhe
www.ksp.kit.edu

KIT – Universität des Landes Baden-Württemberg und nationales
Forschungszentrum in der Helmholtz-Gemeinschaft

KIT Scientific Publishing 2012
Print on Demand

ISSN: 1614-5267
ISBN: 978-3-86644-810-0

Neues Konzept für die bedarfsgerechte Energieversorgung des Künstlichen Akkommodationssystems

Zur Erlangung des akademischen Grades eines

Doktors der Ingenieurwissenschaften

von der Fakultät für Maschinenbau der
Universität Karlsruhe

genehmigte

DISSERTATION

von

Dipl.-Ing. Jörg André Nagel

aus Ludwigshafen am Rhein

Hauptreferent: Prof. Dr.-Ing. habil. Georg Bretthauer
Korreferenten: Prof. Dr. rer. nat. Volker Saile
                              Prof. Dr. med. Rudolf Guthoff

„Es ist schwer zu sagen, was
unmöglich ist, denn der Traum von
gestern ist die Hoffnung von heute
und die Wirklichkeit von morgen."

Robert Goddard (1882–1945)

Vorwort

Die vorliegende Arbeit entstand im Rahmen des Forschungsprojekts Künstliches Akkommodationssystem am Institut für Angewandte Informatik des Karlsruher Instituts für Technologie in den Jahren 2007 bis 2011. Meinem Doktorvater Prof. Dr.-Ing. habil. Georg Bretthauer danke ich für sein stetiges Interesse an meiner Arbeit und seine intensive Förderung meines Dissertationsvorhabens. Herrn Dr.-Ing. Ulrich Gengenbach gilt mein Dank für das große Maß an Freiraum, welches er mir bei der Bearbeitung meines Themas einräumte, für die regelmäßigen intensiven Diskussionen und die kritische Durchsicht meines Manuskripts. Bei Herrn Prof. Dr. rer. nat. Volker Saile und Herrn Prof. Dr. med. Rudolf Guthoff bedanke ich mich für die Übernahme des Korreferates.

Für die enge Kooperation und Unterstützung bei medizinischen Fragestellungen danke ich unseren Partnern der Universität Rostock, Herrn Prof. Dr. med. R. F. Guthoff, Herrn Prof. K.-P. Schmitz und ihren Mitarbeitern Dr. rer. nat. habil. O. Stachs und Dr.-Ing. habil. H. Martin, M. Reichard und U. Bahlke.

Des Weiteren danke ich folgenden Kollegen und studentischen Mitarbeitern des Karlsruher Institut für Technologie: C. Beck, C. Benea, Dr.-Ing. M. Bergemann, J. Fliedner, Dr. rer. nat. H. Guth, H. Harms, A. Hellmann, A. Hofmann, R. Jaborski, Dr.-Ing. S. Klink, Dr.-Ing. B. Köhler, T. Reis, L. Rheinschmitt, F. Ritter, M. Kohler, M. Krug, Dr.-Ing. T. Koker, T. Martin, R. Scharnowell, Dr.-Ing. K.-P. Scherer, G. Schwartz, Dr.-Ing. I. Sieber, H. Skupin, P. Stiller und S. Vollmannshauser. Sie unterstützten mich durch die Diskussion wissenschaftlicher Fragestellungen, durch die Erstellung von Software, bei Versuchsaufbauten und Messungen oder auch im Rahmen von Praktika, Studien- und Diplomarbeiten. Ihre zahlreichen Anregungen trugen wesentlich zum Gelingen dieser Arbeit bei.

Es wird mir stets in Erinnerung bleiben, wie mich meine Eltern auf meinem bisherigen Lebens-, Ausbildungs- und Berufsweg gefördert und unterstützt haben, wofür ich meiner Mutter und meinem Vater von ganzem Herzen danke.

Zu guter Letzt danke ich meiner Freundin für das fleißige Korrekturlesen, ihre Geduld und ihre geistige sowie moralische Unterstützung.

Ludwigshafen am Rhein, im April 2011

Jörg Nagel

Inhaltsverzeichnis

Abbildungsverzeichnis   **vii**

Tabellenverzeichnis   **xi**

Abkürzungsverzeichnis   **xiii**

Symbolverzeichnis lateinischer Formelzeichen   **xv**

Symbolverzeichnis griechischer Formelzeichen   **xxi**

1. Einleitung   **1**

1.1. Bedeutung der Akkommodation für das menschliche Sehen . . .   1

1.2. Medizinische Grundlagen   3

    1.2.1. Anatomie des Auges   3

    1.2.2. Akkommodation   7

    1.2.3. Fehlsichtigkeit und Erkrankungen des Auges   9

1.3. Darstellung des Entwicklungsstands   10

    1.3.1. Künstliches Akkommodationssystem   10

    1.3.2. Energieversorgung in mikromechatronischen Systemen und Implantaten   18

1.4. Ziele und Aufgaben   24

2. Neue Methodik zur Konzeption und Bewertung von Lösungen für die Energieversorgung   **27**

2.1. Anforderungen an die bedarfsgerechte Energieversorgung   27

2.2. Einheitlichen Vorgehensweise zur Entwicklung einer Energieversorgung   30

2.3. Ermittlung möglicher Energiequellen   35

    2.3.1. Bei Produktion eingebrachte Primärenergie   35

    2.3.2. In Implantatumgebung vorhandene Energieformen   36

    2.3.3. Zeitweise Einkopplung von Energie   37

    2.3.4. Vorauswahl von Energiequellen   38

2.4. Detaillierung der Systemkonzepte für die Energieversorgung . .   39

3. Neue Konzepte zur Energieversorgung und Energieeinsparung   **45**

3.1. Erstmalige systematische Ermittlung des Energiebedarfs 45

    3.1.1. Ermittlung des Energiebedarfs des Gesamtsystems 46

    3.1.2. Simulation des Akkommodationsverlaufs von beispielhaften Personengruppen 48

3.2. Neue Konzepte zur Energieversorgung 54

    3.2.1. Lebensdauerversorgung durch integrierte Primärzellen . 54

    3.2.2. Nutzung von in der Implantatumgebung vorhandener Primärenergie 60

    3.2.3. Diskontinuierliche, drahtlose Einkopplung von Energie . 79

    3.2.4. Allgemein erforderliche Komponenten zur Umsetzung der Systemkonzepte 83

    3.2.5. Vergleichende Gegenüberstellung von Systemkonzepten zur Energieversorgung 97

3.3. Neue Konzepte zur Energieeinsparung 100

    3.3.1. Entwicklung neuer Strategien des Energiemanagements . 100

    3.3.2. Entwicklung einer spezialisierten Softwarearchitektur . . 104

    3.3.3. Energieeffizienter Algorithmus zur Berechnung des Akkommodationsbedarfs 107

3.4. Einheitliche Vorgehensweise zur Modellbildung und Optimierung einer induktiven Energieübertragung 113

    3.4.1. Anforderungen an die induktive Energieübertragung . . . 114

    3.4.2. Methodik zur Auslegung der induktiven Energieübertragung 115

    3.4.3. Modellbildung und Optimierung 118

3.5. Zusammenfassung 126

4. Realisierungen   **129**

4.1. Beschreibung der Grundlagen 130

4.2. Anwendung der Energiesparkonzepte auf das Künstliche Akkommodationssystem 133

    4.2.1. Abschaltung von Teilsystemen 133

    4.2.2. Schlafdetektion 134

    4.2.3. Sakkadendetektion 135

    4.2.4. Bewertung der Energiemanagementstrategien 136

4.3. Neuer, energiesparender Algorithmus zur Akkommodationsbedarfsberechnung 139

    4.3.1. Anwendung des CORDIC-Algorithmus zur optimierten Akkommodationsbedarfsberechnung 139

    4.3.2. Ergebnisse der energieeffizienten Akkommodationsbedarfsberechnung 140

4.4. Realisierung einer optimierten induktiven Energieübertragung . 143

    4.4.1. Auslegung der induktiven Übertragungsstrecke 143

    4.4.2. Aufbau einer Testumgebung zur Charakterisierung der induktiven Energieübertragung 151
    4.4.3. Charakterisierung der induktiven Übertragungsstrecke . 153
  4.5. Zusammenfassung 155

5. Zusammenfassung und Ausblick   **159**

6. Literaturverzeichnis   **163**

A. Anhang   **187**
  A.1. Thermoelektrische Grundlagen 187
    A.1.1. Wärmeleistung 187
    A.1.2. Thermoelektrische Effekte 187
    A.1.3. Thermoelektrische Grundgesetze 189
    A.1.4. Konvertierungseffizienz 189
    A.1.5. Thermoelektrische Generatoren 192
    A.1.6. Thermomaterialien 194
  A.2. Grundlagen für Energy-Harvesting aus Licht 195
  A.3. Risikomanagement und Softwarelebenszyklusprozesse für Medizinprodukte 195
    A.3.1. Risikomanagementprozess 196
    A.3.2. Softwarelebenszyklusprozess 196
  A.4. Simulation der Akkommodationsprofile 198
    A.4.1. Definition der Handlungsparameter 198
    A.4.2. Definition der beispielhaften Tagesabläufe von ausgewählten Personengruppen 202
    A.4.3. Ablaufschema der Akkommodationsbedarfssimulation . . 206
  A.5. Energiebedarf der Teilsysteme bei unterschiedlichen Energiemanagementkonzepten 207
    A.5.1. Gruppe 1 207
    A.5.2. Gruppe 2 208
    A.5.3. Gruppe 3 209
    A.5.4. Gruppe 4 210
  A.6. Mathematische Zusammenhänge des CORDIC-Algorithmus . . . 210
    A.6.1. Herleitung 211
    A.6.2. Rotationsmodus 212
    A.6.3. Vektormodus 213
    A.6.4. Konvergenz 213
    A.6.5. Erweiterungen 214
  A.7. Induktive Energieübertragung 214
    A.7.1. Herleitung der Spannungsübertragungsfunktion 215
    A.7.2. Herleitung der Strom-Spannungsübertragungsfunktion . 216

Abbildungsverzeichnis

1.2. Akkommodation 8
1.3. Schematische Darstellung der Funktionsweise des Künstlichen Akkommodationssystems. 11
1.4. Struktur des Künstlichen Akkommodationssystems und seiner Komponenten 12
1.5. Ausgewählte Lösungsmöglichkeiten für das Teilsystem optisches Element. 14
1.6. Erfassung des Akkommodationsbedarfs 15

2.1. Methodische Vorgehensweise zur Ermittlung potentieller Energiequellen und Ableitung von Systemkonzepten. 30
2.2. Bekannte Energieformen und Beispiele für Wandlungsprinzipien zur Überführung der Energieformen in elektrische Energie. . . . 31
2.3. Methodische Vorgehensweise zur Ermittlung von Gesamtsystemlösungen aus den zu Systemkonzepten zugeordneten Energiequellen. 32
2.4. Methodische Vorgehensweise zur Bewertung von Gesamtsystemlösungen und Ausarbeitung von Funktionsmustern. 34
2.5. Methodische Vorgehensweise zur Konzeption von Strategien zur Reduktion der Leistungsaufnahme. 35
2.6. Detaillierung von Systemkonzept 1 zur Energieversorgung durch bei der Herstellung des Implantats integrierten Primärenergiespeicher. 40
2.7. Detaillierung von Systemkonzept 2 zur Energieversorgung durch in der Implantatumgebung vorhandene Energie. 41
2.8. Detaillierung von Systemkonzept 3 zur Energieversorgung durch zeitweise Einkopplung von Energie über eine künstlich, extrakorporal bereitgestellte Energiequelle. 41

3.1. Zustandsautomat der zentralen Ablaufsteuerung des Künstlichen Akkommodationssystems 47
3.2. Funktionsablauf im Künstlichen Akkommodationssystem 47
3.3. Definition eines Tagesablaufs. 50
3.4. Histogramm der Handlungsdauerverteilung nach [SEEP87] . . . 51
3.5. Schematischer Aufbau eines kapazitiven sowie eines Elektretwandlers 63

3.6.   Schematischer Aufbau piezoelektrischen Biegebalkens   63

3.7.   Konzepte von elektromechanischen Wandlern zur Nutzung der Augenbewegung zur Energieversorgung des Künstlichen Akkommodationssystems [God10]   64

3.8.   Geschwindigkeitsverlauf unterschiedlicher Sakkaden   66

3.9.   Berechnete Temperaturprofile von Scott [Sco88], Amara [Ama95], Ooi et al. [OAN07, ON08] mit und ohne Einfluss der Kammerwasserhydrodynamik und skalierte Messungen der Kaninchenexperimente von Schwartz et al. [SF62].   74

3.10. Konzepte zur Einkopplung von Energie in das Implantat.   80

3.11. Funktionsprinzip eines Linearreglers.   92

3.12. Funktionsprinzip eines geschalteten Gleichspannungswandlers. .   93

3.13. Funktionsprinzip eines induktiven Spannungswandlers.   94

3.14. Schematische Darstellung einer Ladungspumpe sowie deren Effizienz in Abhängigkeit von der Anzahl an Stufen nach [PS06] . .   96

3.15. Schematische Veranschaulichung der Einflussbereiche von globalen, teilglobalen und lokalen Energiemanagementstrategien . . .   101

3.16. Struktureller Aufbau der Softwarearchitektur und deren Softwareeinheiten sowie deren Schnittstelle zur zugrundeliegenden Hardwareplattform   106

3.17. Winkelbeziehungen zwischen kopffestem Koordinatensystem, augenfestem Koordinatensystem und externem Referenzmagnetfeld bei Vergenzbewegung   108

3.18. Konzept zur Anordnung der Spulen der induktiven Energieübertragung des Künstlichen Akkommodationssystems   116

3.19. Topologie der induktiven Energieübertragung: von links Hochfrequenz (HF)-Verstärker, Primärspule mit Anpassung, induktive Übertragungsstrecke, Sekundärspule mit Anpassung, Gleichrichter, Gleichspannungswandler (DC/DC)-Wandler, Sekundärzelle .   117

3.20. Elektrisches Ersatzschaltbild der induktiven Energieübertragungsstrecke (oben) und durch Transformation der primären Spannungsquelle in den Sekundärteil vereinfachtes Ersatzschaltbild der Sekundärseite (unten).   119

3.21. Anordnung der Spulen in Abhängigkeit des Winkels des Auges und des Lateralversatzes resultierend aus den Positionierungsfehlern der Primärspule   123

3.22. 2D-Visualisierung des Feldverlaufs um die kreisförmige Primärspule und Darstellung der Sekundärspule im Feld   124

4.1.   Demonstrator II im Maßstab 5:1.   130

4.2.   Aufgenommene Leistung des Mikrocontrollers pro MHz Taktfrequenz aufgetragen über der Taktfrequenz.   131

4.3. Zusätzlicher Schaltungsaufwand zur Realisierung einer Schlafabschaltung im Künstlichen Akkommodationssystem (a) sowie deren Leistungsaufnahme und Ausgangssignal abhängig vom Photodiodenstrom (b) 134

4.4. Akkommodationsbedarfsberechnung mittels Coordinate Rotation Digital Computer (CORDIC)-Einheiten. 140

4.5. Abweichung ε_D des berechneten Akkommodationsbedarfs $\tilde{D}$ vom realen Akkommodationsbedarf D 141

4.6. Schematischer Aufbau und Verlustleistung der Teilkomponenten des Sekundärteils 143

4.7. Verstärkungsfaktor $U_2/(k\,I_1\,\sqrt{L_1})$ als Funktion von L_2 bei variiertem Lastwiderstand R_{Last} 145

4.8. Ergebnisse der Magnetfeldsimulation. 146

4.9. Häufigkeitsverteilung von Verkippungswinkel α_l und α_r hervorgerufen durch Augenbewegungen auf Basis der in [Kli05] beschriebenen Häufigkeitsverteilungen für Vergenz-, Versions- und Nickwinkel 147

4.10. Kopplungsfaktor k über dem Verkippungswinkel α zwischen den Spulen bei für verschiedene Verkippungswinkel optimalen Primärspulenradien 147

4.11. Spannungsübertragungsfunktion $\frac{U_2}{U_1}$ als Funktion der Windungszahl N_1 und verschiedener Lastwiderstände R_L 148

4.12. Veranschaulichung des zur Berechnung der Spezifischen Absorption im Gewebe berücksichtigten Volumens 149

4.13. Schaltung des Primärspulentreibers 152

4.14. Geregelter Start des Ladevorgangs 152

4.15. Versuchsaufbau zur Charakterisierung der induktiven Übertragungsstrecke 153

4.16. Maximal übertragene Leistung über dem Abstand von Primärund Sekundärspule bei verschiedenen Abständen und Verkippungswinkeln der Sekundärspule. 154

4.17. Maximal übertragene Leistung in bei verschiedenen Abständen und Verkippungswinkeln zwischen Primär- und Sekundärspule. 154

4.18. Schematische Darstellung der Teilsysteme des Künstlichen Akkommodationssystems 156

A.1. Veranschaulichung des relativen Seebeck-Effekts. 188

A.2. Veranschaulichung des Peltier-Effekts 188

A.3. Thermoelement zum Kühlen und für Generatorbetrieb. 190

A.4. Überblick über Softwareentwicklungsprozesse und -Aktivitäten nach [DIN07] 197

A.5. Ablaufschema der Akkommodationsbedarfssimulation 206

A.6. Eine Iteration des CORDIC-Algorithmus. 211

Tabellenverzeichnis

1.1. Klassifikation von Implantatenergieversorgungen und Bewertung ihrer Realisierbarkeit. 20

3.1. Statistik der berechneten Akkommodationsverläufe der definierten Personengruppen, die im Akkommodationsprofil berücksichtigte Schlafdauer und die Verteilung des Akkommodationsbedarfs über den Tag. 53

3.2. Vergleich verschiedener Primärenergiequellen. 59

3.3. Ergebnisse der Simulation unterschiedlicher elektromechanischer Schwingungswandler unter Sakkadenanregung im Künstlichen Akkommodationssystem. 67

3.4. Aus den Temperaturprofilen extrahierte Temperaturdifferenzen über dem Künstlichen Akkommodationssystems bei Implantation in den Kapselsack. 75

3.5. Wärmestrom $\dot{Q}$ durch den Thermogenerator, unter optimaler Lastanpassung real erzielbare Effizienz η_{te}, resultierende elektrische Ausgangsleistung P_{el}, Carnot-Effizienz η_c und maximale elektrische Ausgangsleistung bei Carnot-Effizienz P_c bei gegebenen Temperaturgradienten. 76

3.6. Unter Berücksichtigung der Einflüsse auf die optische Abbildungsqualität erreichbare elektrische Leistungen durch Solarzellen im Strahlengang des Künstlichen Akkommodationssystems. 78

3.7. Vergleich verschiedener Energy-Harvesting (EH)-Strategien für das Künstliche Akkommodationssystem. 79

3.8. Vergleich zweier Strategien zur Einkopplung von Energie in das Künstliche Akkommodationssystem. 82

3.9. Vergleich und Bewertung von Energiespeichertechnologien. . . . 90

3.10. Vergleichende Bewertung von Systemlösungen zur Energieversorgung des Künstlichen Akkommodationssystems. 98

3.11. Übersicht über die durch eine CORDIC-Einheit berechenbaren Funktionen 112

3.12. Vergleich unterschiedlicher Verfahren zur Berechnung des Akkommodationsbedarfs 113

4.1. Energiebedarf des Gesamtsystems während eines Tages für unterschiedliche Gruppen 137

4.2. Täglicher Energiebedarf der Teilsysteme bei unterschiedlichen Energiesparstrategien. 138

4.3. Vergleich der Akkommodationsbedarfsberechnung auf Basis des CORDIC-Algorithmus zu herkömmlichen Berechnungsverfahren. 142

4.4. Eigenschaften der optimalen Sekundärspule für eine Ladeleistung von 32 mW im Künstlichen Akkommodationssystem 145

4.5. Leitfähigkeit und Dichte verschiedener Gewebetypen, basierend auf einer Übertragungsfrequenz von 13,56 MHz [WJF99, AFP10] 151

A.1. Definition der Tätigkeitsparameter für die Akkommodationsbedarfssimulation 201

A.2. Definition des Tagesablaufs von Personengruppe 1. Die angegebene Dauer der Handlungen entspricht Stunden 202

A.3. Definition des Tagesablaufs von Personengruppe 2. Die angegebene Dauer der Handlungen entspricht Stunden 203

A.4. Definition des Tagesablaufs von Personengruppe 3. Die angegebene Dauer der Handlungen entspricht Stunden 204

A.5. Definition des Tagesablaufs von Personengruppe 4. Die angegebene Dauer der Handlungen entspricht Stunden 205

A.6. Täglicher Energiebedarf der Teilsysteme bei unterschiedlichen Energiesparstrategien unter Verwendung des Akkommodationsprofils von Gruppe 1 (alle Angaben in mWh) 207

A.7. Täglicher Energiebedarf der Teilsysteme bei unterschiedlichen Energiesparstrategien unter Verwendung des Akkommodationsprofils von Gruppe 2 (alle Angaben in mWh) 208

A.8. Täglicher Energiebedarf der Teilsysteme bei unterschiedlichen Energiesparstrategien unter Verwendung des Akkommodationsprofils von Gruppe 3. (alle Angaben in mWh) 209

A.9. Täglicher Energiebedarf der Teilsysteme bei unterschiedlichen Energiesparstrategien unter Verwendung des Akkommodationsprofils von Gruppe 4 (alle Angaben in mWh) 210

A.10. Übersicht über die durch eine CORDIC-Einheit berechenbaren Funktionen 214

Abkürzungsverzeichnis

ASIC	Application Specific Integrated Circuit
CMOS	Complementary Metal Oxide Semiconductor
CORDIC	Coordinate Rotation Digital Computer
DC/DC	Gleichspannungswandler
DSK	Doppelschichtkondensator
EH	Energy-Harvesting
FPGA	Field Programmable Gate Array
HF	Hochfrequenz
IOL	Intraokularlinse
ISM	Industrial-Scientific-Medical
k.A.	Keine Angabe
LASIK	Laser-in-situ-Keratomileusis
LiPON	Lithium Phosphorus Oxynitride
MOSFET	Metal-Oxid-Semiconductor-Field-Effect-Transistor
PMMA	Polymethylmethacrylat
QDSL	*Quantum Dot Super Lattice* (engl. für Quantenpunktsupergitter)
RFID	Radio Frequency Identification
SAR	Spezifische Absorptionsrate
SEI	Solid-Electrolyte-Interface Layer
VH	Vorderkammerhydrodynamik

Symbolverzeichnis lateinischer Formelzeichen

$'$	Bogenminute	
$''$	Bogensekunde	
$^{\circ}$	Grad	
$\lvert x \rvert$	Euklidische Norm von x	
$An \mid Kat$	Beschreibung einer Galvanischen Zelle durch deren Anoden (An) sowie Kathodenmaterial (Kat)	
a	Abstand zum betrachteten Objekt	m
A_2	Fläche der Sekundärspule	m^2
A_C	Plattenüberlappung	mm^2
A_n	Von Wärmestrom durchsetzte Fläche des n-Thermomaterials	m^2
A_p	Von Wärmestrom durchsetzte Fläche des p-Thermomaterials	m^2
A_P	Fläche der Pupille	m
A_s	Fläche einer Solarzelle	mm^2
A_{te}	Von Wärmestrom durchsetzte Fläche eines Thermoelements	m^2
A_{Zyl}	Fläche eines Zylinders	m^2
b	Breite	m
B	Magnetische Flussdichte	T
$\vec{B}$	Vektor der magnetischen Flussdichte	
c_{Zyl}	Durchschnittliche Wärmekapazität eines Zylinders	$J/kg\,K$
C	Kapazität	F
C_1	Primärseitige Kompensationskapazität	F
C_2	Sekundärseitige Kompensationskapazität	F
C_{Hb}	Konzentration von Hämoglobin im Blut	mol/m^2
C_{O_2}	Molare Konzentration von Sauerstoff	mol/m^2
C_P	Pufferkapazität	F
C_S	Substratkapazität	F
$C(x)$	Ortsabhängige Stoffkonzentration	mol/m^2

d	Augenabstand	m
d_1	Durchmesser der Primärspule	m
d_{avg}	Mittlerer Spulendurchmesser	m
d_{C}	Plattenabstand	mm
d_{in}	Spuleninnendurchmesser	m
d_{out}	Spulenaußendurchmesser	m
d_{P}	Durchmesser der Pupille	m
$d_{\mathrm{x,Sp}}$	Abstand Primär- zu Sekundärspule in x-Richtung	m
$d_{\mathrm{y,Sp}}$	Lateralversatz Primär- zu Sekundärspule in y-Richtung	m
D	Akkommodationsbedarf	dpt
$\tilde{D}$	Rekonstruierter Akkommodationsbedarf	dpt
$D_{\mathrm{O_2,H_2O}}$	Diffusionskoeffizient von Sauerstoff in Wasser	$\mathrm{m^2/s}$
E	Beleuchtungsstärke	lx
F_{a}	Anregungskraft	N
F_{r}	Elektrische Rückstellkraft	N
G	Leitwert	S
h	Höhe	m
H	Hüfner-Faktor	ml/g
$\vec{H}$	Vektor der magnetischen Feldstärke	
H_{x}	Magnetische Feldstärke in x-Richtung	
H_{y}	Magnetische Feldstärke in y-Richtung	
H_{z}	Magnetische Feldstärke in z-Richtung	
I	Strom	A
I_1	Strom in Primärspule	A
I_2	Strom in Sekundärspule	A
I_{a}	Ausgangsstrom	A
$\underline{I}_{\mathrm{C2}}$	Komplexer Strom in Kondensator C_2	A
$\hat{\underline{I}}_1$	Scheitelwert des Stroms in Primärspule	A
I_{d}	Photostrom in Photodiode	A
$\underline{I}_1$	Komplexer Strom in Primärspule	A
$\underline{I}_2$	Komplexer Strom in Sekundärspule	A
I_{q}	Ruhestrom	A
I_{RL}	Strom durch Lastwiderstand R_L	A
I_{v}	Versorgungsstrom	A
j	Imaginäre Zahl	$\sqrt{-1}$

J	Teilchenstromdichte	$\mathrm{mol/m^2 \cdot s}$
k	Konstante	
k_{HO2B}	Physikalische Löslichkeit von Sauerstoff im Blut	$\mathrm{mol/m^2}$
K	Thermischer Leitwert	$\mathrm{W/K}$
K_i	Skalierungsfaktor einer CORDIC-Einheit in i-ter Iteration	
K_n	Skalierungsfaktor einer CORDIC-Einheit nach n Iterationen	
$\vec{l}$	Richtungsvektor eines infinitesimalen Leiterstücks	
l_{Ring}	Länge eines Kreisrings	m
l_{Zyl}	Länge eines Zylinders	m
L	Leuchtdichte	$\mathrm{cd/m^2}$
L_1	Primärseitige Induktivität	H
L_2	Sekundärseitige Induktivität	H
L_{n}	Länge des negativ dotierten Beins eines Thermoelements	m
L_{p}	Länge des positiv dotierten Beins eines Thermoelements	m
$\dot{m}$	Stoffstrom	$\mathrm{mol/s}$
m_{Zyl}	Masse eines Zylinders	kg
M	Gegeninduktivität	H
N	Anzahl der Windungen einer Spule	
N_1	Anzahl der Windungen der Primärspule	
N_2	Anzahl der Windungen der Sekundärspule	
$p_{\mathrm{O_2}}$	Sauerstoffsättigung des Bluts	
P_{a}	Ausgangsleistung	W
$\overline{P_{\mathrm{a}}}$	Mittlere Ausgangsleistung	W
P_{c}	Maximale elektrische Ausgangsleistung bei Carnot-Effizienz	W
P_{dis}	Dissipierte Leistung	W
P_{d}	Durchschnittliche Leistung	W
P_{el}	Elektrische Leistung	W
P_{opt}	Optische Leistung	W
$P_{\mathrm{V,Reg}}$	Verluste durch Ruhestrom eines Linearreglers	W
$P_{\mathrm{V,Tr}}$	Verlustleistung an Transistor	W
$\overline{P_{\mathrm{V}}}$	Für Betrieb benötigte Leistung	W
$\dot{Q}$	Wärmestrom	W
$\dot{Q}_{\mathrm{c}}$	Kühlleistung eines Thermoelements	W
Q_{C}	Ladung eines Kondensators	C

$\dot{Q}_n$	Wärmestrom durch negativ dotiertes Thermomaterial	W
$\dot{Q}_p$	Wärmestrom durch positiv dotiertes Thermomaterial	W
Q_P	Ladung eines Piezobiegers	C
$\vec{r}$	Ortsvektor eines beliebigen Punkts	
r_1	Radius der Primärspule	m
$\vec{r}\,'$	Ortsvektor eines Leiterstücks im Raum	
$r_{2,opt}$	Optimaler Radius der Sekundärspule	m
r_{Auge}	Radius des Augapfels	m
r_{Ring}	Radius eines Kreisrings	m
r_{Sp}	Spulenradius	m
$r_{Wandler}$	Radius eines kugelförmigen Wandlers	m
r_{Zyl}	Radius eines Zylinders	m
R	Augendrehpunkt	
R_1	Ohmscher Widerstand primärseitiger Induktivität	Ω
R_2	Ohmscher Widerstand sekundärseitiger Induktivität	Ω
R_{te}	Ohmscher Widerstand eines Thermoelements	Ω
R_D	Äquivalentwiderstand einer Diode	Ω
$R_{ESR,L}$	Äquivalenter Serienwiderstand einer Induktivität	Ω
R_L	Lastwiderstand	Ω
Sa_{O_2}	Physiologische Sauerstoffsättigung nach Kelman	
t	Zeit	s
t_L	Kalendarische Lebensdauer	Jahre
T	Periodendauer	s
T'	Einschaltzeit relativ zu Periodendauer T	s
T_k	Temperatur der kalten Seite eines Thermoelements	K
T_w	Temperatur der warmen Seite eines Thermoelements	K
U_0	Leerlaufspannung	V
U_1	Spannung an Eingang von Primärkreis	V
$\underline{U}_1$	Komplexe Spannung an Eingang von Primärkreis	V
U_2	Spannung an Ausgang von Sekundärkreis	V
$\underline{U}_2$	Komplexe Spannung an Ausgang von Primärkreis	V
$U_{2,aus}$	Spannung nach DC/DC	V
$U_{2,Bat}$	Spannung an Sekundärzelle	V
$U_{2,ein}$	Spannung vor DC/DC	V
$U_{2,Gl}$	Spannung nach Gleichrichter	V
U_a	Ausgangsspannung	V
U_C	Spannung an einem Kondensator	V
U_e	Eingangsspannung	V

U_E	Über einem Elektret vorherrschende Potentialdifferenz	V
U_ind	Induzierte Spannung an Sekundärspule	V
U_ϕ	Ansteuerspannung einer Ladungspumpe	V
$U_{\phi'}$	Invertierte Steuerspannung für Ladungspumpe	V
U_P	Spannung an Piezobieger	V
U_t	Schwellspannung	V
U_v	Versorgungsspannung	V
V	Volumen	m^3
V_ES	Volumen des Energiespeichers	m^3
V_ges	Gesamtvolumen	m^3
V_LR	Volumen eines Lineargleichspannungswandlers	m^3
V_SR	Volumen eines geschalteten Gleichspannungswandlers	m^3
V_Wandler	Volumen eines Gleichspannungswandlers	m^3
V_Zyl	Volumen eines Zylinders	m^3
x	x-Achse des kopffesten Koordinatensystems	
$\tilde{x}$	x-Achse des Schwingungswandlers	
$\breve{x}$	x-Achse der Sekundärspule	
x'	x-Achse des implantatfesten Koordinatensystems	
x_Auge	x-Achse des augenfesten Koordinatensystems	
x'_i	x-Wert im implantatfesten Koordinatensystem ($i = l,r$)	
x'_l	x-Wert im linken implantatfesten Koordinatensystem	
x'_r	x-Wert im rechten implantatfesten Koordinatensystem	
X_C	Komplexer Widerstand einer Kapazität	Ω
X_L	Komplexer Widerstand einer Induktivität	Ω
y	y-Achse des kopffesten Koordinatensystems	
$\tilde{y}$	y-Achse des Schwingungswandlers	
$\breve{y}$	y-Achse der Sekundärspule	
y'	y-Achse des implantatfesten Koordinatensystems	
y_Auge	y-Achse des augenfesten Koordinatensystems	
y'_i	y-Wert im implantatfesten Koordinatensystem ($i = l,r$)	
y'_l	y-Wert im linken implantatfesten Koordinatensystem	
y'_r	y-Wert im rechten implantatfesten Koordinatensystem	
z	z-Achse des kopffesten Koordinatensystems	
$\tilde{z}$	z-Achse des Schwingungswandlers	
$\breve{z}$	z-Achse der Sekundärspule	
z'	z-Achse des implantatfesten Koordinatensystems	
z_Auge	z-Achse des augenfesten Koordinatensystems	
z'_i	z-Wert im implantatfesten Koordinatensystem ($i = l,r$)	

Z	Leistungsfähigkeit eines Thermoelements	1/K
ZT	Gütekriterium eines Thermoelements	

Symbolverzeichnis griechischer Formelzeichen

α	Anstellwinkel zwischen Primär- und Sekundärspule	
α_A	Seebeckkoeffizient von Material A	V/K
α_{AB}	Relativer Seebeckkoeffizient zwischen Material A und Material B	V/K
α_B	Seebeckkoeffizient von Material B	V/K
α_C	Seebeckkoeffizient von Material C	V/K
α_l	Winkel kopffestes zu augenfestem Koordinatensystems links	°
α_n	Seebeckkoeffizient des negativ dotierten Thermomaterials	V/K
α_p	Seebeckkoeffizient des positiv dotierten Thermomaterials	V/K
α_r	Winkel kopffestes zu augenfestem Koordinatensystems rechts	°
δ	Tastverhältnis	
δ'	$1 - \delta$ inverses Tastverhältnis	
δ_{te}	Dicke eines Thermoelements	m
ΔH_f^0	Standardbildungsenthalpie	kJ/mol
ΔH_R^0	Reaktionsenthalpie	kJ/mol
ε_0	Permittivität des Vakuums	As/Vm
ε_{an}	Anregungsdehnung	
ε_D	Absoluter Fehler bei der Rekonstruktion des Akkommodationsbedarfs	dpt
ε_r	Relative Permittivität	
ε_{sek}	Dehnung durch Sekundäreffekt	
η_c	Carnot-Wirkungsgrad	
η_{ind}	Effizienz einer induktiven Übertragungsstrecke	
η_{LR}	Wirkungsgrad eines Lineargleichspannungswandlers	
η_{max}	Maximaler praktisch erreichbarer Wirkungsgrad	
η_s	Wirkungsgrad einer Solarzelle	
η_{SR}	Wirkungsgrad eines geschalteten Gleichspannungswandlers	
η_{te}	Wirkungsgrad eines Thermoelements	

λ	Spezifische Wärmeleitfähigkeit	W/mK
λ_n	Spezifische Wärmeleitfähigkeit des negativ dotierten Thermomaterials	W/mK
λ_p	Spezifische Wärmeleitfähigkeit des positiv dotierten Thermomaterials	W/mK
μ	Permeabilität eines Mediums	H/m
μ_0	Magnetische Feldkonstante	H/m
μ_r	Permeabilitätszahl des Mediums	
ω	Kreisfrequenz	1
ω_0	Eigenkreisfrequenz	
Φ	Magnetischer Fluss	Wb
$\Phi_{2,1}$	Magnetischer Fluss der Primärspule durch die Sekundärspule	Wb
φ_i	Winkel zwischen Magnetfeld und augenfestem Koordinatensystem	°
Φ_i	Rotation einer CORDIC-Einheit in i-ter Iteration	
ϕ_L	Lichtstrom	lm
φ_l	Winkel Magnetfeld zu augenfestem Koordinatensystem, linkes Auge	°
Φ_n	Rotation einer CORDIC-Einheit nach n Iterationen	
φ_r	Winkel Magnetfeld zu augenfestem Koordinatensystem, rechtes Auge	°
π_A	Peltierkoeffizient von Material A	J/C
π_{AB}	Relativer Peltierkoeffizient zwischen Material A und B	J/C
π_B	Peltierkoeffizient von Material B	J/C
Ψ	Verketteter magnetischer Fluss	Wb
ψ	Winkel in Polarkoordinaten	
$\hat{\Psi}$	Scheitelwert des verketteten magnetischen Flusses	Wb
ρ	Spezifischer Widerstand	Ωm
ρ_{Eel}	Elektrische Energiedichte	Wh/m^3
ρ_n	Spezifischer Widerstand des negativ dotierten Thermomaterials	Ωm
ρ_p	Spezifischer Widerstand des positiv dotierten Thermomaterials	Ωm
ρ_P	Elektrische Leistungsdichte	W/m^3
ρ_{Zyl}	Dichte eines Zylinders	kg/m^3
σ	Leitfähigkeit	S/m

σ Standardabweichung

τ Zeitkonstante   s

ϑ Vergenzwinkel   °

θ_s Öffnungswinkel einer Solarzelle   sr

ξ_i Rotationsrichtung der i-ten CORDIC-Iteration

ζ Wärmeausbreitungsrichtung in einem Thermoelement

1. Einleitung

1.1. Bedeutung der Akkommodation für das menschliche Sehen

Das Auge ist das wichtigste Sinnesorgan des Menschen. Mit Hilfe der Augen kann sich der Mensch berührungslos in seiner Umgebung orientieren und bewegen. Durch Akkommodation ist es möglich, das Auge an unterschiedliche Gegenstandsweiten anzupassen und stets eine scharfe Abbildung auf der Netzhaut zu erhalten. Die Akkommodationsfähigkeit des Auges lässt jedoch mit dem Alter stark nach. Ab einem Alter von ca. 50 Jahren ist keine Akkommodation mehr möglich [Atc95], der Patient ist alterssichtig (presbyop) und benötigt eine Lese- oder Gleitsichtbrille. Im Jahr 2020 werden voraussichtlich rund 1,4 Milliarden Menschen von Presbyopie betroffen sein [HFH+08].

Neben der Presbyopie ist die Katarakt, auch bekannt als Grauer Star, eine im Alter sehr häufig auftretende Krankheit. Da die Katarakt bis zur Erblindung führen kann, wird die getrübte, natürliche Linse in der Regel frühzeitig durch eine Intraokularlinse (IOL) ersetzt. Entsprechende Kataraktoperationen werden alleine in Deutschland ca. 600.000 Mal und weltweit ca. 14 Millionen Mal jährlich durchgeführt [SSL+10, KBK+09, BGG10]. Bei Implantation einer meist starren IOL geht jedoch, ähnlich wie durch Presbyopie, die Akkommodationsfähigkeit verloren.

Neben Standard-Intraokularlinsen, welche prinzipbedingt keine Akkommodation ermöglichen, existieren bereits mehrere Ansätze zur Wiederherstellung der Akkommodationsfähigkeit des Auges nach einer Kataraktoperation. Darunter fällt die Wiederherstellung der Akkommodation durch

- Multifokallinsen und Shift-IOL,
- Laser-in-situ-Keratomileusis (LASIK),
- Lens-Refilling,
- sowie das Künstliche Akkommodationssystem.

Multifokallinsen mit mehreren Brennweiten sind eine logische Weiterentwicklung der Standard Monofokal-IOL [Koh07, AA01]. Multifokallinsen bestehen meist aus zwei unterschiedlichen Brechkraftbereichen (bifokal). Durch die beiden Bereiche unterschiedlicher Brechkraft werden gleichzeitig zwei Bilder auf die Netzhaut projiziert. Das Gehirn des Patienten muss das nicht benötigte

Bild unterdrücken oder der Patient nimmt es als Geisterbild wahr. Der größte Nachteil einer Multifokal-IOL ist jedoch die nachts sehr stark reduzierte Kontrastübertragungsfunktion und die starke Blendung bei Betrachtung von Punktlichtquellen. Abhilfe sollen so genannte Shift-IOL schaffen [Gla10]. Shift-IOL sind mit Haptiken ausgestattet, welche die Bewegung des durch den Ziliarmuskel verformten Kapselsacks in eine translatorische Bewegung der Linse entlang der optischen Achse umsetzen. Das Hauptproblem bei allen Shift-IOL ist, dass die zur Brechkraftanpassung benötigte Verschiebung von etwa 2,2 mm selbst bei noch nicht eingetretener Kapselsackfibrose nicht erreicht wird [Fin10]. Bei der so genannten Dual-Optic-IOL soll der bei der Shift-IOL optisch nicht realisierbare Brechkrafthub durch zwei relativ zueinander bewegte Linsen realisiert werden. Dual-Optic-IOL funktionieren nach der Implantation zunächst zufriedenstellend. Wenige Wochen nach der Implantation, nach Eintreten der Kapselsackfibrose [LAA93], geht jedoch der Akkommodationshub verloren [Fin10]. Neben der Wiederherstellung der Sehfähigkeit nach Katarakterkrankungen wird durch Implantation einer potentiell akkommodierenden IOL oder einer Multifokal-IOL immer häufiger eine Presbyopiekorrektur durchgeführt [FBS00, ABO10]. Die implantierten Linsen verhalten sich im ehemals presbyopen Auge gleich wie nach einer Katarakt, sie ermöglichen nach der Operation keine langfristige Wiederherstellung der Akkommodation.

Ebenfalls zur Korrektur einer Presbyopie wird immer häufiger eine LASIK [HKL$^+$10, Vej10] durchgeführt. Hierbei wird in die Cornea ein multifokales Profil eingelasert, welches, wie bei Multifokallinsen, mehrere Bereiche mit unterschiedlichem Fokus aufweist und damit die Sicht in verschiedene Entfernungen zulässt. Prinzipbedingt treten die gleichen Nebenerscheinungen auf wie bei Multifokallinsen.

Eine sehr erfolgversprechende Möglichkeit zur vollständigen Wiederherstellung der Akkommodation ist das Lens Refilling [Ter10, Hea10]. Hierbei soll die Linsensubstanz durch ein Polymer ersetzt werden [Mar07]. Bisherige Versuche scheitern jedoch am unkontrollierten Nachwachsen der Epithelzellen nach der Phakoemulsifikation, an der Versteifung des Kapselsacks durch die Kapselsackfibrose [AA01] und daran, dass sich Technologien zur exakten, präoperativen Vermessung des Kapselsackvolumens noch in der Entwicklung befinden [Sta07].

Mit den genannten Behandlungsmethoden mittels einer IOL, einer LASIK bzw. des Lens-Refillings existieren zwar bereits Ansätze zur potentiellen Wiederherstellung der Akkommodation. Implantate, die eine ausreichende Akkommodationsfähigkeit wiederherstellen, gibt es jedoch zum Zeitpunkt der Erstellung der vorliegenden Arbeit noch nicht [GK03].

Mit einem innovativen mechatronischen Ansatz wird das Künstliche Akkommodationssystem [GBG05, BGG10, BGBG06] das erste Implantat, das die Akkommodation langfristig wieder herstellt. Zur Realisierung des Künstlichen Akkommodationssystems werden mehrere Teilsysteme benötigt. Im Einzelnen werden ein optisches Element variabler Brechkraft, ein Aktor zur Ansteuerung des optischen Elements, ein Sensor zur Erfassung des Akkommodationsbedarfs, eine programmierbare Steuerung und eine Energieversorgung, welche den autonomen Betrieb sicherstellt, benötigt. Vorgesehen ist, das Gesamtsystem vergleichbar mit einer IOL in den Kapselsack zu implantieren. Hierzu wird ein Gehäusekonzept zur Aufnahme und Verbindung aller Komponenten entwickelt. Das Künstliche Akkommodationssystem wird nach der Implantation im Kapselsack die Akkommodation autonom realisieren.

Im Rahmen der Entwicklung des Künstlichen Akkommodationssystems leistet die vorliegende Arbeit einen wesentlichen Beitrag zur Realisierung einer bedarfsgerechten Energieversorgung für das Künstliche Akkommodationssystem.

1.2. Medizinische Grundlagen

Im folgenden Abschnitt werden zunächst einige für das Verständnis der weiteren Ausführungen elementare medizinische Grundlagen beschrieben. Die folgende Übersicht umfasst die anatomischen Grundlagen des Auges, eine Beschreibung des Akkommodationsvorgangs sowie eine Übersicht über Fehlsichtigkeiten und Erkrankungen des Auges.

1.2.1. Anatomie des Auges

Die Anatomie der menschlichen Augen ist in Abbildung 1.1 dargestellt. Die Augen eines Menschen haben einen Durchmesser zwischen 23 und 26 mm [HGK09]. Der Augapfel *Bulbus oculi* liegt in einer Augenhöle des Schädels, der *Orbita*. Die Orbita ist ausgekleidet mit Fettgewebe, in welchem der Sehnerv, die Blutgefäße und die Augenmuskeln eingebettet sind. In Richtung Augapfel geht das Fettgewebe in eine hautähnliche Oberfläche über, die eine reibungsarme Bewegung des Auges ermöglicht. Über das im Gehirn befindliche okulomotorische Zentrum wird die durch sechs Augenmuskeln realisierte Bewegung des Auges gesteuert. Die Augenbewegung ähnelt dabei der Bewegung eines Kugelgelenks, wobei der Drehpunkt sehr nahe dem Augenmittelpunkt liegt. Zwei der geraden Augenmuskeln *rectus superior* und *rectus inferior* führen die vertikale Augenbewegung aus. Die horizontale Augenbewegung wird über die beiden anderen geraden Augenmuskeln *rectus lateralis* und *rectus medialis* ermöglicht. Eine Rollbewegung entsteht durch die beiden schrägen Augenmuskeln *obliquus superior* und *obliquus inferior* [Ben93].

Die Lederhaut *Sclera* bildet die weiße äußere Schicht des Auges. Sie besteht hauptsächlich aus sehr stabilen Collagenfasern und trägt dadurch zusammen mit dem Augeninnendruck zur nahezu kugeligen Form des Augapfels bei. Zur Augenmitte schließen sich die Aderhaut *Choroidea* und die Netzhaut *Retina* an die Lederhaut an. In der Aderhaut verlaufen die Blutgefäße, über welche die

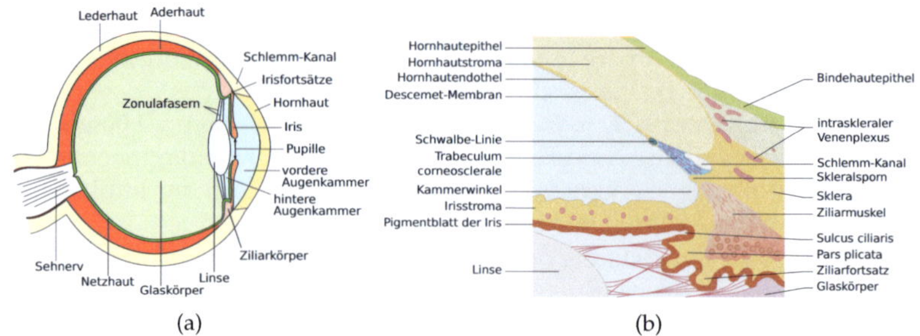

Abbildung 1.1.: Schematische Darstellung der Anatomie des Auges (a) [TJ08] sowie Anatomie der an die Linse angrenzenden Zonulafasern und des Ziliarmuskels (b) modifiziert nach [Gre03].

Netzhaut mit Sauerstoff und Nährstoffen versorgt wird. Die Netzhaut bildet den lichtempfindlichen Teil des Auges. Sie enthält die lichtempfindlichen Rezeptoren, die elektromagnetische Strahlung in Nervensignale wandeln.

Die *Sclera* geht im vorderen Augenabschnitt (distal) in die transparente Cornea und proximal in den Sehnerv über. Die Cornea wird durch die Augenlider geschützt und mit Tränenflüssigkeit befeuchtet.

Dioptrischer Apparat des Auges

Alle Teile des Auges zur optischen Abbildung eines Objekts aus der Umgebung auf die Netzhaut werden unter dem Begriff „dioptrischer Apparat" zusammengefasst. Die optische Achse des dioptrischen Apparats wird als Sehachse bezeichnet und ist leicht gegen die geometrische Achse des Auges verkippt [Ben93]. Auf dem Weg durch das Auge passiert das Licht zunächst die Cornea. Durch den hohen Unterschied im Brechungsindex zwischen Luft und Cornea entsteht an der Grenze zwischen Luft und Cornea ein Großteil der Gesamtbrechkraft des Auges von mehr als 40 dpt [Ben93]. Die Cornea hat im Zentrum eine Dicke von ca. 500 µm und am Rand etwa 800 µm und besteht aus drei wesentlichen Schichten. Außen befindet sich das Corneaepithel mit ca. 70 µm Dicke, es ist von feinen Nervenfasern durchzogen. An das Epithel schließt sich das ca. 400 µm dicke *Stroma corneae* an, das aus transparenten Collagenlamellen gebildet wird. Im Inneren wird die Cornea durch das ca. 10 µm dicke Corneaendothel begrenzt [Ben93].

Die Cornea umschließt die mit Kammerwasser gefüllte vordere Augenkammer, welche außerdem durch Kammerbucht, Iris und Linse begrenzt wird. Die wesentlich kleinere hintere Augenkammer wird durch Iris, Linse und Ziliarkörper begrenzt. Das Kammerwasser wird im Ziliarkörper in Drüsen gebildet und fließt durch die Iris in die Vorderkammer.

Die Iris hat für das Auge die Funktion einer Blende. Die runde Öffnung der Iris wird als Pupille bezeichnet. Die von Blutgefäßen, Nerven und Muskelfasern durchzogene Iris besteht im Wesentlichen aus einem losen, verformbaren Netz aus Mesothelzellen und ist zur Hinterkammer durch eine geschlossene, sehr berührungsempfindliche Pigmentepithelschicht abgegrenzt. Die Nervenfasern bewirken, dass die Pupille durch den parasymphatisch innervierten, ringförmigen *M. sphincter pupillae*, auf einen Durchmesser von 1,5 mm kontrahiert (*Miosis*) und durch den symphatisch innervierten, radiären *M. dilatator pupillae* auf bis zu 12 mm erweitert (*Mydriasis*) werden kann [SWE98].

Hinter der Iris liegt die verformbare Linse des Auges. Sie besteht aus transparenten Linsenfasern, welche aus Epithelzellen gebildet werden und ist umschlossen vom Kapselsack. Im Linsenäquator werden über die gesamte Lebensdauer neue, transparente Epithelzellen gebildet. Die ursprünglichen Zellen bleiben erhalten und bilden den festeren Linsenkern. Das kontinuierliche Wachstum neuer Linsenzellen führt dazu, dass die Linse im Laufe des Lebens um bis zu einen Millimeter wächst [JAP07]. Die Linse hat einen äquatorialen Durchmesser von 9 − 10 mm und entlang der optischen Achse eine Länge von 4 mm. Der sehr elastische und widerstandsfähige Kapselsack *Capsula lentis* umschließt die Linse. Die Vorderfläche des Kapselsacks hat eine Dicke von 10 − 19 μm, wohingegen die Rückseite lediglich eine Dicke von 5 μm aufweist [Ben93]. Der Kapselsack stellt die Verbindung zwischen Linsenkern und Zonulafasern her.

Die Zonulafasern sind Fibrillen mit einem Durchmesser von 1 μm. Sie sind rund um den Kapselsackäquator angeordnet und stellen die Verbindung zum Ziliarkörper her. Sie halten die Linse in Position und übertragen die vom Ziliarkörper aufgebrachte Spannung auf die Linse.

Der Ziliarkörper dient als Verankerung für die Zonulafasern. Er enthält den Ziliarmuskel, welcher bei parasympathischer Innervierung eine ringförmige Kontraktion des Ziliarkörpers bewirkt. Durch Kontraktion und Entspannung des Ziliarmuskels kann die auf die Linse wirkende mechanische Spannung verändert werden.

Die proximale Fläche der Linse liegt direkt am Glaskörper an. Der Glaskörper füllt den hinteren Augenabschnitt. Er enthält eine gelartige Flüssigkeit und besteht zu 99 % aus Wasser. Die hohe Viskosität des Glaskörpers resultiert aus seinem sehr hohen Anteil an Hyaluronsäure.

Bereits im Jahr 1909 wurde ein allgemeines Modell der Geometrie des Augapfels entwickelt [HGK09]. Das als Gullstrand-Auge bekannte Modell enthält alle Abmessungen des dioptrischen Apparats, einschließlich der Abstände und Krümmungsradien aller brechenden Flächen.

Netzhaut

In der hinteren Hemisphäre grenzt der Glaskörper direkt an die Netzhaut an. Die Photorezeptoren auf der Netzhaut unterteilen sich in 110–125 Millionen

Stäbchen und 5–7 Millionen Zapfen. Im Gelben Fleck *Foeva centralis*, dem Bereich des schärfsten Sehens, befinden sich ausschließlich Zapfen mit einer Dichte von $147\,000\,1/\text{mm}^2$, deren Dichte zur Peripherie der Netzhaut schnell auf $5000\,1/\text{mm}^2$ abfällt. Die Dichte der Stäbchen nimmt hingegen ausgehend vom Gelben Fleck radial bis zu einer Dichte von $160\,000\,1/\text{mm}^2$ zu, um dann ebenfalls zum Rand der Netzhaut hin abzunehmen [Ben93]. Im Blinden Fleck, der Stelle in der Retina, unter welcher der Sehnerv durch die Lederhaut proximal austritt, befinden sich weder Stäbchen noch Zapfen.

Die auf der Netzhaut befindlichen Photorezeptoren weisen eine hohe Empfindlichkeit im Wellenlängenbereich zwischen 400 und 800 Nanometer [SWE98] des elektromagnetischen Spektrums auf. Das Maximum der spektralen Empfindlichkeit des physiologischen Sehens liegt bei einer Wellenlänge von ca. $555\,\text{nm}$. Die Zapfen sind für das Tagsehen bei photopischen Umfeldleuchtdichten zwischen $0{,}1\,\text{cd}/\text{mm}^2$ und $10^4\,\text{cd}/\text{mm}^2$ verantwortlich. Es existieren drei verschiedene Zapfenarten, die ein Empfindlichkeitsmaximum im roten, blauen und grünen Spektrum aufweisen. Durch die Kombination der Sinneseindrücke der verschiedenen Zapfenarten wird das Farbsehen ermöglicht. Die Stäbchen zeigen hingegen eine hohe Empfindlichkeit bei niedrigen Umfeldleuchtdichten im skotopischen Bereich unter $0{,}1\,\text{cd}/\text{mm}^2$ und weisen alle die gleiche Wellenlängenempfindlichkeit auf. Somit tragen sie nicht zum Farbsehen bei. Der Übergangsbereich zwischen photopischem und skotopischen Sehen, um $0{,}1\,\text{cd}/\text{mm}^2$, wird als mesopischer Bereich bezeichnet.

Bewegung des Auges

Die Augenmuskeln ermöglichen eine Nick-, Roll- und Gierbewegung des Auges. Die Nick- und Gierbewegung des Augapfels dient der vertikalen und horizontalen Ausrichtung der optischen Achse auf das in der Umgebung befindliche, betrachtete Objekt. Neben der reinen Ausrichtung eines Auges auf ein Ziel können auch binokulare Bewegungen beschrieben werden. Es wird dabei zwischen Vergenz- und Versionsbewegung unterschieden. Die Versionsbewegung beschreibt die gleichsinnige, die Vergenzbewegung die gegensinnige Bewegung beider Augen. Nimmt der Abstand zu einem betrachteten Objekt ab, wird die resultierende Bewegung als Konvergenzbewegung bezeichnet. Bei zunehmendem Abstand wird die Bewegung als Divergenzbewegung bezeichnet [BD98]. Die Dynamik der Versions- und Vergenzbewegung sind sehr genau bekannt [CES95].

Die Bewegungen Tremor, Drift und Mikrosakkaden sind sehr kleinen Augenbewegungen, welche während der Fixation eines Objekts auftreten, wohingegen Sakkaden große ballistische Augenbewegungen, beispielsweise zwischen weit auseinander liegenden Objekten, beschreiben. Sakkaden zählen daher zu den Augenbewegungen die durch das schnelle okulomotorische Zentrum gesteuert werden. Charakteristisch für Sakkadenbewegungen ist ein festes Verhältnis zwischen Dauer und Amplitude sowie Maximalgeschwindigkeit und Amplitude einer Sakkade [Ilg97]. Während einer Sakkade treten Winkelgeschwindigkeiten des Auges von bis zu $500\,°/s$ [Ilg97] auf. Die Dauer einer Sakkade beträgt, abhängig von der Amplitude ca. $100\,ms$ [Ilg97].

Tremor Tremor ist eine unwillkürliche Augenbewegung mit einer Frequenz von ca. $90\,Hz$ und einer Amplitude von durchschnittlich $8{,}5''$ [MC06]. Werden Sinneszellen ständig mit einem konstanten Reiz beaufschlagt, geht ihre Empfindlichkeit verloren. Durch die kontinuierliche Bewegung des Tremors werden abwechselnd benachbarte Sinneszellen erregt, was die Überreizung der Sinneszellen und das Verblassen des aufgenommenen Sinneseindrucks verhindert.

Drift Durch die unwillkürliche Bewegung des Tremors können langsame, mittlere Abweichungen von der Sollposition entstehen. Eine derartige Wanderung wird als Drift bezeichnet und weist eine Amplitude von $1-10'$ und Geschwindigkeiten von ca. $0{,}1\,°/s$ auf. Die Driftbewegung kann mehrere Dutzend Photorezeptoren überstreichen [MCMH04].

Mikrosakkaden Eine Aufgabe der Mikrosakkaden ist die Korrektur der durch die Driftbewegung entstehenden Abweichungen. Während die Amplitude des Tremors in der Fovea ausreicht, um die Überreizung der Sinneszellen zu verhindern, werden für die peripheren Sinneszellen, aufgrund ihrer geringen Flächendichte auf der Netzhaut, größere Bewegungen benötigt. Mit Amplituden von bis zu $120'$ und Geschwindigkeiten von bis zu $100\,°/s$ verhindern Mikrosakkaden daher effektiv die Überreizung der peripheren Sinneszellen [MCMH04].

Sakkaden Als Sakkaden werden ballistische Bewegungen des Augapfels bezeichnet. Sie treten auf, wenn die Augen einem relativ zum Kopf bewegten Objekt nicht mehr folgen können, wenn ein Objekt in einer Szene gefunden werden soll oder wenn ein im peripheren Gesichtsfeld liegender Reiz auf die Fovea abgebildet werden soll. Ihre Maximalgeschwindigkeit beträgt bis zu $500\,°/s$ [Ilg97] mit einer maximalen Beschleunigung von $30\,000\,°/s^2$ [CES88]. Der durch eine Sakkade maximal überbrückbare Winkel beträgt $48{,}6\,°$ [STS93]. Sakkaden über $20\,°$ treten während des natürlichen Sehens nicht auf, können jedoch unter Laborbedingungen herbei geführt werden [CES88].

1.2.2. Akkommodation

Der Begriff Akkommodation bezeichnet die Fähigkeit des Auges, sich auf Objekte in unterschiedlichen Entfernungen einzustellen und somit unabhängig vom Abstand zum betrachteten Objekt ein scharfes Abbild auf der Retina zu erzeugen [HGK09].

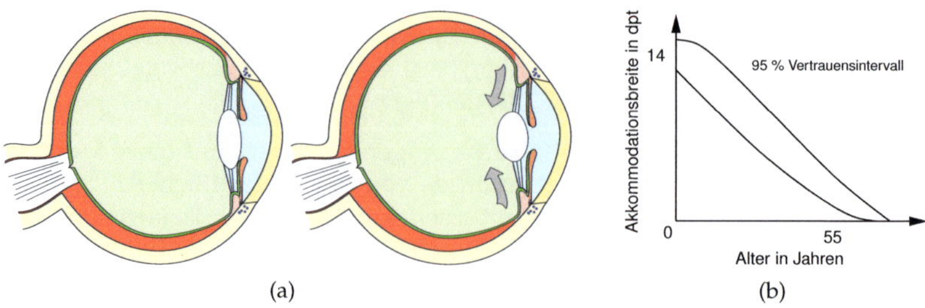

Abbildung 1.2.: Mechanismus der Akkommodation nach Helmholtz (a) modifiziert nach [TJo8] und Abhängigkeit der Akkommodationsamplitude vom Alter (b) nach [Dua12].

Das ursprünglich von Hermann-von-Helmholtz im Jahr 1855 eingeführte und trotz widersprüchlicher, neuer Theorien [BJF99] bis heute gültige Modell zum Akkommodationsmechanismus beschreibt den Vorgang der Akkommodation wie folgt: Im Ruhezustand, bei entspanntem Ziliarmuskel, wirkt über die Zonulafasern eine Kraft auf den Kapselsack, wodurch die Linse flach gehalten wird. Durch Kontraktion des Ziliarmuskels wird der Durchmesser des Ziliarkörpers verringert und die Zonulafasern entspannt. Die Entspannung der Zonulafasern bewirkt eine Entspannung der Linse, welche aufgrund der energetisch günstigeren Form ihre Oberflächenkrümmung und damit ihre Brechkraft erhöht. Der beschriebene Vorgang wird als Akkommodation bezeichnet. Der dazu inverse Vorgang wird als Desakkommodation bezeichnet [HGK09].

Die Dauer der Akkommodation ist, unabhängig von der Akkommodationsweite und vom Alter, nahezu konstant und liegt bei 200 ms. Die Latenz, mit welcher die Akkommodation startet, erhöht sich mit dem Alter von 330 ms auf 400 ms. Der gesamte Akkommodationsvorgang ist damit 600 ms nach einer Akkommodationsbedarfsänderung vollständig abgeschlossen. Aus der festen Dauer und der variablen Akkommodationsweite kann abgeleitet werden, dass die Geschwindigkeit der Akkommodation mit der Größe der Akkommodationsdifferenz zunimmt. Während des Akkommodationsvorgangs wird eine Geschwindigkeit von maximal 10 dpt/s erreicht [MC04].

Akkommodation und Vergenzbewegung sind neuronal stark verkoppelt. Es lassen sich regelungstechnische Modelle der gegenseitigen Beeinflussung (akkommodative Vergenz und vergente Akkommodation) herleiten [Jia96]. Die Modelle der akkommodativen Vergenz und vergenten Akkommodation wurden in [Kli08] weiterentwickelt.

Während im Säuglingsalter noch Akkommodationsbreiten von 13 dpt möglich sind, nimmt die Fähigkeit zur Akkommodation mit dem Alter kontinuierlich ab und verschwindet im Alter von 55 Jahren nahezu vollständig [Dua12]. Augen mit Akkommodationsbreiten unter 3 dpt werden als presbyop bezeichnet.

1.2.3. Fehlsichtigkeit und Erkrankungen des Auges

In einem gesunden und korrektsichtigen Auge (emmetropes Auge) wird bei entspanntem Ziliarmuskel ein entferntes Objekt scharf auf der Netzhaut abgebildet. Ist der Augapfel für eine scharfe Abbildung zu kurz, d.h. das Bild wird hinter der Retina scharf abgebildet, handelt es sich um ein weitsichtiges (hyperopes) Auge. Bei zu langem Augapfel und scharfer Abbildung vor der Netzhaut handelt es sich um ein kurzsichtiges (myopes) Auge.

In den Ziliarzotten wird das Kammerwasser gebildet. Es fließt in die hintere Augenkammer und von dort durch die Pupille in die vordere Augenkammer, wo es durch den in der Kammerbucht befindlichen Schlemmschen Kanal abfließt. Die Kammerwasserproduktion beträgt 2,5 bis 4,2 µl/min[WBB99]. Ist der Schlemmsche Kanal verengt, kann das Kammerwasser nicht mehr abfließen und der Augeninnendruck steigt. Durch einen dauerhaft erhöhten Augeninnendruck kann langfristig der Sehnerv beschädigt werden. Ein derartiger Krankheitsverlauf wird als Grüner Star (*Glaukom*) bezeichnet [Gre03].

Die altersbedingte Makuladegeneration schädigt den Bereich des schärfsten Sehens. Beginnend in der Foeva sterben die Rezeptoren ab, mit der Folge, dass der Patient nur noch im peripheren Bereich der Netzhaut sehen kann, wo durch die Verteilung der Rezeptoren per se kein scharfes Sehen möglich ist. Der Visus sinkt im Laufe der Krankheit bis zur Erblindung.

Im Jahr 2009 wurde die Anzahl von blinden Menschen weltweit auf 45 Millionen geschätzt, wovon laut World Health Organization 75 % der Fälle vermeidbar wären [WHO09]. Eine der Hauptursachen für vermeidbare Blindheit ist die Katarakt. Die Katarakt ist eine krankhafte, milchige Eintrübung der Linse des menschlichen Auges, auch als Grauer Star bekannt. Sie tritt üblicherweise im hohen Alter auf, kann aber auch in jungen Jahren durch traumatische Verletzungen des Auges, Strahlenschädigung des Gewebes, Medikamente, Vergiftungen, nach intraokularen Operationen und bei Komplikationen anderer Augenerkrankungen ausgelöst werden. Eine medikamentöse Behandlung der Katarakt ist bisher nicht bekannt [Gre03]. Die Katarakt wird daher in einer Kataraktoperation chirurgisch behandelt.

Jährlich werden alleine in Deutschland über 600 000 Kataraktoperationen durchgeführt [KBK+09]. Während der meist ambulant durchgeführten Operation wird am lokal anästhesierten Auge die menschliche Linse entfernt und eine künstliche IOL aus Polymethylmethacrylat (PMMA), Silikonkautschuk oder Acryl-Copolymeren [AA01] implantiert.

Zur Eröffnung des Auges wird am Übergang zwischen Sklera und Cornea ein Tunnelschnitt mit einer Breite von 1,8 – 3 mm durchgeführt. Die kleinen Schnittbreiten ermöglichen einen selbstständigen Verschluss des Schnittes ohne Naht, wodurch auch der durch den Einschitt induzierte Astigmatismus gering bleibt. Nach Eröffnung des Auges wird mit einer Kapsulorhexis ein Teil der Vorderseite des Kapselsacks entfernt. Die Linse wird durch eine Phakoemulsifikation mit Hilfe von Ultraschall zertrümmert und abgesaugt. Die Rückseite des Kapselsacks bleibt dabei erhalten. Nach vollständiger Entfernung der getrübten Linse kann eine IOL gerollt und mit Hilfe eines Injektors durch die Inzision in der Cornea in den Kapselsack eingesetzt werden. Die IOL hat Haptiken, welche sich im Kapselsackäquator abstützen und mit der Zeit einwachsen [Fea87]. In seltenen Fällen, wenn der Kapselsack oder die Zonulafasern beschädigt sind, kann keine Hinterkammerlinse implantiert werden. Alternativen bieten in die Vorderkammer implantierte, kammerwinkelfixierte Vorderkammerlinsen oder Intraokularlinsen mit skleraler Fixierung.

Sind die Linsen implantiert, schließt sich der Tunnelschnitt selbständig. Nach ca. zwei Wochen beginnt eine Kapselsackfibrose, wodurch der Kapselsack versteift und auf die implantierte Linse aufschrumpft [LAA93]. Linse und Kapselsack sind damit fest miteinander verbunden und die Linse kann nur noch durch Extraktion des Kapselsacks explantiert werden.

Da während der Operation nicht alle Epithelzellen vollständig aus dem Kapselsack entfernt werden können, besteht die Möglichkeit, dass sich die Epithelzellen vom Kapselsackäquator her wieder ausbreiten. Die Folge ist eine Sekundärkatarakt. Abhilfe versprechen Spezial-IOL, welche durch scharfe Kanten ein Einwachsen der Epithelzellen in die optische Zone der IOL verhindern. Sollte sich dennoch eine Sekundärkatarakt in den optischen Bereich ausbreiten, kann diese in einer Nachstarbehandlung durch Auftrennen der Kapselrückseite mittels eines Femtosekunden-Lasers, wie er bereits bei einer LASIK-Operation [HKL$^+$10] routinemäßig eingesetzt wird, entfernt werden.

1.3. Darstellung des Entwicklungsstands

1.3.1. Künstliches Akkommodationssystem

Das Künstliche Akkommodationssystem stellt einen neuen Ansatz zur Wiederherstellung der Akkommodation dar. Es soll während einer Kataraktoperation vollständig in den Kapselsack implantiert werden und die Akkommodation, durch Anpassung der Scheitelbrechkraft des integrierten optischen Elements, autonom durchführen. Abbildung 1.3 zeigt schematisch die Funktionsweise des Künstlichen Akkommodationssystems bei Blick des Implantatträgers auf ein fernes Gebirge sowie ein nahe gelegenes Buch.

Das Künstliche Akkommodationssystem besteht aus folgenden Teilsystemen [BGG10]:

- Optik variabler Fokuslänge
- Sensorsystem
- Aktor
- Informationsübertragung

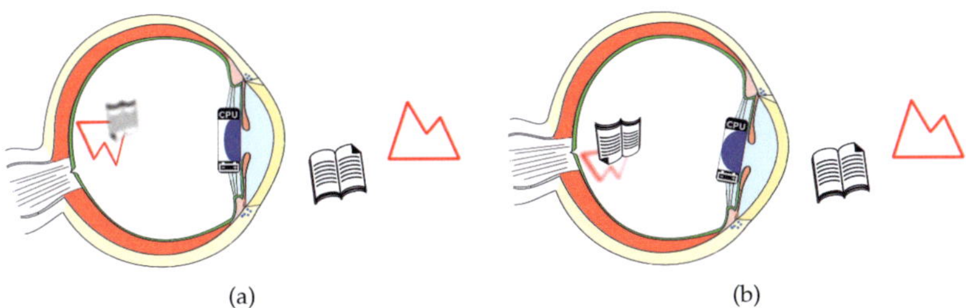

(a)   (b)

Abbildung 1.3.: Schematische Darstellung der Funktionsweise des Künstlichen Akkommodationssystems bei Betrachtung eines fernen Gebirges (a) und nach erfolgter Anpassung der Scheitelbrechkraft bei Betrachtung eines nahe gelegenen Buches (b) nach [Kli08].

- Steuerung
- Energieversorgung
- Komponenten zur Systemintegration.

Alle Teilsysteme sind für den Betrieb des Künstlichen Akkommodationssystems zwingend erforderlich. Abbildung 1.4 enthält eine Übersicht über die Teilsysteme des Künstlichen Akkommodationssystems sowie den Informations- und Energiefluss zwischen den Teilsystemen. Aufgrund der hohen Komplexität des Systems werden die Teilsysteme in einem interdisziplinären Team parallel entwickelt. Ergebnisse zum Teilsystem „Optisches Element" sind in [Ber07, Rüo9] und zur Erfassung des Akkommodationsbedarfs in [Kli08] zu finden. Aktuelle Arbeiten beschäftigen sich mit der Entwicklung geeigneter Aktorkonzepte, der Weiterentwicklung eines Sensorsystems, der Entwicklung eines Kommunikationssystems sowie der Systemintegration [NMR+08, NGG+09].

Nach der Vorstellung der allgemeinen Anforderungen an das Künstliche Akkommodationssystem, werden nachfolgend die einzelnen Teilsysteme sowie deren Entwicklungsstand zum Zeitpunkt der Erstellung der vorliegenden Arbeit kurz vorgestellt.

Allgemeine Anforderungen

Die allgemeinen Anforderungen an das Künstliche Akkommodationssystem sind:

Sehkomfort Die Abbildungsqualität muss den Anforderungen der DIN EN 13503-7 und der DIN EN ISO 11979 [ISO02, DIN00] entsprechen. Das Implantat muss eine Transparenz von mindestens 70 – 80 % im sichtbaren Wellenlängenbereich aufweisen. Das Implantat muss eine Behandlung eines Nachstars ermöglichen und darf durch die damit verbundene Laserstrahlung nicht beschädigt werden. Die Akkommodationsamplitude muss

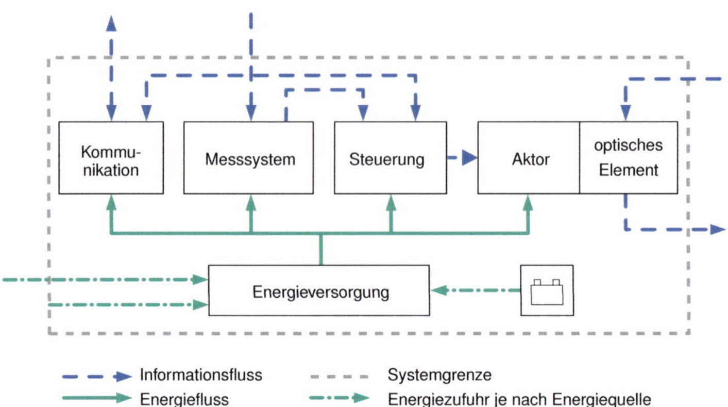

Abbildung 1.4.: Struktur des Künstlichen Akkommodationssystems und seiner Komponenten

mindestens 3 dpt betragen und damit den gesamten Bereich zwischen Fernsicht und Leseabstand abdecken. Zusätzlich muss ein postoperativer Refraktionsausgleich bei Fehlpositionierung die nachträgliche Adaption des Systems auf Fernsicht ermöglichen. Die für eine Akkommodationsanpassung benötigte Zeit soll mit der des natürlichen Systems vergleichbar sein.

Implantierbarkeit Das System muss im Rahmen einer Kataraktoperation implantierbar sein. Dazu darf der im Kapselsack verfügbare Bauraum nicht überschritten werden. Das System muss an eine möglichst große Gruppe von Patienten anpassbar sein. Wenn möglich, ist die Realisierung einer Falt- oder Rollbarkeit des Gesamtsystems von Vorteil, jedoch nicht zwingend erforderlich.

Sicherheit Die Sicherheit des Implantatträgers muss in allen vorhersehbaren und unvorhersehbaren Situationen gewährleistet sein. Das System muss einen Fehlerzustand erkennen und bei Bedarf in einen sicheren Fail-Safe-Zustand wechseln. Ebenso muss es über die Lebensdauer hinaus biokompatibel sein und darf weder durch das Körpergewebe beschädigt werden, noch darf das Körpergewebe durch das Implantat beeinträchtigt werden. Die elektromagnetische Verträglichkeit des Implantats muss gewährleistet sein.

Lebensdauer Die Lebensdauer des Implantats und damit auch aller Komponenten soll 30 Jahre betragen.

Bauraum Der Bauraum des Künstlichen Akkommodationssystems ist durch die Größe des Kapselsacks bestimmt. Ein maximaler, zylindrischer Bauraum von ca. 10 mm im Durchmesser und ca. 4 mm axialer Länge darf nicht überschritten werden. Die maximal zulässige Gesamtmasse des Systems beträgt 314 mg [Ber07].

Nachfolgend wird der zum Zeitpunkt der Erstellung der vorliegenden Arbeit aktuelle Stand der Arbeiten zur Entwicklung des Künstlichen Akkommodationssystems beschrieben.

Optisches System

In [Ber07] wurden bereits verschiedene optische Elemente untersucht. Als geeignete Konzepte für die Realisierung des optischen Elements variabler Fokuslänge wurden dabei die in Abbildung 1.5 dargestellte Axialverschiebung zweier sphärischer Linsen [BSBG07], die Lateralverschiebung zweier Alvarez-Humphrey-Flächen, eine Fluidlinse und eine Elektrowettinglinse [BB06] identifiziert.

Bei der axial-verschieblichen Optik (Abbildung 1.5(a)) wird eine Bikonvexlinse zwischen zwei konkaven Linsen entlang der optischen Achse verschoben. Durch die Verschiebung der mittleren Linse ändert sich die Gesamtbrechkraft des Linsensystems.

Eine Alternative zum axial verschiebbaren Linsensystem stellen lateral verschiebbare Alvarez-Linsen dar (Abbildung 1.5(b)). Es handelt sich dabei um zwei komplementäre, polynomielle Oberflächen, welche durch Verschiebung beider Linsenteile lateral zur optischen Achse im optischen Bereich inhomogen ihren Abstand ändern. Durch die Annäherung bzw. Entfernung der Linsenoberflächen zueinander, verändert sich lokal der optische Weg des Lichts im Linsenmaterial und die Brechkraft des Linsensystems wird verändert.

In einer Fluidlinse (Abbildung 1.5(c)) befinden sich zwei nicht mischbare Flüssigkeiten mit unterschiedlichem Brechungsindex. An der Kontaktfäche zwischen den Flüssigkeiten bildet sich ein unter Idealbedingungen sphärischer Meniskus aus, welcher die optisch aktive Fläche der Linse darstellt. Wird bei festem Linsenvolumen das Volumenverhältnis der Flüssigkeiten geändert, ändert sich der Krümmungsradius zwischen den Fluiden und damit die Brechkraft der Linse.

Das Elektrowettingprinzip basiert auf der Änderung des Benetzungswinkels einer Flüssigkeit an der Grenzfläche zwischen der Flüssigkeit und einem auf ein leitfähiges Substrat aufgebrachten Dielektrikum. Wird zwischen leitfähigem Substrat und leitfähiger Flüssigkeit eine Spannung angelegt, verringert sich der Benetzungswinkel und damit auch die Oberflächenkrümmung der Flüssigkeit. Um den Elektrowettingeffekt in einer Linse nutzbar zu machen, werden, wie in Abbildung 1.5(d) dargestellt, in ein zylindrisches, innen mit einem Dielektrikum beschichtetes, leitfähiges Gehäuse zwei Flüssigkeiten mit unterschiedlichem Brechungsindex und unterschiedlicher Leitfähigkeit eingebracht. Durch Anlegen

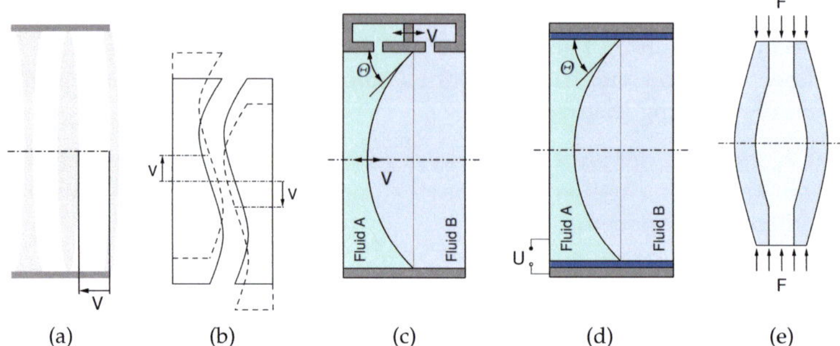

Abbildung 1.5.: Prinzip und Aufbau ausgewählter Lösungen für das Teilsystem aktiv-optisches Element: (a) Verschiebung einer konvexen Linse zwischen zwei konkaven Linsen (axial verschiebliches Linsensystem), (b) laterale Verschiebung zweier polynomieller Flächen (Alvarez-Linse), (c) Krümmungsänderung des sich ausbildenden Meniskus zwischen zwei Fluiden durch Änderung des Volumenverhältnisses (Fluidlinse), (d) elektrostatische Änderung des Benetzungswinkels zwischen Flüssigkeit und Festkörper (Elektrowetting) [Ber07] sowie (e) Verformung einer Polymerlinse durch radial aufgeprägte Ringkraft (elastische Linse) [Rüo9].

einer Spannung zwischen Gehäuse und leitender Flüssigkeit ändert sich dann der Benetzungswinkel und damit auch die Brechkraft der Linse.

Ein weiteres, auf die Verwendung im Künstlichen Akkommodationssystem, untersuchtes optisches Element, stellt die in Abbildung 1.5(e) dargestellte elastische Linse dar. Die elastische Linse besteht aus mindestens einem elastischen Polymer und kann durch Aufbringen einer ringförmigen Kraft radial komprimiert werden, wodurch sich der Krümmungsradius der optischen Grenzflächen und damit die Brechkraft der Linse ändert.

Messsystem

Essenziell für das Künstliche Akkommodationssystem ist die autonome Erfassung des Akkommodationsbedarfs von innerhalb des Kapselsacks. In [Kli08] wurden Konzepte für ein in das Künstliche Akkommodationssystem integrierbares Messsystem entwickelt und bewertet. In der beschriebenen Arbeit wurden potentielle Signalquellen für den Akkommodationsbedarf ermittelt. Dabei gelten die Ziliarmuskelaktivität, die Augenbewegung, die Iriskontraktion, der Abstand zum betrachteten Objekt sowie die Bildschärfe als potentiell für die Bestimmung des Akkommodationsbedarfs geeignet. Eine Bewertung der Signalquellen ergab, dass die Irisbewegung und die Augenbewegung die am erfolgversprechendsten Konzepte zur Erfassung des Akkommodationsbedarfs darstellen.

Das Konzept zur Nutzung der Augenbewegung basiert auf der Messung des Vergenzwinkels zwischen den Fixierlinien der Augen. Der sich bei Betrachtung eines Objekts durch die Konvergenzbewegung der Augen einstellende Vergenzwinkel kann, wie in Abbildung 1.6(a) dargestellt, durch Magnetfeldsensoren ermittelt werden [KGB07]. Dazu bestimmt ein in jedem Auge befindlicher Magnetfeldsensor seine Ausrichtung bezüglich des Erdmagnetfelds. Die Messwerte werden kontinuierlich über eine Kommunikationsstrecke [BNBG10] zwischen den Implantaten ausgetauscht. Durch Differenzbildung kann der Vergenzwinkel und daraus der Akkommodationsbedarf ermittelt werden. Eine Erweiterung hierzu ist die Nutzung des Gravitationsfelds der Erde als Referenzfeld [RRN⁺10, RRN⁺09] durch einen Beschleunigungssensor. Von Vorteil ist dabei, dass das Messprinzip gegenüber elektromagnetischen Störungen nicht anfällig ist. Nachteilig ist die ungünstige Lage des Felds relativ zum Künstlichen Akkommodationssystem. Wird ausschließlich das Gravitationsfeld ausgewertet, kann bei horizontalem Blick keine Vergenzwinkelbestimmung mehr erfolgen. Bei Kombination beider Sensorkonzepte ist hingegen eine lageunabhängige Bestimmung des Vergenzwinkels möglich [RRN⁺09].

Parallel zur Auswertung des Vergenzwinkels wird aktuell ein Pupillennahreflexsensor entwickelt. Das Prinzip basiert auf der Messung des monotonen Zusammenhangs zwischen Pupillenweite, Umfeldleuchtdichte und Objektabstand. Wird mit einer Sensorzeile (siehe Abbildung 1.6(b)) der Pupillendurchmesser und die Umfeldleuchtdichte gemessen, kann der Abstand zum betrachteten Objekt und somit der Akkommodationsbedarf berechnet werden [KBG07, KSG⁺07]. Der entscheidende Vorteil des Pupillennahreflexsensors gegenüber der Vergenzwinkelmessung ist, dass das System auch einseitig implantiert werden kann, da keine Informationen über den Zustand des anderen Auges benötigt werden. Die zuverlässige Filterung aller auf den Pupillendurchmesser wirkenden Störeinflüsse wie die Wirkung von Emotionen, Rausch- und Genussmitteln oder Medikamenten ist jedoch problematisch.

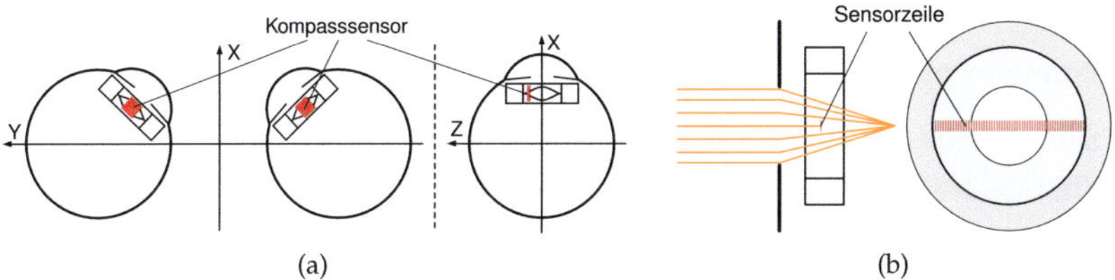

Abbildung 1.6.: Erfassung des Akkommodationsbedarfs durch Auswertung der Vergenzbewegung (a), und durch Auswertung des Pupillennahreflexes (b) nach [Kli08].

Im Rahmen der Entwicklung der Messsysteme wurde in [Kli08] die Konvention zur Benennung von Koordinatensystemen im Zusammenhang mit dem Künstlichen Akkommodationssystem definiert. Alle Koordinatensysteme sind Rechtssysteme. Das augenfeste Koordinatensystem $[x_\text{Auge}, y_\text{Auge}, z_\text{Auge}]$ hat seinen Ursprung im Augendrehpunkt. Die Richtung der x_Auge-Achse des augenfesten Koordinatensystems entspricht der Blickrichtung auf der optischen Achse des Auges. Die z_Auge-Achse zeigt in aufrechter Haltung nach oben, woraus sich die y_Auge-Achse in Blickrichtung nach links ergibt. Die Achsen des implantatfesten Koordinatensystems $[x'_\text{i}, y'_\text{i}, z'_\text{i}]$ sind bei optimaler Lage des Implantats im Auge parallel zu den Achsen des augenfesten Koordinatensystems. Das implantatfeste Koordinatensystem hat jedoch seinen Ursprung im Implantatmittelpunkt. Das $[x, y, z]$-System stellt das kopffeste Koordinatensystem dar. Die Koordinatenachsen sind bei Geradeaussicht in die Ferne als parallel zu den augenfesten Koordinatensystemen definiert. Der Ursprung des kopffesten Koordinatensystems liegt auf halber Strecke zwischen den Augendrehpunkten.

Aktor

Während optische Systeme wie die Elektrowettinglinse über eine Spannungsänderung direkt angesteuert werden können, dient zur Brechkraftänderung mechanischer optischer Elemente eine Verschiebung als Eingangsgröße. Die Verschiebung kann beispielsweise bei Wahl der Axialverschiebung zweier sphärischer Flächen durch einen Aktor zur Positionierung eines Linsenteils realisiert werden. Der als Aktor bezeichnete elektromechanische Wandler wird mit elektrischer Energie versorgt und führt eine mechanische Bewegung aus. Aktuelle Arbeiten beschäftigen sich mit der Konzeption eines Aktors und eines Getriebes für die Axialverschiebung zweier sphärischer Linsen, für die Lateralverschiebung zweier Alvarez-Humphrey-Flächen und der Konzeption einer Fluidlinse [MGR$^+$10]. Als erfolgversprechend zeichnen sich dabei piezoelektrische Wandler ab [MGBG10], welche gegenüber neuen Aktoren aus Kohlenstoffnanoröhren [Kok06] bereits mit dem aktuellen Stand der Technik realisierbar sind.

Informationsübertragung

Die Informationsübertragung unterteilt sich in zwei wesentliche Bereiche. Zum einen muss wie oben beschrieben für die Messung des Vergenzwinkels eine kontinuierliche Kommunikation zwischen den Implantaten realisert werden. Zum anderen muss nach der Implantation eine Kalibrierung und Wartung durch den behandelnden Arzt möglich sein. Da im Rahmen einer Kataraktoperation keine elektrische Verbindung aus dem Kapselsack heraus geführt werden kann, muss die Kommunikation drahtlos erfolgen. Entsprechende Konzepte werden in einer aktuell laufenden Arbeit entwickelt [BNBG10, BSN$^+$10]. Ziel ist dabei die Konzeption geeigneter Übertragungsverfahren und Strategien zur Synchronisierung der kommunizierenden Implantate.

Steuerung

Die Steuerung des Künstlichen Akkommodationssystems muss den gesamten Funktionsablauf des Implantats koordinieren. Sie dient zum Start der Messung, zur Auswertung der gemessenen Daten, zur Steuerung der Kommunikation, zur Berechnung des Akkommodationsbedarfs und Steuerung des Aktors. Neben den beschriebenen primären Funktionen müssen in der Steuerung Sekundärfunktionen wie Energiemanagement und Wartungsaufgaben realisiert werden. Bei der Auswahl und Entwicklung der für die Steuerung verwendeten Komponenten und Algorithmen sollte deren Energieeffizienz im Vordergrund stehen, um im späteren System möglichst wenig Energie für die Informationsverarbeitung aufwenden zu müssen.

Energieversorgung

Alle im Künstlichen Akkommodationssystem verbauten Komponenten müssen mit elektrischer Energie versorgt werden. Das Teilsystem „Energieversorgung" stellt die benötigte Energie bedarfsgerecht zur Verfügung. Bedarfsgerecht bedeutet, dass jeder Komponente zu jedem Zeitpunkt ausreichend Energie zur Verfügung steht. Für die Energieversorgung steht maximal die Hälfte des ringförmigen Bauraums um das optische Element, von ca. $106\,mm^3$ zur Verfügung, was bereits das Volumen aller Bauteile und des Energiespeichers beinhaltet. Bisher wurden keine Konzepte zur Energieversorgung des Künstlichen Akkommodationssystems erarbeitet. Die Entwicklung von Konzepten zur bedarfsgerechten Energieversorgung des Künstlichen Akkommodationssystems steht daher im Mittelpunkt der vorliegenden Arbeit.

Systemintegration

Im Rahmen der Systemintegration werden Konzepte für das Gehäuse des Künstlichen Akkommodationssystems sowie für einen Bauteil- und Schaltungsträger entwickelt. Das Gehäuse des Künstlichen Akkommodationssystems dient zur Abdichtung des Implantats gegen Körperflüssigkeiten und zur Positionierung aller internen Komponenten zueinander. Außerdem muss es einen sicheren Sitz des Implantats im Kapselsack gewährleisten. Durch die funktionsbedingte Anordnung des optischen Elements auf der Mittelachse des zylindrischen Bauraums bleibt, abzüglich einer Gehäusewandstärke von ca. $100\,\mu m$, für die restlichen funktionalen Komponenten ein Bauraum von ca. $212\,mm^3$ [LSGB09]. Der Bauteil- und Schaltungsträger wird im Gehäuse befestigt und dient der elektrischen sowie mechanischen Verbindung aller elektronischen Teilsysteme des Künstlichen Akkommodationssystems.

1.3.2. Energieversorgung in mikromechatronischen Systemen und Implantaten

Im Mittelpunkt der vorliegenden Arbeit steht die Entwicklung neuer Konzepte zur bedarfsgerechten Energieversorgung des Künstlichen Akkommodationssystems. Bevor die im Rahmen der vorliegenden Arbeit entwickelten neuen Konzepte zur Energieversorgung des Künstlichen Akkommodationssystems vorgestellt werden, wird zunächst der Entwicklungsstand von ähnlichen Energieversorgungen beschrieben. Betrachtet werden dabei Energieversorgungen für mikromechatronische Systeme im Allgemeinen sowie bereits realisierte Energieversorgungen für Implantate.

Energieversorgungen für mikromechatronische Systeme

Bei den meisten bekannten mikromechatronischen Systemen erfolgt eine Miniaturisierung aus Gründen der Funktion, was bedeutet, dass ein mikromechatronisches System erst durch die Nutzung von Effekten, die bei der Miniaturisierung auftreten, realisiert werden kann. Die mikromechatronischen Systeme bilden dabei meist ein Teilsystem eines großen, makroskopischen Systems und können daher sehr einfach, konventionell mit Energie aus einer externen Quelle versorgt werden. Mit zunehmender Anzahl an entwickelten mikromechatronischen Systemen steigt auch die Anzahl an autonom arbeitenden Mikrosystemen. Im Folgenden wird ein kurzer Überblick über den Stand der Technik autonomer Mikrosysteme gegeben.

Im Bereich der Prozessüberwachung werden zunehmend verteilte, kabellose Sensornetzwerke mit immer kleiner werdenden Sensorknoten eingesetzt [Sch07]. Bei den meist an schwer zugänglichen Positionen platzierten Sensorknoten stellt sich sehr häufig das Problem der Energieversorgung. Eine Versorgung der Sensorknoten über integrierte Primärenergiespeicher ist aufgrund der kurzen Lebensdauer der Primärzellen und dem damit verbundenen hohen Wartungsaufwand nicht wirtschaftlich. Abhilfe kann dabei die Nutzung von in der Sensorumgebung befindlicher Energie zur Versorgung des Sensorknotens (ein als Energy-Harvesting bezeichnetes Prinzip) schaffen, wodurch sich nahezu wartungsfreie Sensorknoten realisieren lassen. Potentielle Energiequellen zur energieautarken Versorgung von mikroelektronischen bzw. mikromechatronischen Systemen wurden bereits im Jahr 2003 untersucht [RWR03].

Auch in der Gebäudeautomation ist eine immer höhere Flexibilität gefragt. Energieautarke Funkschalter, welche die Energie zur Aussendung mehrerer Datentelegramme aus dem Tastendruck gewinnen, sind bereits Stand der Technik [GKOB98]. Entscheidender Vorteil autonomer Funkschalter ist der Wegfall von Leitungen, die im Vorfeld nicht geplant und während dem Bau nicht verlegt werden müssen. Außerdem erhöht eine drahtlose Technologie die Flexibilität bei der zukünftigen Nutzung der Gebäude. Energieautarke Schalter stellen in der Gebäudeautomation daher eine flexible, zuverlässige und wartungsarme Alternative zu einer konventionellen Verkabelung dar.

Neben Anwendungen in der Automatisierungstechnik werden zunehmend Anwendungen im Bereich des Konsumentenmarkts durch aktive mikromechatronische Systeme abgedeckt. Im Bereich der Uhrenindustrie werden beispielsweise neben konventionellen, mechanischen Automatikuhren neue Automatikuhren mit integrierten thermoelektrischen Generatoren, beziehungsweise mechanischen Generatoren, entwickelt. Während bei thermoelektrischen Generatoren die Temperaturdifferenz zwischen Handgelenk und Umgebung zur Energieversorgung der Uhr genutzt wird, wird im Fall der mechanischen Generatoren die in einer über einen konventionellen Rotor vorgespannten Spiralfeder enthaltene, mechanische Energie periodisch in elektrische Energie umgewandelt und in einem elektrischen Speicher als Gangreserve zwischengespeichert [PS05].

Immer mehr mobile Unterhaltungselektronik soll anstelle von konventionellen, wiederaufladbaren Sekundärzellen mit ständig verfügbaren Energiequellen gespeist werden. Aus diesem Grund beschäftigen sich zahlreiche Forschungsprojekte mit der Integration von Technologien zur Energieversorgung von elektronischen Geräten mit Hilfe von in der Systemumgebung vorhandener Energie sowie der Effizienzsteigerung vorhandener elektronischer Geräte. Ein Beispiel zur Realisierung einer autarken Energieversorgung für elektronische Kleingeräte stellen beispielsweise aktive Textilien dar. Der Begriff aktive Textilien beschreibt die Integration von Energiewandlern, wie beispielsweise Thermogeneratoren, Solarzellen oder elektromechanische Wandler, in Kleidungsstücke [MNS$^+$07, Kui03, PS05]. Ziel der Entwicklung ist die Energieversorgung eines an die Kleidung angeschlossenen Geräts, sobald das Kleidungsstück vom Benutzer getragen wird.

Implantatenergieversorgungen

Während bei konventionellen Mikrosystemen meist die Wirtschaftlichkeit ein Grund für alternative Energieversorgungen ist, muss bei Implantaten unter anderem eine möglichst hohe Lebensdauer der integrierten Energieversorgung gewährleistet werden. Da ein Wechsel der Energiequelle meist mit einer Explantation des Systems verbunden ist, werden bereits seit Beginn der Entwicklung von Herzschrittmachern in den 1960er Jahren alternative Energiequellen für Implantate entwickelt.

Je nach Energiebedarf des Implantats lassen sich alle aktuell existierenden Konzepte für Implantatenergiequellen in drei der in Tabelle 1.1 dargestellten vier Kategorien einordnen. Bei Implantaten der Kategorie 4 mit durchschnittlich sehr niedriger, integraler Leistungsaufnahme ($<$ 50 µW)[Ska97], großem Bauraum ($>$ 1 cm^3) und einer folglich niedrigen Energiedichte, wie beispielsweise bei Herzschrittmachern und implantierbaren Defibrillatoren, wird die Energieversorgung meist über integrierte Primärzellen realisiert.

	kleiner Bauraum	**großer Bauraum**
hohe durchschnittliche Leistungsaufnahme	Kategorie 1 $(-)$	Kategorie 2 $(+)$
niedrige durchschnittliche Leistungsaufnahme	Kategorie 3 $(+)$	Kategorie 4 $(+)$

Tabelle 1.1.: Klassifikation von Implantatenergieversorgungen und Bewertung ihrer Realisierbarkeit.

Für Implantate mit hoher Leistungsaufnahme (mehrere mW bis W) und großem Bauraum (mehrere cm^3) der Kategorie 2 kann über Primärenergiequellen lediglich eine kurze Betriebszeit realisiert werden. Ist eine lange Betriebszeit gefordert, muss die Energie von extern eingekoppelt werden. Unterschieden wird zwischen teilautarkem Betrieb, wobei lediglich kurze Zeit Energie zugeführt und damit der Betrieb für längere Zeit gesichert wird, und dauerhafter externer Energieversorgung. Zur Realisierung eines Dauerbetriebs bei zeitweiser Energieeinkopplung können wiederaufladbare Sekundärzellen genutzt werden. Wird das Implantat lediglich zeitweise benötigt, kann über eine induktive Übertragungsstrecke elektrische Energie während des Betriebs zur Verfügung gestellt werden. Erlauben die Anforderungen an das Implantat die dauerhafte Energieeinkopplung und damit den Verzicht auf einen Energiespeicher im Implantat, hat die Energieversorgung des Implantats eine nahezu unbegrenzte Lebensdauer.

Die dritte Gruppe bilden Implantate der Kategorie 3 mit sehr kleinem Bauraum ($\ll 1\,cm^3$) und niedriger Leistungsaufnahme ($\ll 0{,}1\,mW$). Bei derart begrenztem Bauraum können keine handelsüblichen, wiederaufladbaren Energiespeicher oder Primärzellen in das Implantat integriert werden. Auf eine Zwischenspeicherung im Implantat wird daher üblicherweise verzichtet. Das Implantat benötigt eine kontinuierliche Einkopplung von Energie. In Experimenten und Prototypen wird die Energieübertragung üblicherweise zunächst über ein transdermales Kabel realisiert, was aufgrund des hohen Infektions- und Verletzungsrisikos lediglich für kurze Implantationsdauern vertretbar ist. Bei längerfristiger Implantation wird die Kabelverbindung wie beispielsweise beim Subretinaimplantat [Zre10] durch eine induktive Kopplung ersetzt. Zur Kommunikation kann eine Datenübertragung mit der induktiven Energieeinkopplung kombiniert werden.

Im Folgenden sind Beispiele für diverse bereits realisierte Implantatenergieversorgungen zusammengestellt, wobei die aufgeführten Implantate den in Tabelle 1.1 dargestellten Gruppen zugeordnet werden.

Herzschrittmacher Zu den bekanntesten aktiven Implantaten gehören Herzschrittmacher. Sie sind, wie auch implantierbare Defibrillatoren, der erst genannten Gruppe von Implantaten der Kategorie 4 mit großem Bauraum und niedrigen Energiedichten zuzuordnen. Herzschrittmacher werden aktuell mit sehr langlebigen Li|I-Primärzellen [GLM$^+$71] versorgt. Die Lebensdauer beträgt dabei bis zu 10 Jahre. Die Implantate werden subkutan so positioniert, dass sie mit kleinen Eingriffen austauschbar sind. Eventuell vorhandene Elektroden werden nicht explantiert, sondern weiterverwendet.

Zu Beginn der Entwicklung von Herzschrittmachern wurden zunächst sehr unzuverlässige Zn|HgO-Primärzellen benutzt [Pow94]. Anfang der 1970er Jahre wurden diese teilweise durch Radioisotopbatterien abgelöst [Bla06]. Es kamen drei unterschiedliche Typen von Radioisotopbatterien auf den Markt [Par72]. Thermoelektrische Radioisotopbatterien nutzen den atomaren Zerfall von ^{238}Pu, ^{238}PuO oder ^{238}PuN als Wärmequelle. Die Wärme wird über ein Thermoelement in den Körper geleitet und durch das Thermoelement teilweise in elektrische Energie gewandelt. Thermoionische Zellen nutzen ebenfalls die beim radioaktiven Zerfall von ^{238}PuO entstehenden α-Teilchen zur Erwärmung eines Emitters, aus dem Elektronen ausgelöst und in einem Kollektor eingefangen werden. Es entsteht eine elektrische Potentialdifferenz. Betavoltaikzellen nutzen den β-Zerfall von ^{147}Pm oder Tritium [Mer58]. Die β-Teilchen treffen auf einen Halbleiter und erzeugen in einem pn-Übergang ähnlich wie in einer Photovoltaikzelle getrennte Ladungen. Mitte der 1970er Jahre folgten die aktuell verwendeten Li|I-Zellen [GLM$^+$71], womit die Entwicklung radioisotop betriebener Herzschrittmacher endete.

Implantierbare Defibrillatoren Implantierbare Defibrillatoren haben im Gegensatz zu Herzschrittmachern einen teilweise sehr hohen Leistungsbedarf zum Laden eines internen Kondensatorarrays [GBSS09] von bis zu 10 W. Daher ist die Verwendung von Li|I-Primärzellen aufgrund der niedrigen Ionenleitfähigkeit im Separator nicht möglich. Eine Alternative bieten die seit 1999 erhältlichen Li|Ag$_2$V$_4$O$_{11}$-Primärzellen [Ska97, CMH$^+$06] mit ähnlicher Energiedichte, aber sehr viel größerer Leistungsdichte.

Orthopädische Implantate Bei orthopädischen Implantaten ist eine Beurteilung der Haltbarkeit der Prothesen sehr schwierig. Es wurden daher Implantate mit integrierter Sensorik entwickelt. Sie dienen beispielsweise der Früherkennung von Lockerungen des Schafts einer Hüftprothese [PCV$^+$00] oder der Belastungsmessung an bereits implantierten Prothesen [BDM$^+$00, SP96]. In orthopädischen Implantaten steht meist ein großer Bauraum zur Verfügung, der Energiebedarf der Sensorik ist meist gering und ein Betrieb der Sensoren ist nur während kurzer Zeit erforderlich. Es handelt sich daher ebenfalls um Implantate der Kategorie 4, jedoch aufgrund des lediglich zeitweisen Betriebs ohne Energiespeicher und mit drahtloser, induktiver Energieversorgung.

Gehirntiefenstimulatoren Implantate der zweiten Kategorie bilden unter anderen Gehirntiefenstimulatoren, welche lediglich für kurze Zeit in Versuchstiere implantiert werden [BMIB08] und medizinische Mikrosysteme wie das Kapselendoskop [Bra05], das sich lediglich einige Stunden bis Tage im Körper befindet, und trotz der hohen Energiedichte mit Primärzellen versorgt wird. In der Regel benötigen dauerhaft implantierbare Nervenstimulatoren bis zu einigen 100 µW. Auch implantierbare Medikamentendosiersysteme benötigen eine dauerhafte Energieversorgung. Aufgrund des am subkutanen Implantationsort großzügig vorhandenen Bauraums und der Forderung nach teilautarkem Betrieb ist es möglich, eine große Sekundärzelle, welche den Betrieb bis zu einem Monat gewährleistet, samt induktiver Ladeeinrichtung zu integrieren. Da ein Ladevorgang nur monatlich erfolgt, sind Ladezeiten bis zu drei Stunden üblich [NHL+06] und für den Implantatträger zumutbar.

Künstliche Herzen Weitere Vertreter der zweiten Kategorie sind Implantate mit derart hoher Energiedichte, dass auch ein kurzzeitiger Betrieb nicht mehr über Sekundärzellen realisiert werden kann. Dabei handelt es sich um künstliche Herzen, bzw. Implantate zur Herzunterstützung [SHMB08], orthopädische Distraktoren zur Verlängerung von Knochen [HRFP07] ohne mechanische Komponenten durch die Haut, bzw. aktive Bandscheibenprothesen mit adaptierbaren Dämpfungseigenschaften [POM+07] und Schließmuskelprothesen zur Kontrolle des Darmausgangs [DWG+07] sowie des Blasenverschlusses [VRM07].

Neurostimulatoren Eine sehr große Gruppe an Vertretern der dritten Kategorie bilden implantierbare Mikro-Neurostimulatoren und Implantate zur Messwerterfassung von Nervenimpulsen [LPMH01, Sti05, MS07, AZN90, Hee88]. Sie werden an die entsprechende Stelle im Gehirn implantiert und können bei Bedarf erregt werden. Dabei können auch ganze Elektrodenarrays in das System integriert werden [Saw06]. Die Implantate können konventionell über eine induktive Energieversorgung oder über elektromagnetische Hochfrequenzfelder [HYP+08] versorgt werden.

Eine Sonderform der Neurostimulatoren bilden die bereits in Serie produzierten und implantierten Cochlear-Implantate [Mü05, Leu05, VP01, WHK98], die aus zwei Komponenten bestehen. Der implantierbare Teil besteht aus einer subkutanen Empfängereinheit und einem Elektrodenarray zur Stimulation des Hörnervs. Die externe Komponente enthält einen akustischen Wandler sowie einen Signalprozessor. Die prozessierten Schallinformationen werden induktiv an den implantierten Teil übertragen.

Mit der Vision Erblindeten das Sehen wieder zu ermöglichen, wird aktuell an einer weiteren Variante von spezialisierten Nervenstimulatoren gearbeitet. Diese Sehprothesen können in drei Gruppen unterteilt werden. Es handelt sich um in das Auge implantierte sub- und epiretinale Prothesen sowie kortikal implantierte Stimulatoren. Die kortikale Sehprothese [VDHS97] befindet sich in einem sehr frühen Entwicklungsstadium. Während der gesamten Betriebsdauer müssen Bildinformationen zum Implantat übertragen werden. Es bietet sich daher eine

Kombination aus induktiver Energie- und Datenübertragung an [TR09]. In der Entwicklung weiter fortgeschritten ist die subretinale Sehprothese [Zre10]. Es handelt sich dabei um einen Retinaencoderchip, welcher unter die Retina implantiert wird. Auf der Oberseite des Chips befinden sich Photodioden, die das auf die Retina fallende Licht in elektrische Signale wandeln. Die Signale werden verstärkt und die noch funktionsfähigen Nervenbahnen hinter der Retina stimuliert. Da die gesamte Signalverarbeitung auf dem implantierten Chip stattfindet und der Chip im Vergleich zur Entfernung zum Körperäußeren relativ klein ist, kann keine induktive Energieübertragung realisiert werden. Das Implantat wird für Studien über ein subkutanes Kabel mit Energie versorgt [Mok07]. Es existieren erste Untersuchungen zur Energieversorgung des Subretinaimplantats über Einkopplung eines Infrarotlichtstrahls und Wandlung der Lichtenergie in elektrische Energie über eine auf die Wellenlänge des eingekoppelten Lichts abgestimmte photovoltaische Zelle [Bus02, Vog07]. Das epiretinale Implantat hat bereits Marktreife erreicht. Im Gegensatz zum Subretinaimplantat wird beim Epiretinaimplantat lediglich der Neurostimulator implantiert [Mok07, Sti05]. Während der Implantation wird der Glaskörper in einer Vitrektomie entfernt. Das Implantat wird so positioniert, dass das Elektrodenarray des Stimulators auf der Retina aufliegt. Das Elektrodenarray ist über ein dünnes Kabel mit der Empfängerspule zur Energie- und Datenübertragung im Kapselsack verbunden. Der externe Teil des Implantats enthält eine Kamera zur Aufnahme der Bilder aus der Umgebung, einen Signalprozessor und den externen Teil der induktiven Energie- und Datenübertragung [KLB$^+$04, WLB$^+$04].

Drucksensoren Andauernde Anomalien in der Druckverteilung im Körper können zu chronischen Erkrankungen führen. Ein zu hoher Blutdruck kann Auslöser für Aneurysmen sein, ein erhöhter Augeninnendruck führt langfristig zum Glaukom. Es werden daher diverse Drucksensoren zur Ermittlung körperinterner Drücke entwickelt. Beispiele hierfür sind Augeninnendrucksensoren der Firmen Campus Microtechnologies [EDH$^+$00, Mok07] und Zeiss *Acri.Tec [WS02, UMBS00, DKM$^+$94, BTL$^+$00, SKH$^+$01, SKH$^+$00, Mok07], Blutdrucksensoren zur Messung des Innendrucks in Blutgefäßen [Mok07], intrakranielle Drucksensoren zur Messung des Schädelinnendrucks [WE05, EMM$^+$00] sowie Sensoren zur Messung des Blaseninnendrucks [CP05]. Generell ist der Bauraum eines solchen Sensors sehr beschränkt. Keiner der aufgeführten Drucksensoren hat einen Datenspeicher oder Energiespeicher. Die Sensoren sind lediglich aktiv, wenn ein externes Feld anliegt und senden über die induktive Übertragungsstrecke aktuelle Druckdaten.

Intraokulare Implantate Zur Wiederherstellung der Akkommodation existiert ein Konzept, das eine dauerhafte induktive Energieversorgung vorsieht. Die Nachteile potentiell akkommodierender Linsen sollen darin durch eine aktiv angesteuerte, implantierbare Flüssigkristalllinse kompensiert werden [VDLL97, VLN03].

Das Implantat wird über die in einem Sekundärkreis induzierte Spannung gesteuert. Es findet keine digitale Datenübertragung statt. Die größten Nachteile des Konzepts sind, dass für einen kontinuierlichen Betrieb immer eine Brille mit Primärspule getragen werden muss, dass noch keine Konzepte zur Erfassung des Akkommodationsbedarfs bestehen und dass die Transparenz einer Flüssigkristalllinse nach dem bei Erstellung der vorliegenden Arbeit aktuellen Stands der Technik für ein intraokulares Implantat nicht geeignet ist [Ber07].

Zukünftige Technologien   Eine weitere Möglichkeit zur Versorgung von Implantaten mit Energie aus der Implantatumgebung wird derzeit im Energy-Harvesting gesehen. Energy-Harvesting ist jedoch noch nicht Stand der Technik in Implantaten. Es existieren lediglich erste Konzepte beispielsweise für die Verschleißanalyse von Knieprothesen [PFGH05]. Die Energieversorgung erfolgt dabei über einen in das Gelenk integrierten Piezowandler.

Keine der vorgestellten Implantatenergieversorgungen kann zur Versorgung des Künstlichen Akkommodationssystems verwendet werden. Das Künstliche Akkommodationssystem unterscheidet sich von allen bereits realisierten Implantaten im Wesentlichen durch seinen sehr kleinen Bauraum $< 1\,\mathrm{cm}^3$, die darin vorherrschende Integrationsdichte bei gleichzeitig hoher Leistungsaufnahme $> 0{,}1\,\mathrm{mW}$ und die strikte Forderung nach einem mindestens teilautarken Betrieb. Letztere Anforderung ist bei dem gegebenen Bauraum mit Energieversorgungen des aktuellen Standes der Technik nicht realisierbar. Das Künstliche Akkommodationssystem stellt nach der in Tabelle 1.1 beschriebenen Unterteilung das erste Implantat der Kategorie 1 mit einer Leistungsdichte von $> 0{,}1\,\mathrm{mW/cm^3}$ dar.

1.4. Ziele und Aufgaben

Vor dem Hintergrund der demographischen Entwicklung wird eine Erhaltung der Lebensqualität im Alter immer wichtiger. Durch Wiederherstellung der Akkommodationsfähigkeit nach Kataraktoperationen oder im Falle einer Presbyopie stellt das Künstliche Akkommodationssystem eine Möglichkeit dar, die Lebensqualität nachhaltig zu steigern. Bereits existierende Lösungsansätze zur Realisierung von Teilsystemen des Künstlichen Akkommodationssystems bestehen für die Realisierung des aktiv-optischen Elements und zur Erfassung des Akkommodationsbedarfs. Eine der größten Herausforderungen bei der weiteren Entwicklung des Künstlichen Akkommodationssystems ist die zuverlässige Energieversorgung aller im System integrierten Komponenten für die gesamte Implantatlebensdauer.

Ziel der vorliegenden Arbeit ist die Konzeption einer bedarfsgerechten Energieversorgung für das Künstliche Akkommodationssystem. Teilziele zur Entwicklung einer bedarfsgerechten Energieversorgung für das Künstliche Akkommodationssystem sind:

- Herleitung einer einheitlichen Methodik zur systematischen Entwicklung von Lösungsvarianten.

- Entwicklung einer generischen Vorgehensweise zur Ermittlung des Energiebedarfs des Künstlichen Akkommodationssystems für beliebige Personengruppen.

- Entwicklung von Konzepten zur ganzheitlichen, bedarfsgerechten Energieversorgung des Künstlichen Akkommodationssystems.

- Konzeption von Strategien, Hard- und Software zur Reduktion des Energiebedarfs der Teilsysteme und zur bedarfsgerechten Energieflusssteuerung im Künstlichen Akkommodationssystem.

- Experimenteller Aufbau und Erprobung ausgewählter Lösungsvarianten.

Im Einzelnen wird in Kapitel 2 eine einheitliche Methodik zur Entwicklung und Bewertung von Energieversorgungen für das Künstliche Akkommodationssystem vorgestellt. Diese beinhaltet die Aufstellung spezieller Anforderungen an eine bedarfsgerechte Energieversorgung sowie die Identifikation möglicher Energiequellen zur Energieversorgung des Künstlichen Akkommodationssystems. Durch eine Vorauswahl werden potentiell geeignete Energiequellen bestimmt, die im weiteren Verlauf der Arbeit untersucht werden. Die ermittelten Energiequellen werden Systemkonzepten für die Energieversorgung zugeordnet und anhand der Methodik einheitlich ausgearbeitet und bewertet.

Im Rahmen von Kapitel 3 wird die neue Methodik auf die Entwicklung einer bedarfsgerechten Energieversorgung für das Künstliche Akkommodationssystem angewandt. Hierzu werden Konzepte zur Energieversorgung auf Basis potentieller Energiequellen, Energiespeicher und Technologien zur Energieumwandlung anhand der einheitlichen Methodik entwickelt, bewertet und verglichen. Zur Ermittlung der Leistungsaufnahme des Künstlichen Akkommodationssystems werden alle Teilsysteme des Künstlichen Akkommodationssystems charakterisiert und in einem Systemmodell abgebildet. Durch den begrenzten Bauraum ist der in das Implantat integrierbare Energiespeicher räumlich begrenzt. Zur Verlängerung der unabhängigen Betriebszeit werden ebenfalls in Kapitel 3 neue Maßnahmen zur Steigerung der Energieeffizienz in bereits vorhandenen Teilsystemen ausgearbeitet. Dabei werden neue Strategien für die Energieflusssteuerung des Gesamtsystems entwickelt und auf ihre Umsetzbarkeit untersucht. Weiterhin werden in Kapitel 3 durch Herleitung einer auf Energieeffizienz und Sicherheit ausgelegten Softwarearchitektur und durch

Entwicklung effizienter Algorithmen zur Berechnung des Akkommodationsbedarfs wesentliche Beiträge zur steigerung der Energieeffizienz des Künstlichen Akkommodationssystems geleistet. Abschließend wird eine neue, generische Vorgehensweise zur Auslegung einer induktiven Energieübertragung für das Künstliche Akkommodationssystem vorgestellt.

Kapitel 4 beschreibt die Umsetzung der ermittelten Konzepte zur bedarfsgerechten Energieversorgung des Künstlichen Akkommodationssystems. Im Einzelnen werden die Ergebnisse der Energiebedarfssimulation, die Entwicklung und Bewertung der neuen Konzepte zur Energieeinsparung, die Umsetzung der optimierten Akkommodationsbedarfsberechnung sowie die Realisierung einer induktiven Energieübertragung zur drahtlosen Ladung des Künstlichen Akkommodationssystems beschrieben. Kapitel 4 wird durch die Charakterisierung der im Rahmen der vorliegenden Arbeit umgesetzten Realisierungen abgeschlossen.

Kapitel 5 enthält eine Zusammenfassung der gesamten Arbeit und gibt abschließend einen Ausblick auf zukünftige Forschungsthemen auf dem Weg zum serientauglichen Künstlichen Akkommodationssystem.

2. Neue Methodik zur Konzeption und Bewertung von Lösungen für die Energieversorgung

In diesem Kapitel werden einheitliche Grundlagen zur Entwicklung einer bedarfsgerechten Energieversorgung für das Künstliche Akkommodationssystem beschrieben. Hierzu werden zunächst die Anforderungen an die zu entwickelnde Energieversorgung definiert, um mit einheitlichen Kriterien unterschiedliche Lösungskonzepte zur Realisierung einer Energieversorgung vergleichen und bewerten zu können. Es folgt die Beschreibung einer Methodik zur generischen Findung von Konzepten, zur Entwicklung von Teillösungen, Bewertung und Auswahl der Teillösungen und Integration der Teillösungen in das Systemkonzept zur Realisierung der bedarfsgerechten Energieversorgung des Künstlichen Akkommodationssystems.

2.1. Anforderungen an die bedarfsgerechte Energieversorgung

Eine bedarfsgerechte Energieversorgung muss zu jedem Zeitpunkt, unabhängig vom Zustand des Systems, eine für alle Teilsysteme ausreichende elektrische Energieversorgung sicherstellen. Dabei muss gewährleistet sein, dass alle im Lastprofil des Systems auftretenden Leistungen zuverlässig zur Verfügung gestellt und alle benötigten Spannungen der Teilsysteme, eventuell auch variabel, erzeugt werden.

Die Anforderungen an die Energieversorgung des Künstlichen Akkommodationssystems sind angelehnt an die bereits in Abschnitt 1.3.1 vorgestellten Anforderungen an das Gesamtsystem. Die Anforderungen können in die drei Teilbereiche,

1. technische,
2. medizinische,
3. und elektrische

Anforderungen unterteilt werden. Im Einzelnen lauten die Anforderungen an die Energieversorgung des Künstlichen Akkommodationssystems wie folgt:

1. Technische Anforderungen:

   - Der zur Verfügung stehende Bauraum für alle Komponenten des Energieversorgungsteilsystems beträgt die Hälfte des Außenringvolumens von ca. $100\,\text{mm}^3$.
   - Die maximal zulässige Masse des Gesamtsystems entspricht der Masse der menschlichen Augenlinse (ca. $300\,\text{mg}$ [Ben93]).
   - Der optisch transparente Teil des Künstlichen Akkommodationssystems darf nicht beeinträchtigt werden.
   - Das System muss unabhängig vom umgebenden Medium, beispielsweise bei der Produktion in Luft und nach der Implantation im Körpergewebe funktionieren.
   - Das System soll möglichst autonom, also ohne Eingriff des Implantatträgers funktionieren.
   - Ist eine völlige Autonomie nicht realisierbar, muss die Dauer des Eingriffs des Implantatträgers möglichst niedrig gehalten werden. Wünschenswert ist eine mindestens 24 stündige Betriebszeit ohne zusätzlichen Eingriff des Implantatträgers. Dies gewährleistet den Betrieb des Implantats über eine außergewöhnlich lange Wachperiode des Implantatträgers (24 h keinen Schlaf), ohne dass eine äußere Energiezufuhr benötigt wird.
   - Störungen müssen rechtzeitig erkannt und entsprechende Gegenmaßnahmen ergriffen werden, um das System in einen sicheren Zustand zu bringen.
   - Das Versagen eines Teilsystems darf nicht zur Schädigung des Implantatträgers führen.
   - Das System muss mit Bauteilen, Verfahren und Prozessen des Standes der Technik fertigbar sein. Die Entwicklung spezialisierter Komponenten soll weitestgehend vermieden werden.
   - Die Lebensdauer des Implantats und damit die stetige Versorgung mit elektrischer Energie soll 30 Jahre betragen.
   - Das System muss kostengünstig in Serie produzierbar sein.

2. Medizinische Anforderungen:

   - Das System muss für den Implantatträger unschädlich sein. Die für das Gewebe zulässigen Grenzwerte für Exponierung mit ionisierender oder nicht ionisierender Strahlung müssen zwingend eingehalten werden [IEE05]. Das Hauptwirkprinzip der Schädigung von Gewebe durch nicht ionisierende elektromagnetische Feldenergie ist deren Absorption im Gewebe und die daraus entstehende Erwärmung [AP02]. Bei der Entwicklung einer Energieversorgung muss darauf geachtet werden, dass der integrale Wärmeeintrag unter dem Grenzwert der durchschnittlichen Energiedissipation des menschlichen Körpers von $2\,\mathrm{W/kg}$ bleibt. Wird im Auge eine maximale Temperaturerhöhung von einem K toleriert, ergibt sich daraus nach [Kli08] eine maximal für das Künstliche Akkommodationssystem zulässige Wärmeleistung von $20\,\mathrm{mW}$. In der Literatur wurde bereits von Energiedissipationen in Höhe von $100\,\mathrm{mW}$ ohne Schädigung des Gewebes berichtet [Bus02]. Laut [Bus02] ist dies auf eine erhöhte Blutzirkulation im Auge und die damit erhöhte Wärmeableitung zurückzuführen. Eine kurzzeitige Überschreitung von $20\,\mathrm{mW}$ von bis zu $100\,\mathrm{mW}$ wird daher als unkritisch betrachtet.

- Die Implantation muss im Rahmen einer Kataraktoperation möglich sein. Der Implantationsaufwand muss so gering wie möglich sein.
- Alle Komponenten müssen im Kapselsack untergebracht werden. Externe Komponenten und galvanische Verbindungen sind nicht zulässig.
- Das System muss für alle Kataraktpatienten geeignet sein. Eine patientenindividuelle Anpassung des Systems ist wünschenswert, jedoch nicht zwingend erforderlich.
- Eine Ex- und Reimplantation zur Aufstockung des Energievorrates, wie sie beispielsweise bei Herzschrittmachern praktiziert wird, ist nicht zulässig.

3. Elektrische Anforderungen:

- Unabhängig von der Energiequelle ist das Ziel, bedarfsgerecht elektrische Energie zur Versorgung aller Teilsysteme bereit zu stellen.
    - Die Energieversorgung muss alle im Lastprofil des Systems auftretenden Leistungen zuverlässig zur Verfügung stellen.
    - Entsprechend den Anforderungen der Teilsysteme müssen alle benötigten Spannungen, eventuell auch variabel, erzeugt werden.
- Maximal eine Stunde Ladezeit muss für mindestens $24\,\mathrm{h}$ autonome Betriebszeit ausreichen.
- Dem Implantatträger muss eine größtmögliche Unabhängigkeit von bestehenden Infrastrukturen wie beispielsweise vom elektrischen Versorgungsnetz ermöglicht werden.
- Alle auftretenden Spannungen von externen Komponenten beispielsweise zur Steuerung des Künstlichen Akkommodationssystems müssen in den von DIN 60601 vorgegebenen als sicher geltenden Bereich unter $60\,\mathrm{V}$ für Gleichspannungen und unter $42{,}4\,\mathrm{V}$ Spitzenspannung gegen Masse liegen. Für alle im Implantat auftretenden Spannungen gelten die Regelungen aus DIN EN 45502-1 [DIN98]. Hier ist definiert, dass bei Auftreten des ersten Fehlers alle Ströme durch das

Körpergewebe kleiner 1 µA sind. Dies muss durch eine entsprechende Gestaltung des Gehäuses erreicht werden.

2.2. Einheitlichen Vorgehensweise zur Entwicklung einer Energieversorgung

Die ganzheitliche Betrachtung der Energieversorgung eines mikromechatronischen Implantats wie dem Künstlichen Akkommodationssystem erfordert nicht nur die Konzeption einer möglichst leistungsfähigen Energieversorgung. Da die Leistungsfähigkeit bestehender Technologien zur Energieversorgung begrenzt ist, müssen neben den eigentlichen Technologien zur Energieversorgung zusätzlich Konzepte und Strategien zur effizienten Energienutzung entwickelt werden.

Die ersten Schritte der einheitlichen Vorgehensweise zur ganzheitlichen Entwicklung einer Energieversorgung für das Künstliche Akkommodationssystem, ausgehend von der Definition der Anforderungen an eine bedarfsgerechte Energieversorgung, bis zur Ableitung einheitlicher Systemkonzepte ist in Abbildung 2.1 dargestellt.

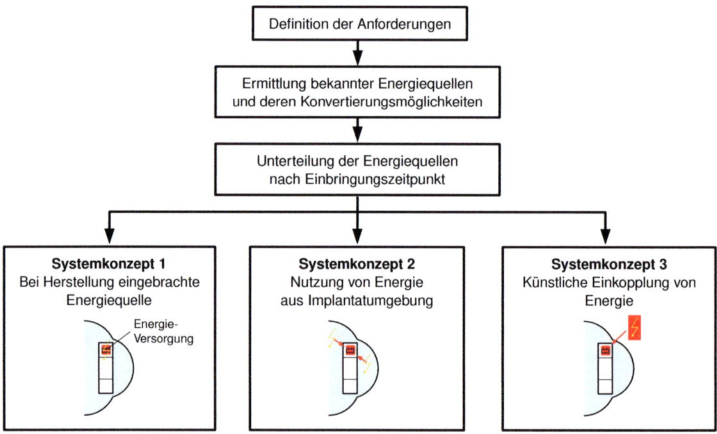

Abbildung 2.1.: Schematische Darstellung der methodischen Vorgehensweise zur Ermittlung potentieller Energiequellen und Ableitung von Systemkonzepten.

Nach der bereits in Abschnitt 2.1 durchgeführten Zusammenstellung der Anforderungen an eine bedarfsgerechte Energieversorgung des Künstlichen Akkommodationssystems folgt die systematische Ermittlung von potentiell nutzbaren Energieformen zur Versorgung des Künstlichen Akkommodationssystems.

Betrachtet werden hierbei nicht nur die in der Implantatumgebung bereits natürlich auftretenden Energieformen, sondern auch alle denkbaren, künstlich zum Betrieb des Systems bereitgestellten Energieträger. Eine Übersicht über die existierenden Energieformen und deren technisch relevanten Konvertierungsmöglichkeiten in elektrische Energie enthält Abbildung 2.2.

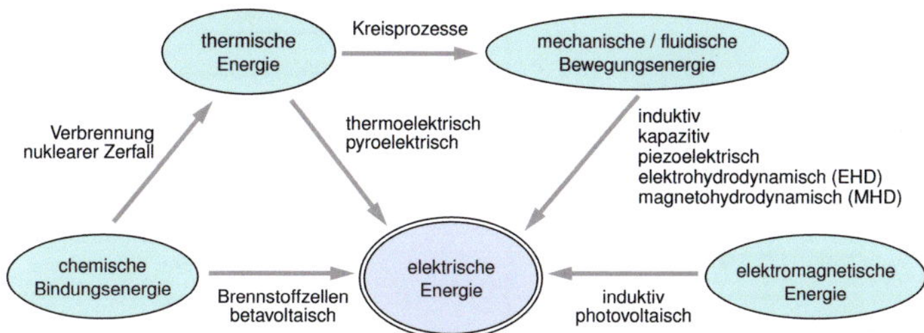

Abbildung 2.2.: Bekannte Energieformen und Beispiele für Wandlungsprinzipien zur Überführung der Energieformen in elektrische Energie.

Zur systematischen Identifikation potentieller Energiequellen für das Künstliche Akkommodationssystem werden vorhandene Energiequellen zunächst nach deren Einbringungszeitpunkt in das Implantat unterteilt. Eine derartige Unterteilung ist vorteilhaft, da je nachdem, wann die Energie in das Künstliche Akkommodationssystem eingebracht wird, unterschiedliche Nutzungskonzepte für die Energieform entwickelt werden müssen. An einem Beispiel wird der Zusammenhang schnell deutlich. Wird zur Versorgung des Künstlichen Akkommodationssystems eine lediglich zeitweise vorhandene Energiequelle genutzt, muss in das System ein Energiespeicher integriert werden, der während der Phasen, in denen die externe Energiequelle nicht verfügbar ist, den Energiebedarf des Systems deckt. Ist hingegen eine Energiequelle ständig verfügbar, wird kein Speicher benötigt und der eingesparte Bauraum kann beispielsweise für eine aufwändigere Energieaufbereitung genutzt werden.

Die potentiellen Energiequellen für das Künstliche Akkommodationssystem lassen sich nach Abbildung 2.1 drei grundlegenden Systemkonzepten zuordnen:

- Direkte Versorgung mit bei der Herstellung in das Implantat eingebrachten Energiequellen (Systemkonzept 1),

- Nutzung der in der Implantatumgebung natürlich vorhandenen Energie (Systemkonzept 2),

- Bereitstellung einer extern erzeugten Energieform, welche in das Implantat eingekoppelt und durch das Implantat genutzt werden kann (Systemkonzept 3).

Mögliche Lösungen zur Nutzung der den drei Systemkonzepten zugeordneten Energieformen werden im nächsten Schritt erarbeitet. Die benötigten Teilschritte zur Ermittlung von Gesamtsystemlösungen aus den zuvor beschriebenen Systemkonzepten sind in Abbildung 2.3 dargestellt.

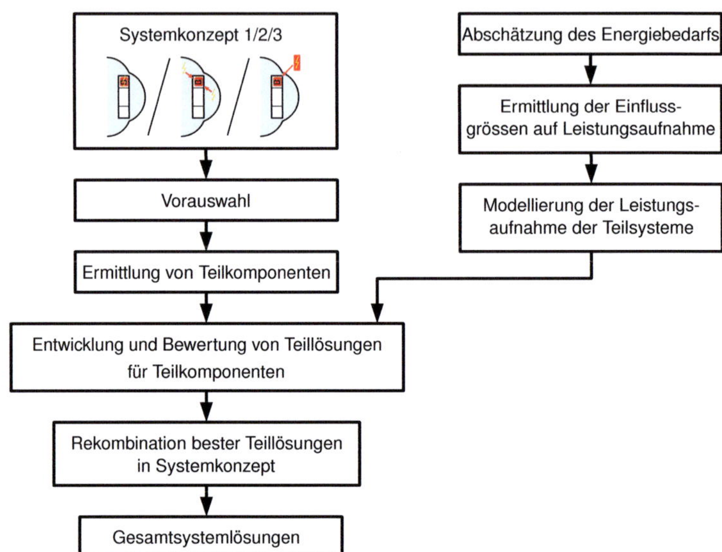

Abbildung 2.3.: Schematische Darstellung der methodischen Vorgehensweise zur Ermittlung von Gesamtsystemlösungen aus den zu Systemkonzepten zugeordneten Energiequellen.

Zunächst findet eine Vorauswahl der potentiellen Energiequellen statt. Nicht alle denkbaren Energiequellen können mit dem aktuellen Stand der Technik genutzt werden, einige widersprechen offensichtlich den an das Gesamtsystem gestellten Anforderungen. Ungeeignete Energiequellen werden daher im Vorauswahlschritt als solche identifiziert und im Folgenden nicht weiter betrachtet.

Anschließend werden für alle Systemkonzepte die zur Nutzung entsprechender Energiequellen benötigten Teilkomponenten aufgestellt. Zu den erforderlichen Komponenten zählen die eigentliche elektrische Energiequelle beziehungsweise ein Wandler zur Überführung einer vorhandenen Energieform in elektrische Energie sowie eventuell elektrische Wandler zur Aufbereitung der Ausgangsspannung der Wandler bis hin zu potentiell benötigten Energiespeichern sowie Reglern zur Ladung der Energiespeicher. Die Definition von Schnittstellen zwischen den Teilkomponenten der Energieversorgung erlaubt bei der späteren Konzeption die systematische Ermittlung von Teillösungen für die jeweilige Teilkomponente sowie einen einheitlichen Vergleich unterschiedlicher Lösungen für eine Teilkomponente.

Bevor die Ausarbeitung von Lösungen zur bedarfsgerechten Energieversorgung, entsprechend der Systemkonzepte, und eine damit verbundene Bewertung der Einzellösungen stattfinden kann, werden Informationen über das während des Betriebs auftretende Lastprofil benötigt. Hierzu wird der Energiebedarf jedes Teilsystems des Künstlichen Akkommodationssystems systematisch ermittelt und zusammen mit einer übergeordneten Ablaufsteuerung in ein Systemmodell abgebildet. Eingangsgrößen für das Systemmodell bilden alle Größen, die einen Einfluss auf den Energiebedarf des Künstlichen Akkommodationssystem haben. Das beschriebene Systemmodell stellt die Basis zur erstmaligen Durchführung einer Energiebedarfssimulation des Künstlichen Akkommodationssystems dar.

Nachdem Konzepte zur Ermittlung des Energiebedarfs des Künstlichen Akkommodationssystems beschrieben wurden, können Lösungen für die in den Systemkonzepten benötigten Teilkomponenten konzipiert werden. Für jede Teilkomponente findet eine Bewertung der erarbeiteten Teillösungen nach den entsprechend zutreffenden Anforderungen aus Abschnitt 2.1 statt. Nach Rekombination der Teillösungen in die zuvor ermittelten Systemkonzepte entstehen Gesamtsystemlösungen zur Nutzung der unterschiedlichen Energiequellen zur Versorgung des Künstlichen Akkommodationssystems.

Die entstehenden Gesamtsystemlösungen werden gemäß der in Abbildung 2.4 dargestellten Schritte modelliert, bewertet und ebenfalls verglichen. Die Bewertung findet, vergleichbar zur Bewertung der Teillösungen, in Anlehnung an die in Abschnitt 2.1 definierten Anforderungen an die Energieversorgung statt. Die Bewertungskriterien für Systemlösungen umfassen im Einzelnen:

- Energiedichte
- Leistungsdichte
- Störanfälligkeit
- Realisierungsaufwand
- Verträglichkeit und Sicherheit
- Implantationsaufand
- Nutzungskomfort
- Bauraum
- Systemintegration
- Lebensdauer.

Alle Lösungen werden auf Basis einer Skala von 5 = „sehr gut" bis 0 = „nicht geeignet" bewertet. Eine Gewichtung der einzelnen Bewertungskriterien ermöglicht eine abschließende Beurteilung der ermittelten Systemlösungen.

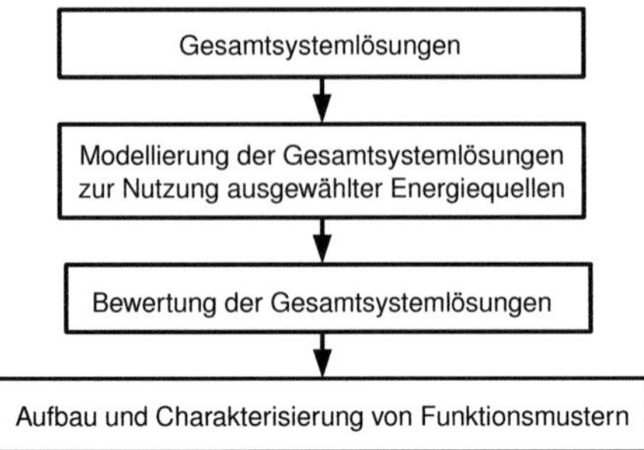

Abbildung 2.4.: Schematische Darstellung der methodischen Vorgehensweise zur Bewertung von Gesamtsystemlösungen und Ausarbeitung von Funktionsmustern.

Sind alle Systemkonzepte bewertet und ist der Energiebedarf des Künstlichen Akkommodationssystems bekannt, können die am besten bewerteten Konzepte weiter detailliert, modelliert und in Funktionsmustern umgesetzt werden. Die dabei entstehenden Versuchsaufbauten dienen der Charakterisierung der Teilkomponenten sowie der gesamten bedarfsgerechten Energieversorgung des Künstlichen Akkommodationssystems.

Wie eingangs bereits erwähnt, erfordert die ganzheitliche Betrachtung des Entwicklungsprozesses einer Energieversorgung des Künstlichen Akkommodationssystems neben der eigentlichen Konzeption der Energieversorgung auch die Entwicklung geeigneter Lösungen zur effizienten Nutzung der zur Verfügung stehenden Energie. Durch die Kenntnis der Leistungsaufnahme des Gesamtsystems und die Leistungsfähigkeit der ermittelten Systemkonzepte zur Energieversorgung lässt sich eine autonome Betriebszeit für das Implantat abschätzen. Zur Steigerung des Benutzerkomforts kann die resultierende Betriebszeit durch Integration neuer Strategien zur Reduktion der Leistungsaufnahme der Teilsysteme des Implantats verlängert werden. In einem letzten Konzeptionsschritt werden daher, gemäß Abbildung 2.5, Konzepte für energiesparende Software sowie Strategien zur Reduktion des Energiebedarfs des Künstlichen Akkommodationssystems entwickelt. Eine Integration der konzipierten Strategien in das Systemmodell zur Ermittlung des Energiebedarfs des Künstlichen Akkommodationssystems ermöglicht die Abschätzung der Wirksamkeit einzelner Strategien.

Die beschriebene Vorgehensweise wird im Folgenden zur Konzeption einer bedarfsgerechten Energieversorgung des Künstlichen Akkommodationssystems verwendet. Die Anwendung der einheitlichen Vorgehensweise ist jedoch nicht nur auf das Künstliche Akkommodationssystem beschränkt, sie kann unter Anpassung der entsprechenden Anforderungen auf die Entwicklung aller zukünftigen hochintegrierten mikromechatronischen Implantate mit hoher Leis-

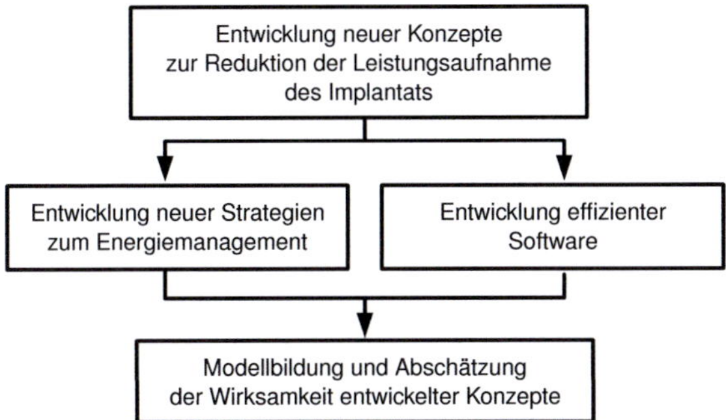

Abbildung 2.5.: Schematische Darstellung der methodischen Vorgehensweise zur Konzeption von Strategien zur Reduktion der Leistungsaufnahme.

tungsdichte (gemäß Kategorie 1 in Tabelle 1.1) angewandt werden und führt entsprechend der Anforderungen zu optimalen Lösungen für deren Energieversorgung.

2.3. Ermittlung möglicher Energiequellen

Gemäß der Vorgehensweise aus Abschnitt 2.2 werden in diesem Abschnitt potentielle Energiequellen entsprechend der Unterscheidung nach Einbringungszeitpunkt der Energie in das Implantat identifiziert.

2.3.1. Bei Produktion eingebrachte Primärenergie

Theoretisch können bei der Produktion in das Implantat diverse Energiequellen eingebracht werden, welche bereits zum Zeitpunkt der Produktion des Implantats die benötigte Energie für die gesamte Lebensdauer des Implantats enthalten. Dazu gehören die im Folgenden aufgeführten Energieformen.

Chemische Bindungsenergie   Ähnlich wie in einem Herzschrittmacher [GLM$^+$71] können in das Künstliche Akkommodationssystem galvanische Primärzellen integriert werden. Auch die Integration von Radioisotopbatterien [Par72] in das Künstliche Akkommodationssystem ist denkbar, eine ausreichende Abschirmung der Energiequelle muss dabei stets gewährleistet sein. Die Nutzung von Primärenergieträgern wie Wasserstoff oder Kohlenwasserstoffe und die sukzessive Umwandlung der enthaltenen Bindungsenergie in Brennstoffzellen [KDS09] ist theoretisch ebenfalls möglich. Dafür ist jedoch ein geeignetes Behältnis zur sicheren Aufbewahrung der Stoffe im Implantat erforderlich.

Thermische Energie Thermische Energie kann beispielsweise in Phasenübergängen von Medien gespeichert werden. Die dabei frei werdende Schmelz- oder Sublimationsenthalpie kann zur Erzeugung einer Temperaturdifferenz zum Betrieb eines thermoelektrischen Generators [Woi05] genutzt werden. Dabei muss die Isolierung des thermischen Speichers muss über die gesamte Lebensdauer des Implantats gewährleistet sein und die Gesamtmasse des Implantats von 300 mg darf nicht überschritten werden.

Mechanische Energie Mechanische Energie in Form von Spannungen in Materialien werden oft zur Zwischenspeicherung mechanischer Energie in Uhrenfedern genutzt. Die Speicherung von mechanischer Energie im Drehimpuls einer trägen Masse kann bei verlustarmer Lagerung in Schwungradspeichern gehalten werden. Die mechanische Belastung durch Kreiselkräfte darf die geforderten, maximalen Gewebebelastungen nicht überschreiten.

Magnetische Energie Magnetische Energie lässt sich mit Hilfe von stromdurchflossenen Supraleitern verlustfrei speichern. Die Supraleiter müssen jedoch bei einer Temperatur gehalten werden, bei der Supraleitung möglich ist, was ähnlich wie bei der thermischen Speicherung eine sehr gute thermische Isolierung erforderlich macht.

Optische Energie Die kurzzeitige Speicherung von optischer Energie ist in phosphoreszierenden Materialien möglich. Sie bedarf jedoch eines Konversionsschritts zur Wandlung in elektrische Energie.

2.3.2. In Implantatumgebung vorhandene Energieformen

 Die Nutzung von in der Implantatumgebung vorhandener Primärenergie ist aufgrund der ständigen Verfügbarkeit interessant. Mögliche in der Implantatumgebung vorhandene und theoretisch zur Versorgung des Implantats nutzbare Energiequellen sind im Folgenden zusammengestellt.

Chemische Bindungsenergie Das Implantat ist durch die Implantation im Kapselsack ständig von Kammerwasser umgeben. Kammerwasser enthält zur Versorgung der Zellen im Auge wie beispielsweise den Epithelzellen der Linse signifikante Mengen an Glukose und Sauerstoff, außerdem dient es dem Abtransport der durch die Zellen generierten Abfallprodukte in Richtung Blutgefäße. Eine Nutzung der im Kammerwasser vorhandenen Glukose durch in das Implantat integrierte Biobrennstoffzellen [BALW06, KDS09, KDZS08] ist denkbar. Eine hermetische Kapselung des Implantats muss jedoch auch weiterhin sichergestellt sein.

Mechanische Energie Durch die Augenbewegung wird das Implantat regelmäßig beschleunigt und wieder abgebremst. Wird in das Implantat eine Schwungmasse integriert und diese mit einem elektromechanischen Wandler [RWR03, PFH05] an das Implantat gekoppelt, kann die der Bewegung durch Dämpfung entnommene Energie in elektrische Energie gewandelt werden. Dabei ist zu beachten, dass die maximale Belastung der Zonulafasern nicht überschritten wird.

Thermische Energie Über das gesamte Auge herrscht ein Temperaturgradient vor. Der Temperaturgradient entsteht durch den Wärmestrom ausgehend von der Retina hin zur Cornea und die Wärmeleitfähigkeiten der durchdrungenen Körpergewebe. Ein implantiertes Künstliches Akkommodationssystem ist ebenfalls dem Wärmestrom durch das Auge ausgesetzt. Eine technische Nutzung des natürlich auftretenden Temperaturgradienten durch Thermogeneratoren [Woi05] im Künstlichen Akkommodationssystem ist daher denkbar.

Optische Energie Das Künstliche Akkommodationssystem befindet sich auf der optischen Achse des Auges. Der gesamte Lichtstrom in das Auge durchdringt ebenfalls das optische Element des Künstlichen Akkommodationssystems. Eventuell kann ein Teil des Lichts in elektrische Energie gewandelt werden [KKB09, Pre02]. Dabei muss sichergestellt werden, dass die Anforderungen an die Abbildungsqualität und Transmission des Implantats weiterhin erfüllt werden.

2.3.3. Zeitweise Einkopplung von Energie

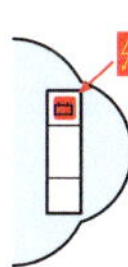

Die Anforderungen an die Energieversorgung erlauben eine zeitweise Einkopplung von Energie in das Künstliche Akkommodationssystem. Zur Wahrung der Anforderung an den Nutzungskomfort muss jedoch mindestens die tägliche Nutzungsdauer vom integrierten Energiespeicher überbrückt werden, ohne dass ein Wiederaufladen des Systems erforderlich wird. Entsprechende Energiequellen sind im Folgenden zusammengestellt.

Thermische Energie Zur Erhöhung der durch einen Thermogenerator gewonnenen Leistung kann der natürliche Wärmestrom durch das Implantat durch Abkühlen der Cornea erhöht werden. Dabei darf der Wärmehaushalt des Auges nicht verletzt und eine Abweichung von mehr als 2 K nicht überschritten werden.

Mechanische Energie Bewegungsenergie kann dem Implantat über den forcierten Blick des Implantatträgers auf ein sich bewegendes Objekt zugeführt werden. Außerdem besteht die Möglichkeit, das Implantat durch das Körpergewebe hindurch mit mechanischen Schwingungen bei einer konstanten Frequenz anzuregen, welche in einem mechanischen Wandler effizient in elektrische Energie gewandelt werden kann. Ein Beispiel dafür ist die Einkopplung von Ultraschallenergie [MPM$^+$10].

Elektromagnetische Energie Neben den genannten Möglichkeiten der Einkopplung von Energie in das Künstliche Akkommodationssystem existieren noch zwei berührungslose Varianten zur Einkopplung elektromagnetischer Energie. Eine Variante ist eine Einkopplung von Licht durch den optischen Teil des Implantats. Der wesentliche Unterschied zum Konzept zur Nutzung von Umgebungslicht ist, dass die Leistung der Energiequelle wesentlich größer gewählt werden kann als die des Umgebungslichts und, dass die Energiequelle optimal auf den Empfänger abgestimmt werden kann.

Eine zweite Variange ist die Einkopplung von Energie in Form von magnetischer Feldenergie. Die Einkopplung der Energie findet dann über die induktive Kopplung zweier Spulen ähnlich des Wirkprinzips eines Transformators statt.

2.3.4. Vorauswahl von Energiequellen

Die dargestellten Möglichkeiten zur Energieversorgung des Künstlichen Akkommodationssystems stellen theoretische Ansätze dar. Viele der Ansätze sind bei der Umsetzung mit großen Risiken verbunden oder widersprechen augenscheinlich den an die Energieversorgung gestellten Anforderungen.

So ist das Nachfüllen von Flüssigkeiten oder Gasen nicht mit den Anforderungen an die Energieversorgung des Künstlichen Akkommodationssystems vereinbar. Der Nachfüllvorgang birgt ein großes Infektionsrisiko. Außerdem ist die Integration von Druckbehältern zur Speicherung von Gasen wie Wasserstoff aus Sicherheitsgründen nicht möglich. Ein Einbringen von mechanischer Energie bereits bei der Produktion ist aufgrund der beim aktuellen Stand der Technik verfügbaren Lagerungen und deren Verluste nicht möglich. Die Verwendung thermischer Kreisprozesse ist zur Zeit in einem Mikrosystem ebenfalls nicht möglich, da bisher keine miniaturisierten Verfahren bekannt sind. Zur Verbrennung von Primärenergieträgern wird eine große Menge an Sauerstoff benötigt, welche im Künstlichen Akkommodationssystem nicht zur Verfügung gestellt werden kann. Hinzukommend müssen die meist gasförmigen Reaktionsprodukte abgeführt oder gespeichert werden können. Eine Speicherung elektromagnetischer Energie ist lediglich theoretisch durch Supraleitung möglich, praktisch ist eine Kühlung der Supraleiter nicht realisierbar.

Nach Ausschluss der offensichtlich nicht umsetzbaren Ansätze, bleiben die folgenden Energiequellen für weitere Untersuchungen im Rahmen der vorliegenden Arbeit interessant:

- Galvanische Primärzellen

- Radioisotopbatterien
- Nutzung der über das Implantat vorherrschenden Temperaturdifferenz
- Nutzung der im Kammerwasser vorhandenen chemischen Energie in Form von Glukose
- Nutzung des natürlichen durch die Pupille einfallenden Lichtstroms
- Nutzung der Bewegungsenergie des Auges
- Optische Einkopplung und Zwischenspeicherung der übertragenen Energie in einem sekundären Energiespeicher
- Induktive Einkopplung und Zwischenspeicherung der übertragenen Energie in einem sekundären Energiespeicher.

Galvanische Primärzellen stellen die am weitesten verbreitete Technologie zur Versorgung kleiner, autonomer Systeme und Implantate dar. Eine Verwendung von Primärzellen im Künstlichen Akkommodationssystem ist daher naheliegend. Radioisotopbatterien wurden wie in Abschnitt 1.3.2 beschrieben lange Zeit als Energiequelle in Herzschrittmacher integriert. Die Verwendung von Radioisotopbatterien soll aus Gründen der Vollständigkeit mit untersucht werden. Aufgrund der hohen Gefährdung des Implantatträgers und seiner Umgebung bei Versagen der Abschirmung sowie der damit einhergehenden niedrigen Akzeptanz einer solchen Energiequelle, ist eine Verwendung von Radioisotopbattereien in zukünftigen Implantaten jedoch fragwürdig. Die aufgeführten Energy-Harvesting-Konzepte zur Nutzung von in der Implantatumgebung vorhandener Energie stellen aufgrund ihrer ständigen Verfügbarkeit, ohne Eingriff des Implantatträgers, die vielversprechendste Gruppe an Energiequellen für zukünftige Implantate und damit auch für das Künstliche Akkommodationssystem dar. Die kontaktlose Einkopplung von Energie in das Implantat wird ebenfalls betrachtet, da mit der optischen sowie induktiven Einkopplung hohe Leistungen in das Auge übertragen werden können. Nachteilig an der zeitweisen Einkopplung von Energie in das Implantat ist jedoch die Notwendigkeit eines Energiespeichers zur Überbrückung der Zeit zwischen den Einkopplungsperioden.

2.4. Detaillierung der Systemkonzepte für die Energieversorgung

Basierend auf den in Abschnitt 2.2 beschriebenen Systemkonzepten für die bedarfsgerechte Energieversorgung des Künstlichen Akkommodationssystems werden im Folgenden die Systemkonzepte weiter detailliert. Hierzu werden die Teilkomponenten zur Realisierung der drei Systemkonzepte erarbeitet und die Schnittstellen zwischen den jeweiligen Teilkomponenten definiert.

Systemkonzept 1: Bei Herstellung integrierte Primärenergiequelle

Im ersten Konzept ist die Energieversorgung des Künstlichen Akkommodationssystems vollständig in das Implantat integriert. Die Energieversorgung hat weder eine Schnittstelle zum Körpergewebe noch zur Umwelt außerhalb des Körpers. Eine schematische Darstellung hierfür ist in Abbildung 2.6 gegeben. Das Konzept enthält eine Primärenergiequelle sowie eine Last. Die Last wird

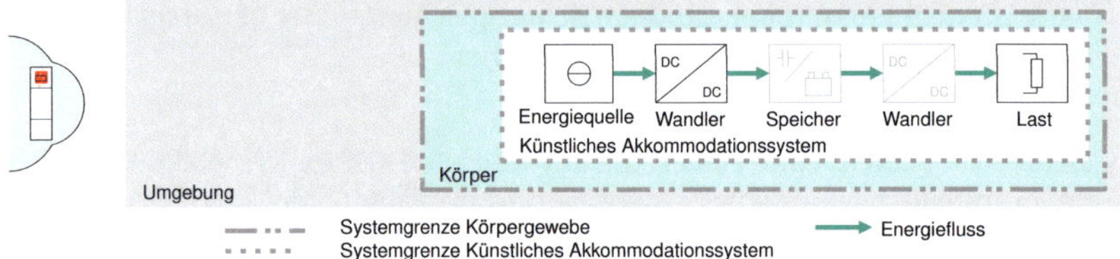

Abbildung 2.6.: Detaillierung von Systemkonzept 1 zur Energieversorgung durch bei der Herstellung des Implantats integrierten Primärenergiespeicher. Der Speicher und der zugehörige Wandler sind optional.

von allen Teilsystemen des Künstlichen Akkommodationssystems dargestellt, die wie bereits in den Anforderungen beschrieben, elektrische Energie benötigen. Die integrierte Energiequelle liefert direkt Energie in elektrischer Form. Zwischen Energiequelle und Last wird unter Umständen ein elektrischer Wandler notwendig, wenn die Betriebsspannung der Last nicht der Ausgangsspannung der Quelle entspricht. Generell gilt, dass die Quelle die integrale Leistungsaufnahme der Last decken muss. Es kann jedoch der Fall sein, dass die Last kurzzeitig höhere Leistungen aufnimmt, als die Quelle liefern kann. Hierzu kann ein optionaler Zwischenspeicher integriert werden, der zur Deckung von Leistungsspitzen der Last dient. Der Speicher wird nachgeladen, sobald die Leistungsaufnahme der Last fällt und die Quelle mehr Strom liefern kann, als die Last aufnimmt.

Systemkonzept 2: In Implantatumgebung vorhandene Energieformen

Das zweite Konzept (siehe Abbildung 2.7) unterscheidet sich wesentlich vom ersten durch das Vorhandensein einer Schnittstelle zum Körpergewebe. Die Schnittstelle kann zum einen fluidisch, aber auch rein mechanisch sein. Die in der Implantatumgebung vorhandene Energie wird über einen entsprechenden Wandler in elektrische Energie überführt, was im Allgemeinen auch als Energy-Harvesting (EH) (engl. für Energie ernten) oder Micro-Energy-Harvesting [Woi05] bezeichnet wird. Je nach Form der elektrischen Ausgangsspannung des Wandlers wird eine Wandlung der elektrischen Energie benötigt, um sie durch elektronische Komponenten nutzbar zu machen. Der Wandler kann dabei beliebige Spannungsniveaus ebenso wie Gleich- oder Wechselstrom liefern, der nachfolgende Wandler übernimmt eine eventuell notwendige Gleichrichtung und Transformation auf ein für die Folgekomponenten benötigtes Spannungsniveau. Ist die im Auge genutzte Energiequelle nicht kontinuierlich verfügbar, kann optional ein Zwischenspeicher in das System integriert werden. Die Integration eines Zwischenspeichers erfordert möglicherweise einen weiteren elektrischen Energiewandler.

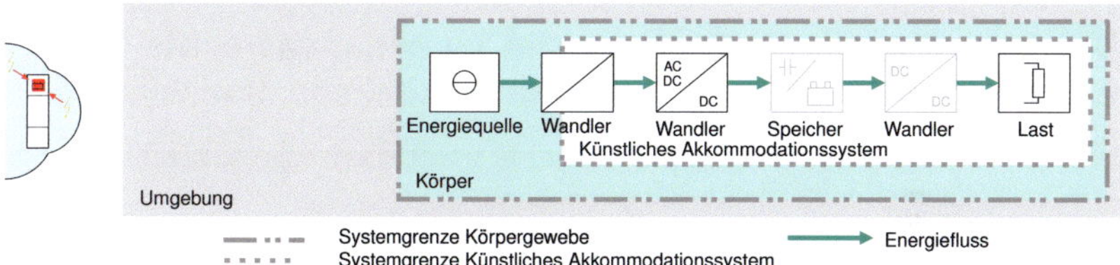

Abbildung 2.7.: Detaillierung von Systemkonzept 2 zur Energieversorgung durch in der Implantatumgebung vorhandene Energie. Der Speicher und der zugehörige Wandler sind optional.

Systemkonzept 3: Zeitweise Einkopplung von Energie

Das dritte Konzept für die Energieversorgung des Künstlichen Akkommodationssystems basiert auf der zeitweisen Einkopplung von Energie durch eine externe Ladevorrichtung (s. Abbildung 2.8). Die Energie hat eine Form, die das Gewebe des Auges und das Gehäuse des Implantats verlustarm durchdringt und wird im Implantat in elektrische Energie gewandelt. Vorteilhaft an der Einkopplung von Energie ist, dass die extern zur Verfügung gestellte Energie unter stetiger Berücksichtigung der biologischen Grenzwerte exakt auf die Anforderungen des implantatinternen Wandlers abgestimmt werden kann.

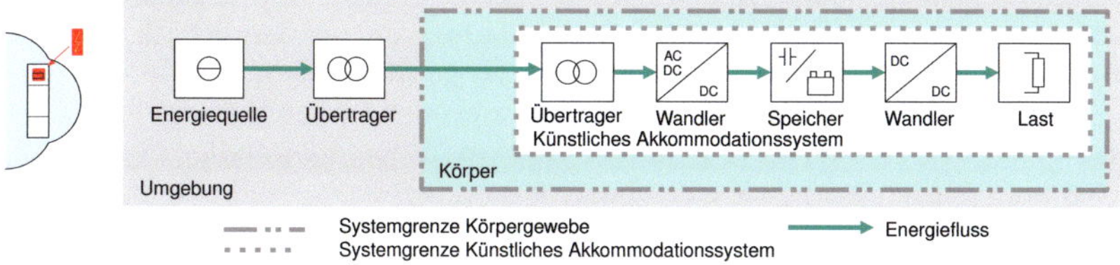

Abbildung 2.8.: Detaillierung von Systemkonzept 3 zur Energieversorgung durch zeitweise Einkopplung von Energie über eine künstlich, extrakorporal bereitgestellte Energiequelle.

Auch bei diesem Konzept muss die Ausgangsspannung des Wandlers an die nachfolgenden Komponenten angepasst werden. Aufgrund der Forderung nach einem teilautarken Betrieb, muss die elektrische Energie auf jeden Fall in einem Zwischenspeicher gepuffert werden. Der Zwischenspeicher soll möglichst effizient geladen werden, um die thermische Gewebebelastung während des Ladevorgangs zu reduzieren. Da das Verhältnis zwischen maximal vertretbarer Ladezeit und unabhängiger Betriebszeit recht hoch ist, muss der Energiespeicher eine hohe Energiedichte aufweisen und es muss eine hohe Entladeeffizienz des Speichers gewährleistet sein.

Überblick über die Systemkonzepte zur bedarfsgerechte Energieversorgung des Künstlichen Akkommodationssystems

Werden die beschriebenen Systemkonzepte verglichen, ergeben sich folgende Vor- und Nachteile für die jeweiligen Konzepte:

Systemkonzept 1 entspricht dem am einfachsten zu realisierenden Konzept. Von Seiten der Energieversorgung werden keine besonderen Anforderungen an die Implantation gestellt. Bei Verwendung von Systemkonzept 1 muss lediglich sichergestellt sein, dass die in das Implantat zu integrierende Primärzelle eine ausreichende Energiedichte ausweist, um das Implantat für die gesamte Lebensdauer mit Energie zu versorgen.

Zwar stellt Systemkonzept 2 durch die Schnittstelle zwischen Körper und Implantat etwas erhöhte Anforderungen an die Operationstechnik, jedoch kann mit Hilfe von Systemkonzept 2 eine ebenfalls wartungsfreie und für den Implantatträger komfortable Energieversorgung realisiert werden. Voraussetzung hierfür ist jedoch, dass das verwendete Energy-Harvesting-Konzept eine ausreichende Lebensdauer aufweist und die mittlere Leistungsaufnahme des Implantats durch das jeweilige Konzept gedeckt wird.

Systemkonzept 3 stellt im Gegensatz zu den beiden vorhergehenden Systemkonzepten höhere Anforderungen an den Implantatträger. Der Implantatträger muss das Implantat regelmäßig aufladen. Das Ladeintervall ist von der realisierbaren Energiedichte des im Implantat integrierten Energiespeichers sowie der mittleren Leistungsaufnahme des Implantats abhängig. Entsprechend muss der Energiespeicher eine hohe Ladezyklenzahl aufweisen, um den Betrieb während der gesamten Lebensdauer des Implantats zu gewährleisten.

Zur Realisierung der vorangehend beschriebenen Systemkonzepte der Energieversorgung müssen im Folgenden Lösungen für Energiewandler, Energiespeicher und Verbraucher sowie eine übergeordnete Steuerung zur bedarfsgerechten Bereitstellung der erforderlichen Energie für die Verbraucher untersucht werden. Hierzu werden im folgenden Kapitel, entsprechend der beschriebenen Vorgehensweise, zunächst detaillierte Lösungen für die Teilkomponenten ausgearbeitet. Die jeweils besten Lösungen für jede Teilkomponente werden in die Systemkonzepte integriert und ergeben damit Gesamtsystemlösungen für die bedarfsgerechte Energieversorgung des Künstlichen Akkommodationssystems. Dabei entstehen die Gesamtsystemlösungen zur Nutzung der in Abschnitt 2.3.4 für die weitere Betrachtung identifizierten Energiequellen.

3. Neue Konzepte zur Energieversorgung und Energieeinsparung

Das Künstliche Akkommodationssystem hebt sich vom in Abschnitt 1.3.2 beschriebenen Stand der Technik für Implantatenergieversorgungen durch seinen kleinen Bauraum bei sehr hoher mittlerer Leistungsaufnahme ab. Entsprechend Tabelle 1.1 ist daher das Künstliche Akkommodationssystem das erste Implantat mit sehr hoher Leistungsdichte entsprechend Kategorie 1. Es stellt deshalb erhöhte Anforderungen an die Konzeption einer bedarfsgerechten Energieversorgung.

Die strukturierte Konzeption der Energieversorgung ist in drei Abschnitte unterteilt. Zunächst wird erstmals eine Vorgehensweise beschrieben, nach welcher der Energiebedarf des Künstlichen Akkommodationssystems aus dem Energiebedarf aller Teilsysteme ermittelt werden kann. Den zweiten Schritt bildet die Konzeption geeigneter Konzepte zur Energieversorgung des Künstlichen Akkommodationssystems auf Basis der in Abschnitt 2.1 beschriebenen Anforderungen an die Energieversorgung. Ein bewertender Vergleich der entwickelten Konzepte liefert eine Rangfolge der Konzepte zur Integrierbarkeit in das Künstliche Akkommodationssystem. Mit zunehmender realisierbarer, autonomer Betriebszeit des Künstlichen Akkommodationssystems steigt auch der erzielbare Benutzerkomfort. Daher werden nach der Konzeption der eigentlichen Energieversorgung des Künstlichen Akkommodationssystems in einem dritten Schritt Strategien zur Energieeinsparung im Künstlichen Akkommodationssystem entwickelt. Ziel dabei ist, die Leistungsaufnahme des Systems ohne Beeinflussung der Funktion zu reduzieren.

3.1. Erstmalige systematische Ermittlung des Energiebedarfs

Bis zum Zeitpunkt der Erstellung der vorliegenden Arbeit war keine einheitliche Grundlage zur Ermittlung des Energiebedarfs eines ophthalmologischen Implantats wie dem Künstlichen Akkommodationssystem bekannt. Die bei einer Energiebedarfsabschätzung ermittelten Kennwerte wie die durchschnittliche Leistungsaufnahme, die maximale Leistungsaufnahme und die durchschnittliche Betriebszeit bilden jedoch die Basis der Konzeption einer bedarfsgerechten Energieversorgung des Implantats.

Im Folgenden wird daher eine systematische Vorgehensweise zur Ermittlung des Energiebedarfs des Künstlichen Akkommodationssystems beschrieben. Die generische Systematik kann in zwei Abschnitte unterteilt werden. Zunächst wird der Energiebedarf jedes Teilsystems in jedem möglichen Teilsystemzustand ermittelt und der Funktionsablauf des Gesamtsystems in einem Modell abgebildet. Damit wird es möglich, zu jedem Zeitpunkt den Energiebedarf des Gesamtsystems aus den Leistungsaufnahmen der Teilsysteme zu berechnen. Im zweiten Schritt können aus dem Modell die den Energiebedarf beeinflussenden Parameter abgeleitet und spezifiziert werden. Hierzu sind weitere Modelle nötig, welche im Abschnitt 3.1.2 erstmalig beschrieben werden und für die Konzeption einer bedarfsgerechten Energieversorgung für das Künstliche Akkommodationssystem essentiell sind.

3.1.1. Ermittlung des Energiebedarfs des Gesamtsystems

Zur Auslegung der Energieversorgung des Künstlichen Akkommodationssystems ist eine möglichst genaue Kenntnis des auftretenden Energiebedarfsprofils grundlegend. Ein solches enthält Informationen zu den auftretenden Lastspitzen sowie der integralen Leistungsaufnahme der Teilsysteme und des Gesamtsystems.

Das Lastprofil des Künstlichen Akkommodationssystems kann aus einem Systemmodell unter Kenntnis des Verhaltens aller Einzelkomponenten im System ermittelt werden. Zur Erstellung eines derartigen Systemmodells werden alle Zustände sowie die gültigen Transitionen zwischen den Zuständen aller im Künstlichen Akkommodationssystem verwendeten Teilsysteme mit Hilfe von Zustandsautomaten in einer Simulation abgebildet. Beispielhaft ist der Zustandsautomat für die zentrale Ablaufsteuerung im Künstlichen Akkommodationssystem in Abbildung 3.1 dargestellt.

Die Zustände der Teilsysteme enthalten alle Eigenschaften des jeweiligen Teilsystems, wie die zulässigen Zustandsänderungen, die Leistungsaufnahme im jeweiligen Zustand sowie die für Zustandsänderungen benötigten Zeiten. Eine übergeordnete Ablaufsteuerung konfiguriert und steuert die Teilsysteme. Die Ablaufsteuerung wird ebenfalls als Zustandsautomat abgebildet und beeinflusst zentral das Verhalten der Teilsysteme. An die Teilsysteme werden während des Simulationsablaufs von der übergeordneten Ablaufsteuerung entsprechend des Zustands des Zustandsautomaten der Ablaufsteuerung an die Zustandsautomaten der Teilsysteme Signale zur Zustandsänderung gesendet. Die Teilsysteme liefern dann die Dauer der Zustandsänderung zurück. Die Ablaufsteuerung darf erst nach Ablauf der zurückgegebenen Zeit eine neue Zustandsänderung im jeweiligen Teilsystem initiieren. Die aktuelle Leistungsaufnahme der Teilsysteme kann von der zentralen Ablaufsteuerung jederzeit und abhängig vom Zustand

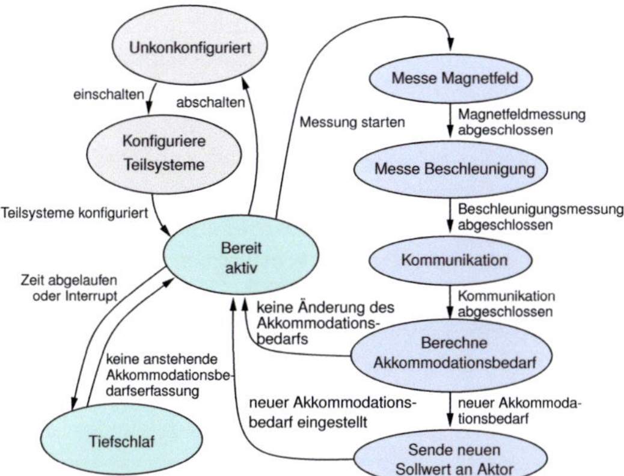

Abbildung 3.1.: Zustandsautomat der zentralen Ablaufsteuerung des Künstlichen Akkommodationssystems

des Teilsystems abgefragt und in einem Leistungsaufnahmevektor abgelegt werden. Wird eine Wandlung der Energie, zum Beispiel zwischen verschiedenen Spannungen, für die Versorgung eines Teilsystems benötigt, können die Leistungsaufnahmevektoren um die durch die Wandlung entstehenden Verluste abhängig von der Leistungsaufnahme des Teilsystems korrigiert werden. Durch Integration über die korrigierten Leistungsaufnahmevektoren, kann die Berechnung einer benötigten Gesamtenergiemenge zum Betrieb des Künstlichen Akkommodationssystems erfolgen.

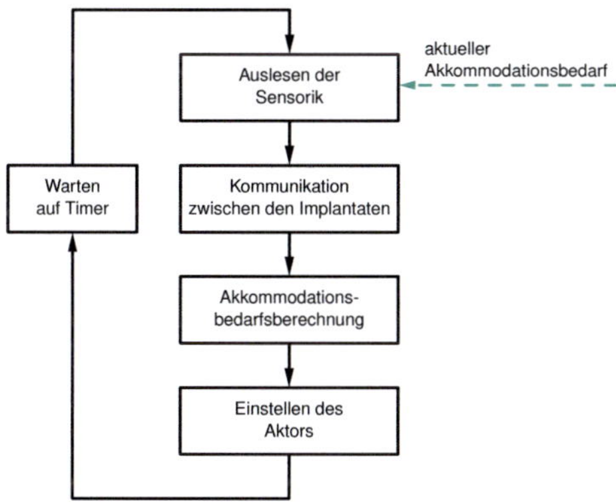

Abbildung 3.2.: Funktionsablauf im Künstlichen Akkommodationssystem

Abbildung 3.2 zeigt eine beispielhafte, sequentielle Ablaufsteuerung des

Künstlichen Akkommodationssystems. Haupteinflussgröße auf den Energiebedarf ist der aktuelle und sich über der Simulationszeit ändernde Akkommodationsbedarf. Einflüsse auf die Leistungsaufnahme einzelner Teilsysteme wie Temperatur- oder Spannungsschwankungen werden aufgrund der sehr konstanten Umgebungsbedingungen im Modell zunächst nicht betrachtet.

Die beschriebene Simulationsstruktur ermöglicht eine einfache Erweiterbarkeit und Portierbarkeit im weiteren Verlauf der Entwicklung des Künstlichen Akkommodationssystems. Außerdem erlaubt sie die einfache Implementierung diverser Energieflusssteuerungen und damit erstmals eine einheitliche Bewertung neuer Strategien zur Energieeinsparung im Künstlichen Akkommodationssystem. In Abschnitt 4.2 wird die einfache Erweiterbarkeit der modularen Struktur genutzt, um neue Energiesparstrategien zu simulieren und ihre Eignung für das Künstliche Akkommodationssystem zu bewerten. Später, im klinischen Einsatz des Künstlichen Akkommodationssystems kann die Energiebedarfssimulation dazu dienen, auf Basis von realen Akkommodationsprofilen Parameter der Energieflusssteuerung optimal an das Verhalten des Implantatträgers anzupassen und damit eine patientenindividuelle Adaption zu ermöglichen.

3.1.2. Simulation des Akkommodationsverlaufs von beispielhaften Personengruppen

Wie bereits zuvor erwähnt, begrenzen sich die zeitabhängigen Einflüsse auf die Leistungsaufnahme des Künstlichen Akkommodationssystem auf den während des Betriebs durch den Implantatträger angeforderten Akkommodationsbedarf. Das Akkommodationsprofil eines Probanden über den Tag ist jedoch stark individuell. Ein Blick in die Literatur der Psychologie, Physiologie und Ergonomie zeigt ein Defizit an Untersuchungen bezüglich des für die Untersuchungen am Künstlichen Akkommodationssystem interessanten Akkommodationsprofils, der mittleren Akkommodationsamplitude sowie der Akkommodationshäufigkeit des Menschen in Situationen des Alltags. Die meisten Studien bezüglich Akkommodationsverhalten wie beispielsweise [BD98, Jia96, MEHS00, ESC89, HTT06, CES95] fanden in kontrollierten Laborumgebungen statt und dienen dem besseren Verständnis sowie der Modellbildung der kortikalen Regelungssysteme und deren Einfluss auf die mit der Akkommodation in Zusammenhang stehenden Körperreaktionen.

In der Psychologie ist die Analyse von Fixationsbewegungen sehr verbreitet. Die meisten Fixationsstudien [Ray98, Lan06, TGB03, HH99, TE07] befassen sich jedoch mit einzelnen, meist konstruierten Beispielsituationen, bei denen die fixierten Punkte auf einem betrachteten Objekt, nicht jedoch der absolute Abstand zum jeweiligen Objekt bzw. die Fixationsdauer von Interesse sind. Ihre Ergebnisse enthalten daher weder Informationen über den Akkommodationsbedarf, noch die Dauer der einzelnen Handlungen des Probanden während des

Experiments. Lediglich sehr wenige Studien beschäftigen sich mit der Analyse von Situationen des alltäglichen Lebens und berücksichtigen dabei die zeitliche Verteilung der Handlungen sowie die örtliche Verteilung der Fixationen des Probanden. Beispiele hierfür sind die genaue Analyse des Brotschmierens eines sitzenden Probanden [Hay00] sowie die Zubereitung einer Kanne Tee eines sich frei im Raum bewegenden Probanden [LMR99]. Trotz der sehr guten zeitlichen Aufbereitung der Studien und der potentiellen Abschätzbarkeit der Abstände zu den in der Szene betrachteten Objekten, sind die verfügbaren Daten für die Konstruktion eines tagesäquivalenten Akkommodationsprofils nicht ausreichend.

Für eine realistische Simulation des Energiebedarfs ist daher eine Studie zur Ermittlung beispielhafter Akkommodationsprofile potentieller Gruppen sinnvoll, um den Akkommodationsbedarfs zu jedem Zeitpunkt eines durchschnittlichen Tages zu bestimmen. Die Durchführung einer derartigen Studie ist im Rahmen der vorliegenden Arbeit jedoch nicht möglich. Stattdessen wird im Folgenden auf Basis von Erkenntnissen aus der Wahrnehmungspsychologie sowie der Verhaltenspsychologie und Daten aus der Ergonomie eine Simulation entwickelt, die beispielhaft für hypothetische Personengruppen Akkommodationsprofile generiert, anhand derer eine Simulation des Energiebedarfs des Künstlichen Akkommodationssystems durchgeführt werden kann [NGG+10].

3.1.2.1. Definition des Tagesablaufs

Die Simulation eines beispielhaften Akkommodationsprofils über einen Tag erfordert die genaue Definition des Tagesablaufs der Beispielgruppen. Hierzu wird angenommen, dass sich der Tagesablauf in verschiedene Tätigkeiten wie Schlafen, Essen zubereiten, Essen, Autofahren, usw. unterteilen lässt. Die Tätigkeiten setzen sich wiederum aus verschiedenen Handlungen zusammen. Beispiele für Handlungen während des Zubereitens einer Mahlzeit sind unter anderem „suche Kühlschrank", „gehe zu Kühlschrank" und „öffne Kühlschrank". Für jede Tätigkeit wird daher eine Verteilung der Handlungen innerhalb der Tätigkeit über eine Auftretenswahrscheinlichkeit der Handlung definiert. Es können beliebig viele Handlungen innerhalb einer Tätigkeit definiert werden.

Neben den eigentlichen Tätigkeiten können stochastische Ablenkungssituationen z.B. durch die Dauer der Ablenkung, die räumliche Verteilung der Handlungen innerhalb der Ablenkung sowie der Dauer der jeweiligen Handlungen innerhalb der Ablenkungssituation definiert werden. Eine Ablenkungssituation wird als Unterbrechung der Tätigkeit simuliert und dient der Modellierung unvorhersehbarer Situationen, die bei jedem Simulationslauf unterschiedlich sind.

Eine schematische Darstellung der Einteilung des Tagesablaufs in Tätigkeiten und zugehörige Handlungen sowie Ablenkungssituationen und deren Handlungen ist in Abbildung 3.3 gezeigt. In Abbildung 3.3 ist zu sehen, dass innerhalb

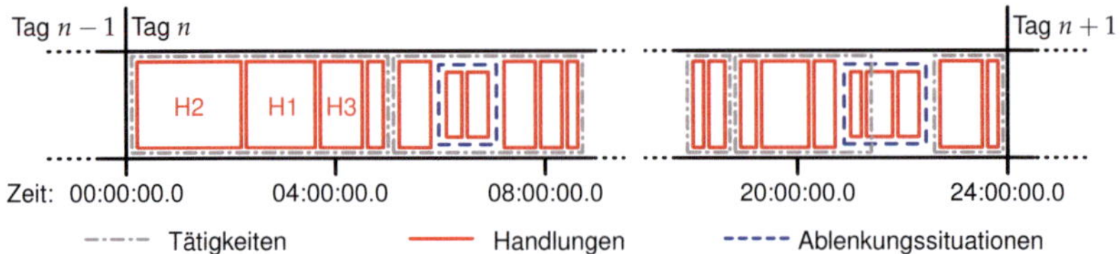

Abbildung 3.3.: Schematische Veranschaulichung der Definition eines Tagesablaufs.

eines Tages nacheinander mehrere Tätigkeiten (dargestellt mittels grauer Strich-Punkt-Linie), welche aus mehreren Handlungen (rot) zusammen gesetzt sind, abgearbeitet werden. Innerhalb einer Tätigkeit kann eine Ablenkungssituation (blau gepunktet) auftreten, welche weitere Handlungen (rot) enthält und auch über die Dauer der Tätigkeit, in der die Ablenkung begonnen hat, hinaus andauern kann.

3.1.2.2. Zeitliche Basis der Simulation

Zunächst werden einige verhaltenspsychologische Phänomene zusammengetragen, die in ihrer Gesamtheit die Ableitung einer zeitlichen Basis der Akkommodationsbedarfssimulation zulassen.

Es gilt als hinreichend bekannt, dass anstehende Handlungen durch einen Blick zum zu manipulierenden Objekt vorausgeplant werden [LH01]. Der Blick des Probanden bleibt auf dem Objekt, bis die Handlung fast abgeschlossen ist und wechselt dann weiter zum nächsten Objekt, um die nächste Handlung vorauszuplanen [LH01, Lan06]. Dabei gibt es einige wenige Ausnahmen. Die Hände werden selten fixiert. Objekte, die einmal berührt wurden, werden, bis auf wenige Ausnahmen, nicht noch einmal fixiert und manche schon bekannte Objekte können vollständig ohne visuelle Kontrolle benutzt werden.

Während der Handhabung eines Gegenstands im Rahmen einer Handlung werden auf dem zu manipulierenden Objekt mehrere Fixationen ausgeführt, welche sich wie folgt unterteilen lassen [LH01]:

- Lokalisieren
- Hinleiten
- Begleiten
- Überprüfen.

Dabei gilt, dass in einer Szene fast ausschließlich Punkte angesehen werden, welche zur Erfüllung der Tätigkeit benötigte Informationen enthalten. Unter 5 % der Fixationen liegen dabei auf aufgabenirrelevanten Objekten [Lan06]. Die Häufigkeit und Reihenfolge mit der Punkte in einer Szene fixiert werden, ist damit vom Inhalt der Szene, den Vorkenntnissen des Probanden und vor allem der aktuellen Tätigkeit des Betrachters abhängig [Hen03].

In den Arbeiten von Land et al. und Hayhoe et al. [LMR99, Hay00] wurden für Fixationen, unabhängig von der Tätigkeit des Probanden, mittlere Verweildauern von ca. 3 s gemessen. Die beiden Autoren vermuten einen Zusammenhang mit einem tiefgründigen mentalen Prozess, beschrieben von Schleidt et al. [SEEP87].

Schleidt et al. haben in einer Untersuchung der Handlungsdauer spontaner Handlungen des alltäglichen Lebens von vier völlig unabhängigen Kulturen eine bei allen Kulturen gleiche Verteilung der Handlungsdauern festgestellt. Die Verteilung der Handlungsdauern nach [SEEP87] ist in Abbildung 3.4 dargestellt. Es ist zu erkennen, dass eine Häufung von Handlungsdauern bei 3 s auftritt. Die Auftretenshäufigkeit nimmt zu längeren und kürzeren Handlungsdauern ab.

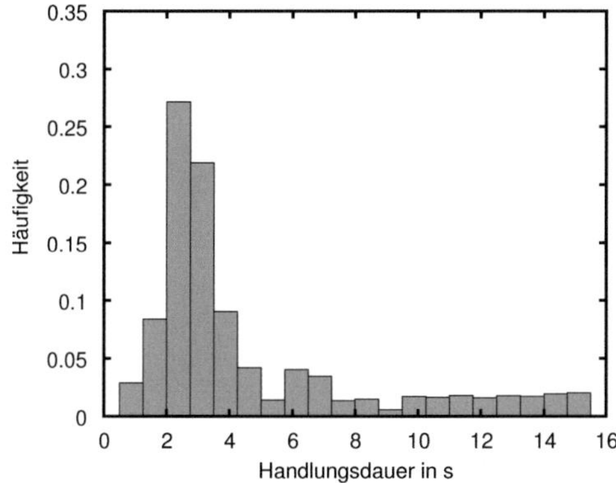

Abbildung 3.4.: Histogramm der Handlungsdauerverteilung nach [SEEP87]

Da die Dauer aller im Tagesablauf auftretender Handlungen der in Abbildung 3.4 gezeigten Verteilung folgen, wird zur Ermittlung der Handlungsdauer im Rahmen der Akkommodationsbedarfssimulation ebenfalls auf die beschriebene Verteilung zurückgegriffen. Zusammen mit der Erkenntniss, dass der Blick des Probanden in 95 % der Fälle auf dem zu manipulierenden Objekt liegt [Lan06], kann angenommen werden, dass der zu diesem Zeitpunkt aktuelle Objektabstand auch dem aktuellen Akkommodationsbedarf entspricht. Die restlichen 5 % der Fixationen des Probanden sind willkürlich und nicht vorhersagbar. Ihnen werden in der Simulation Zufallswerte im physiologisch sinnvollen Bereich zwischen 0 und 3 dpt zugewiesen.

3.1.2.3. Geometrische Basis der Simulation

Neben der zeitlichen Einteilung der Handlungen eines Probanden erfordert die vollständige Definition der Handlungsparameter eine Kenntnis der Abstände zu den vom Probanden manipulierten Objekten. Teilweise sind die Abstände sehr leicht herleitbar. Durch die hohe Schärfentiefe haben Streuungen bei größeren Entfernungen (über einen Meter, bzw. unter 1 dpt) lediglich geringen Einfluss auf den Akkommodationsbedarf. Eine Fehleinschätzung führt lediglich zu kleinen Abweichungen im simulierten Akkommodationsbedarf. Wichtiger ist die genaue Definition der Abstände im Nahbereich unter einem Meter Objektabstand, zu deren korrekter Ableitung auf die ergonomischen Erkenntnisse aus DIN 33402 [DIN78] zurückgegriffen wird. Alle Abstände für Monitorarbeitsplätze, allgemeine Tätigkeiten im Sitzen und das Lesen können von den bekannten Ergonomierichtlinien mit den dort angegebenen Streuungen abgeleitet werden.

3.1.2.4. Beispielhafte Akkommodationsprofile

Die Konfiguration der Simulation erfolgt über die Definition eines Tagesablaufs für jede Personengruppe. Definiert werden die Schlafdauer sowie die Abfolge und Dauer der Tätigkeiten über den beispielhaften Tag. Die Simulation lässt die Definition eines Bereichs für jeden Parameter zu. Während der Laufzeit wird die Dauer der Tätigkeiten so verteilt, dass sich inklusive Schlafzeit ein voller Tag mit 24 Stunden ergibt.

Für jede im Tagesablauf auftretende Tätigkeit werden die jeweiligen Handlungen definiert. Die Parameter einer Handlung entsprechen dem Bereich der zu erwartenden Objektentfernungen während der Handlung sowie der Auftretenswahrscheinlichkeit der Handlung.

Während der eigentlichen Simulation werden alle definierten Tätigkeiten sowie deren Handlung nacheinander ausgeführt und der berechnete Akkommodationsbedarf für jeden Zeitschritt in das Akkommodationsprofil abgelegt. Die Simulation liefert damit ein beispielhaftes Akkommodationsprofil nach den definierten Parametern. Für die weiteren Untersuchungen wurden ohne Beschränkung der Allgemeinheit folgende vier Beispielgruppen definiert und simuliert:

Gruppe 1 Aktiver Rentner mit geregeltem, aber gemütlichem Tagesablauf, Spaziergängen und Freizeitbeschäftigung

Gruppe 2 Berufstätiger an einem Büroarbeitsplatz

Gruppe 3 Berufstätiger in Umgebung mit hoher Akkommodationsfrequenz, wie beispielsweise ein Verkäufer oder eine Kassiererin

Gruppe 4 Ein Jugendlicher mit erhöhtem Schlafbedarf.

Die Akkommodationsprofile haben eine zeitliche Auflösung von 100 ms über den gesamten Tag.

Die genaue Definition des Tagesablaufs der vier Gruppen sowie eine Definition aller in den Tagesabläufen auftretenden Tätigkeiten sind in den Anhängen A.4.1 und A.4.2 zu finden. Ein detaillierter Ablauf der Simulation ist ebenfalls in Anhang A.4.3 enthalten.

Tabelle 3.1 enthält eine Übersicht der Eigenschaften je eines beispielhaften Akkommodationsprofils für jede der vier betrachteten Personengruppen. Die der Tabelle 3.1 zugrundeliegenden Akkommodationsprofile wurden durch je einen Simulationslauf mit vorgegebener Schlafzeit und definiertem Tagesablauf generiert. Beim Vergleich von Gruppe 2 zu Gruppe 3 zeigt sich, dass bei der Verkäufertätigkeit der Erwartungswert des Akkommodationsbedarfs gegenüber dem Büroarbeitsplatz in Richtung Ferne verschoben ist. Außerdem ist bei der Verkäufertätigkeit erwartungsgemäß eine leicht erhöhte Akkommodationsfrequenz erkennbar.

	Gruppe 1	Gruppe 2	Gruppe 3	Gruppe 4
Schlaf in h	ca. 6	ca. 8	ca. 8	ca. 13
Akkommodationsbedarf in dpt				
Erwartungswert	0,831	0,877	0,775	0,513
Varianz	0,989	0,925	0,802	0,638
Akkommodationsänderung in dpt				
Erwartungswert	0,749	0,602	0,702	0,576
Varianz	0,498	0,331	0,426	0,319
Anzahl	9794	10304	10915	7165
Frequenz in $1/h$	547	644	686	669

Tabelle 3.1.: Statistik der berechneten Akkommodationsverläufe der definierten Personengruppen, die im Akkommodationsprofil berücksichtigte Schlafdauer und die Verteilung des Akkommodationsbedarfs über den Tag.

Der beispielhafte Rentner, repräsentiert durch Gruppe 1, hat eine im Vergleich zu den Berufstätigen niedrigere Akkommodationsfrequenz. Trotz der niedrigeren Akkommodationsfrequenz ist die Anzahl der Akkommodationsänderungen ähnlich der der Berufstätigen, was auf den im Alter reduzierten Schlafbedarf zurückgeführt werden kann. Der Erwartungswert für die Akkommodation der Gruppe 1 liegt zwischen denen der Berufstätigen aus Gruppe 2 und 3, zeigt jedoch eine höhere Varianz, was direkt aus der größeren Abwechslung in den für Gruppe 1 definierten Tätigkeiten folgt.

Personen der Gruppe 4 haben bei hoher Akkommodationsfrequenz eine im Vergleich zu den anderen Gruppen recht niedrige absolute Anzahl an Akkommodationsänderungen. Die vergleichsweise niedrige Anzahl an Akkommodationsänderungen ist auf die kurze Wachzeit von Gruppe 4 zurückzuführen.

Die beschriebenen Akkommodationsprofile bilden die Basis der folgenden Energiebedarfsabschätzung für das Künstliche Akkommodationssystem. Durch Simulation des Systems unter Eingabe der Akkommodationsprofile aller Gruppen kann ermittelt werden, wie groß die Unterschiede im Energiebedarf zwischen den Gruppen sind und welche Energiesparmaßnahmen für welche der vier Gruppen welchen Erfolg versprechen.

3.2. Neue Konzepte zur Energieversorgung

In diesem Abschnitt findet eine systematische Aufstellung und Bewertung aller in Frage kommenden Teillösungen zur Realisierung der in Abschnitt 2.4 beschriebenen Systemkonzepte einer bedarfsgerechten Energieversorgung des Künstlichen Akkommodationssystems statt. Die beschriebenen Teillösungen sind nach ihrer Zugehörigkeit zu den Systemkonzepten in drei Gruppen unterteilt und enthalten detaillierte Untersuchungen zur jeweiligen Teilkomponente Energiequelle. Es folgt ein Abschnitt, in dem die Technologien für die Systemkomponenten, welche in allen Systemkonzepten benötigt werden, zusammengefasst auf ihre Verwendbarkeit im Künstlichen Akkommodationssystem untersucht werden.

3.2.1. Lebensdauerversorgung durch integrierte Primärzellen

Zunächst werden potentielle Primärzellen zur Lebensdauerversorgung des Implantats betrachtet. Entscheidend für die Nutzbarkeit der Energiequellen im Künstlichen Akkommodationssystem sind deren Energiedichte, kalendarische Lebensdauer und die Sicherheit der Energiequelle. Die kalendarische Lebensdauer beschreibt dabei die Zeit nach der Produktion einer galvanischen Zelle, in der sie bei reiner Lagerung einsetzbar bleibt. Im Einzelnen werden folgende Primärzellen auf ihre Eignung im Künstlichen Akkommodationssystem hin untersucht:

- Galvanische Primärzellen
    - Zink-Luft-Batterien
    - Lithium-Primärzellen.
- Radioisotopbatterien
    - Thermoelektrische Radioisotopbatterien
    - Thermoionische Radioisotopbatterien
    - Betavoltaikzellen.

3.2.1.1. Galvanische Primärzellen

Galvanische Primärzellen basieren auf der örtlich getrennten Oxidation und Reduktion von aktiven Materialien. Während der Entladung der Zelle werden an der Kathode durch Oxidation Elektronen frei. Nachdem die Elektronen die Last passiert haben, werden sie der Kathode zugeführt, wo die Elektronen durch Reduktion in einen niedrigeren Valenzzustand überführt werden. Die sich im unbelasteten Zustand einstellende Leerlaufspannung der Zelle kann über die Nernst-Gleichung berechnet werden. Die Nernst-Gleichung bildet in der Elektrochemie den Zusammenhang zwischen Stoffkonzentrationen und der elektrischen Spannung ab. Das Potential einer Elektrode lässt sich wie folgt berechnen [LR02]:

$$E = E^0 + \frac{RT}{z_e F} \ln \frac{a_{Ox}}{a_{Red}}, \tag{3.1}$$

wobei E das Elektrodenpotential, E^0 das Standardelektrodenpotential, R die universelle Gaskonstante ($R = 8{,}31447\,\mathrm{J/mol\,K}$), T die absolute Temperatur, z_e die Anzahl der übertragenen Elektronen (auch Äquivalentzahl), F die Faraday-Konstante ($F = 96485{,}34\,\mathrm{C/mol}$) und a die Aktivität des betreffenden Redox-Partners darstellt.

Die Leerlaufspannung U_0 einer galvanischen Zelle ist gleich der Potentialdifferenz ΔE der beiden Elektroden. Die Potentialdifferenz berechnet sich dann wie folgt:

$$\Delta E = E_{Akzeptor} - E_{Donator} = E_{Zelle} = U_0 \tag{3.2}$$

Unter Stromentnahme ändert sich die Spannung in Abhängigkeit von der aktuellen Stromaufnahme des Verbrauchers und dem aktuellen Ladezustand der Zelle, daher gilt Gleichung (3.2) lediglich für stromlose Systeme.

Je nach an der Reaktion beteiligten Stoffen können diverse Zelltypen unterschieden werden. Aufgrund der Forderung nach Sicherheit der verwendeten Energiequelle werden die aufgeführten Technologien auf wartungsfreie Trockenzellen beschränkt. Ältere Technologien mit niedrigen Energiedichten wie das Leclanché-Element, Alkali-Mangan-Batterien oder Quecksilber-Batterien werden nicht näher betrachtet.

Zink-Luft-Batterien stellen eine Mischform zwischen Batterien und Brennstoffzellen dar. Hier wird an einer semipermeablen Membran, welche die Kathode darstellt, Sauerstoff aus der Atmosphäre reduziert [LR02]. Hierfür gilt:

$$Zn + \frac{1}{2} O_2 \longrightarrow ZnO \tag{3.3}$$

Da Sauerstoff aus der Umgebungsluft in Zink-Luft-Batterien einen Reaktionspartner darstellt, kann nahezu das gesamte Volumen der Zelle für die Zink-Anode verwendet werden. Die Kathode wird durch einen mittels Polymeren auf ein Drahtgeflecht gebundenen aktiven Kohlenstoff realisiert, welcher Mangandioxid als Katalysatormaterial enthalten kann. Zink-Luft-Zellen erreichen Energiedichten von bis zu $1300\,\mathrm{mWh/cm^3}$ bei einer Zellspannung von $1{,}6\,\mathrm{V}$. Die Batterie wird bis kurz vor Verwendung versiegelt. Sobald das Siegel entfernt ist, beginnt die Selbstentladung der Zelle und die enthaltene Energie verringert sich auch ohne Leistungsentnahme. Durch die schnelle Alterung nach der Aktivierung ist die kalendarische Lebensdauer der Zelle auf wenige Wochen bis Monate begrenzt.

Lithium-Primärzellen werden mit diversen Kathodenmaterialien wie beispielsweise SO_2, $SOCl_2$, CF_x, MnO_2, Ag_2CrO_4, I_2, CuS, MoO_3, V_2O_5 und CuO hergestellt. Die wichtigsten werden im Folgenden betrachtet.

$Li|MnO_2$ und $Li|CF_x$ Zellen haben sich vor allem im Konsumentenmarkt durchgesetzt, da sie verglichen mit anderen Primärzellen eine vergleichsweise hohe Zellspannung von ca. $3\,V$ und hohe Energiedichten von zum Teil über $1000\,\text{mWh/cm}^3$ [BBL$^+$04] aufweisen. In diesen Zellen wird das Lithium durch eine Festkörper/Elektrolyt-Interphase stabilisiert, welche durch die Reaktion des Elektrolyten mit dem festen Lithium entsteht. In den Zellen findet folgende Umlagerung von Lithium statt:

$$x\,Li + CF_x \longrightarrow x\,LiF + C \tag{3.4}$$

Die Zellen bestehen aus einer Anode aus Lithium und einer Festkörperkathode aus CF_x vermischt mit einem Polymerbindemittel. Anode und Kathode werden durch eine Polypropylenmembran getrennt. Das System wird mit einem organischen Lösungsmittel (γ-Butyrolacton) befüllt, in welchem Lithiumsalze ($LiBF_4$) gelöst sind.

$Li|MnO_2$-Batterien haben eine ähnliche Energiedichte wie $Li|CF_x$, setzten sich jedoch aufgrund ihres niedrigeren Preises durch. Die entsprechende Zellenreaktionsgleichung ist in Gleichung (3.5) dargestellt [BBL$^+$04].

$$Li + MnO_2 \longrightarrow LiMnO_2 \tag{3.5}$$

Das $Li|I_2$-System hat sich in Herzschrittmachern und anderen medizinischen Geräten etabliert. Die Reaktionsgleichung für das $Li|I_2$-System stellt sich wie folgt dar [BBL$^+$04]:

$$Li + \frac{1}{2}I_2 \longrightarrow LiI \tag{3.6}$$

Die Kathode ist eine Mischung aus Jod und Poly(24-vinyl)pyridin. Das Kathodenmaterial wird im geschmolzenen Zustand auf die Lithium-Anode gegeben. An der Grenze bildet sich eine LiI-Schicht aus, welche als Separator und Festkörperelektrolyt fungiert. Die niedrige Ionenleitfähigkeit der LiI-Schicht beschränkt die Leistungsdichte der Batterie auf wenige Mikroampere, ist aber sehr stabil und ermöglicht damit einen sicheren Betrieb über mehrere Jahre bis Jahrzehnte [BBL$^+$04, GLM$^+$71].

$Li|Ag_2V_4O_{11}$-Systeme haben im Gegensatz zu $Li|I_2$-Systemen eine sehr viel höhere Pulsfähigkeit, und wurden als Alternative zu $Li|I_2$-Zellen für implantierbare Defibrillatoren entwickelt. Sie liefern Ströme von bis zu $3\,A$ und weisen gleichzeitig eine sehr geringe Selbstentladung auf. $Li|Ag_2V_4O_{11}$-Systeme sind außerdem für den Einsatz über mehrere Jahre geeignet. Sie besitzen eine Energiedichte von bis zu $400\,\text{mWh/cm}^3$. Die zugehörige Zellenreaktionsgleichung lautet [BBL$^+$04]:

$$7\,\mathrm{Li} + \mathrm{Ag_2V_4O_{11}} \longrightarrow \mathrm{Li_7Ag_2V_4O_{11}} \tag{3.7}$$

Li|SO_2-Zellen haben sich bei militärischen Anwendungen durchgesetzt. Die flüssige Kathode aus SO_2 oder $SOCl_2$ bildet das aktive Kathodenmaterial und dient gleichzeitig als Lösungsmittel für den Elektrolyten. Li|$SOCl_2$-Zellen haben die höchste mit Lithium erreichbare Energiedichte von bis zu $1100\,\mathrm{mWh/cm^3}$. Die in den Zellen stattfindende Reaktionsgleichung lautet [BBL$^+$04]:

$$2\,\mathrm{Li} + \mathrm{SOCl_2} \longrightarrow 2\,\mathrm{LiCl} + \frac{1}{2}\mathrm{S} + \frac{1}{2}\mathrm{SO_2} \tag{3.8}$$

3.2.1.2. Radioisotopbatterien

Radioisotopbatterien werden seit den frühen 1950er Jahren entwickelt. Als Energiequelle dient ein Radionuklid, das bei Produktion in die Zelle eingebracht wird. Dabei existieren mehrere Ansätze zur Konvertierung der Energie des nuklearen Zerfalls in elektrische Energie. Es wird zwischen thermoelektrischen, thermoionischen und Betavoltaikzellen unterschieden.

Thermoelektrische Radioisotopbatterien

Die beim Zerfallsprozess entstehende Wärme kann durch thermoelektrische Wandler in elektrische Energie gewandelt werden. Die maximal erreichbare Konvertierungseffizienz ergibt sich aus dem erreichbaren Temperaturgradienten über dem Wandler und wird theoretisch lediglich durch den Carnot-Wirkungsgrad begrenzt. Die maximal zulässige Wärmeleistung, welche durch das Künstliche Akkommodationssystem ins Auge eingekoppelt werden darf, beträgt $20\,\mathrm{mW}$ [Kli08]. Es wird angenommen, dass die Vorder- und Rückflächen des äußeren Ringvolumens von je ca. $60\,\mathrm{mm^2}$ zur Wärmeableitung nach dem Thermoelement dienen können. Als Thermomaterial wird das in Anhang A.1 beschriebene PbSeTe mit einer Wärmeleitfähigkeit von $0{,}58\,\mathrm{W/m{\cdot}K}$ und einem thermoelektrischen Gütemaß von $ZT = 1{,}6$ als Berechnungsgrundlage verwendet.

Dabei stellt sich nach Gleichung (A.1) bei gegebener Wärmeleitfähigkeit des Thermoelements von $0{,}58\,\mathrm{W/m{\cdot}K}$ und einer realisierbaren Dicke des Thermoelements von $1\,\mathrm{mm}$ ein Temperaturgradient $\Delta T = 0{,}3\,\mathrm{K}$ über dem Thermoelement ein. Der maximale Wirkungsgrad liegt unter Annahme einer mittleren Temperatur des Implantats von $37\,^\circ\mathrm{C}$ bei $\eta_\mathrm{c} = 9{,}7\cdot10^{-3}$. Nach Gleichung (A.22) reduziert sich der Wirkungsgrad durch das Thermomaterial weiter auf $\eta_\mathrm{max} = 3{,}6\cdot10^{-4}$. Die mit der Batterie erreichbare maximale Leistung liegt damit bei ca. $7{,}3\,\mathrm{\mu W}$. Wird als Wärmequelle der thermoelektrischen Radioisotopbatterie beispielsweise ^{90}Sr mit einer Halbwertszeit von $28{,}8\,\mathrm{Jahren}$ [Sit10] verwendet, sinkt die Ausgangsleistung nach $30\,\mathrm{Jahren}$ auf weniger als $50\,\%$ der anfänglichen Maximalleistung.

Thermoionische Radioisotopbatterien

In thermoionischen Nuklearbatterien werden durch beim Zerfall entstehende Teilchen Elektronen aus einem Leiter ausgelöst und in einem galvanisch getrennten, zweiten Leiter aufgefangen. Durch den Elektronentransport entsteht eine Potentialdifferenz, welche genutzt werden kann. Die Ausgangsspannungen liegen im Bereich von ein bis mehreren hundert kV. Der Innenwiderstand einer thermoionischen Batterie ist sehr hoch, was zu Strömen im Bereich von wenigen pA und sehr kleinen Ausgangsleistungen führt [Mer58].

Betavoltaikzellen

Betavoltaikzellen bestehen aus einem Silizium-PN-Übergang, in welchem durch Bestrahlung mit β-Partikeln freie Sekundärelektronenpaare gebildet werden. Es entsteht ähnlich wie in einer Solarzelle eine Potentialdifferenz, welcher genutzt werden kann. Die maximale Ausgangsleistung wird dabei von der Intensität des verwendeten β-Strahlers bestimmt. Hochenergetische β-Strahler verursachen jedoch Schäden in der Kristallstruktur des Halbleiters, womit die Konvertierungseffizienz mit der Zeit sinkt.

Neue, dreidimensional integrierte Betavoltaikzellen erreichen mit ^{147}Pm initiale Leistungsdichten von bis zu $13{,}6\,\mathrm{mW/cm^3}$ [DTL07], die mit dem Zerfall des Radionuklids exponentiell abnehmen. Bei einer Halbwertszeit von ^{147}Pm von 2,62 Jahren [Sit10] bleiben damit nach 30 Jahren noch ca. $5\,\mathrm{\mu W/cm^3}$. Effizienzsteigerungen können durch Verwendung von beispielsweise ^{90}Sr erreicht werden. Die mittlere Energie der emittierten β-Partikel von 546 keV [Sit10] liegt jedoch über der Gitterenergie des Halbleiters Silizium von 0,3 MeV, eine Schädigung des Halbleiters ist damit nicht auszuschließen. Daher wird im späteren Vergleich lediglich eine mit ^{147}Pm betriebene Betavoltaikzelle betrachtet, obwohl durch die hohe Halbwertszeit des ^{90}Sr von 28,8 Jahren [Sit10] die Ausgangsleistung der Zelle, unter Vernachlässigung der Schädigung des Siliziums, nach 30 Jahren lediglich auf 50 % abfällt.

Eine zweite Variante zur Nutzung eines Betastrahlers als Energiequelle ist die doppelte Konvertierung von β-Strahlung in elektrische Energie. Hierbei wird die β-Strahlung zunächst über eine Phosporschicht in Licht einer bestimmten Wellenlänge konvertiert und dann über eine an die Wellenlänge angepasste Solarzelle weiter in elektrische Energie gewandelt. Die Batterien erreichen, betrieben mit ^{147}Pm inklusive Schirmung, initiale Energiedichten von $22{,}6\,\mathrm{\mu W/cm^3}$.

Die Sicherheit einer Betavoltaikzelle ist stark von deren Ummantelung abhängig. Da Betastrahlen eine recht niedrige Eindringtiefe in Metallen aufweisen, kann eine Abschirmung relativ einfach durch wenige μm Metall oder Silizium realisiert werden [FL74, DTL07]. Durch die Kapselung muss neben der Abschirmung ebenfalls jeglicher Kontakt zwischen Körpergewebe und strahlendem Material verhindert werden.

3.2.1.3. Bewertung von Lösungen zur Versorgung des Implantats durch integrierte Primärenergieträger

Tabelle 3.2 enthält eine Übersicht über die Leistungsfähigkeit potentieller Primärenergiequellen für das Künstliche Akkommodationssystem. Die Tabelle enthält Angaben über die durch das Implantat über 30 Jahre nutzbaren durchschnittlichen Leistungen P_d bei Verwendung der jeweiligen Technologie, deren Energiedichte ρ_{Eel}, Leistungsdichte ρ_P, Zellspannung U_0 und ihrer kalendarischen Lebensdauer t_L. Bei der Angabe von P_d wird vorausgesetzt, dass ein Betrieb über 30 Jahre stattfindet und die Hälfte des Ringbauraums von ca. $100\,\mathrm{mm^3}$ für die Primärzelle verfügbar ist.

Technologie	ρ_{Eel} mWh/cm^3	ρ_P mW/cm^3	U_0 V	P_d µW	t_L Jahre	Quelle
Zn|O$_2$	1300	400	1,65	0,5	< 4	[LR02]
Li|MnO$_2$	535	hoch	3,0	0,2	< 5	[LR02]
Li|CF$_x$	635	hoch	3,1	0,25	< 5	[BBL$^+$04]
Li|I$_2$	900	240	2,8	0,3	> 10	[LR02]
Li|Ag$_2$V$_4$O$_{11}$	400	> 1000	3,2	0,15	> 10	[BBL$^+$04]
Li|SO$_2$	1100	4000	3,65	0,4	> 10	[LR02]
thermoelektrische Batterie	> 6400	> 0,05	> 0,1	< 3,6	> 10	*
thermoionische Batterie	< 1,2	$\ll 10\,\mathrm{nW/cm^3}$	> 1 kV	$\ll 1\,\mathrm{nW}$	> 10	[Mer58]
Betavoltaik ^{147}Pm	220000	$\ll 13{,}56$	1 V	0,5	$\gg 10$	[DTL07]

Tabelle 3.2.: Vergleich verschiedener Primärenergiequellen. (* Werte wurden durch eigene Untersuchungen ermittelt)

Die Ergebnisse aus Tabelle 3.2 zeigen, dass thermoelektrische Radioisotopbatterien, unter den in das Implantat bei Produktion eingebrachten Primärenergiequellen, mit 3,6 µW nach 30 Jahren Betriebszeit die mit Abstand höchste durchschnittliche Leistung zur Versorgung des Künstlichen Akkommodationssystems liefern. Gegen die Verwendung von Radioisotopbatterien spricht jedoch die zuvor beschriebene Problematik, dass die Sicherheit über die gesamte Implantatlebensdauer und darüber hinaus nicht gewährleistet werden kann. Unter den chemischen Primärzellen liefern Zn\|O$_2$ mit theoretisch durchschnittlich 0,5 µW die höchste Leistung. Für die Verwendung im Künstlichen Akkommodationssystem sind Zn\|O$_2$-Zellen jedoch aufgrund ihrer kurzen kalendarischen Lebensdauer und der Tatsache, dass sie kontinuierlich mit Sauerstoff aus der Umgebungsluft versorgt werden müssen, nicht geeignet. Aus Sicherheitsgründen wird die Verwendung einer Li\|SO$_2$-Zelle mit flüssigen Schwefel-Chlorelektroden ebenfalls ausgeschlossen. Li\|I$_2$-Zellen mit Festkörperelektrolyt und einer nur leicht geringeren Energiedichte gegenüber Li\|SO$_2$-Zellen sowie einer daraus resultierenden durchschnittlichen Leistung von 0,3 µW stellen daher zur Zeit die am besten für die Integration im Künstlichen Akkommodationssystem geeignete Primärenergiequelle dar.

3.2.2. Nutzung von in der Implantatumgebung vorhandener Primärenergie

Das Konzept zur kontinuierlichen Energiewandlung von in der Implantatumgebung vorhandener Primärenergie wurde bereits in Abschnitt 2.4 beschrieben. Im Folgenden werden die Lösungsansätze zur Realisierung einer Energieversorgung durch in der Implantatumgebung vorhandene Primärenergie näher untersucht. Im Einzelnen handelt es sich um die Versorgung des Künstlichen Akkommodationssystems durch:

- Nutzung von mechanischer Bewegung des Implantats

- Nutzung von in der Implantatumgebung vorhandener chemischer Primärenergie in Form von Glukose

- Nutzung des durch die Körperwärme über dem Künstlichen Akkommodationssystem entstehenden Temperaturgradienten

- und Nutzung von in das Auge einfallendem Umgebungslicht durch Photovoltaik.

3.2.2.1. Mechanische Wandler

Die Nutzung der Bewegung des Auges zur Energieversorgung des Implantats fordert spezialisierte Wandlerkonzepte. Im Folgenden werden zunächst die Randbedingungen für einen in das Künstliche Akkommodationssystem integrierten Wandler definiert. Es werden verschiedene Wandlertechnologien diskutiert, Konzepte zur Integration der jeweiligen Technologie in das Künstliche Akkommodationssystem entwickelt und Modelle zur Berechnung des Wandlerverhaltens abgeleitet. Durch Definition einer realistischen Anregung können die voraussichtlich erzielbaren integralen Leistungen unter Verwendung der jeweiligen Wandlertechnologie abgeschätzt werden.

Randbedingungen

Die Randbedingungen für einen elektromechanischen Wandler im Auge können direkt aus den Anforderungen an die Energieversorgung des Künstlichen Akkommodationssystems aus Abschnitt 2.1 abgeleitet werden.

Bauraum Der für den Energiewandler zur Verfügung stehende Bauraum entspricht ca. $100\,\mathrm{mm}^3$.

Einbaulage und Anregungsrichtung Die bei der Bewegung des Auges entstehenden Radialbeschleunigungen, hervorgerufen durch die Zentrifugalkraft auf das Implantat, sind aufgrund des kleinen Abstands des Implantats zum Augendrehpunkt gegenüber den Tangentialbeschleunigungen zu vernachlässigen. Daher werden lediglich Tangentialbeschleunigungen des Auges untersucht. Wünschenswert, jedoch nicht zwingend erforderlich ist eine von der Einbaulage unabhängige Konstruktion des Wandlers.

Lebensdauer Die geforderte Lebensdauer beträgt, wie beim Gesamtsystem, 30 Jahre.

Masse Die Masse des Gesamtsystems darf auch mit integriertem Wandler die zulässige Gesamtmasse von 300 mg nicht überschreiten.

Gewebebelastung Die Kräfte der durch die Wandlung entstehenden Dämpfung der Augenbewegung darf die maximalen natürlichen dynamischen Kräfte nicht überschreiten.

Die dem Auge über einen elektromechanischen Wandler entnommene Energie muss vom Augapfel über die Zonulafasern auf das Gehäuse des Implantats übertragen werden. Daraus folgt für die Modellbildung, dass die durch die Energieentnahme entstehende Dämpfung der Bewegung des Auges und die damit verbundenen Kräfte gegenüber den Anregungskräften klein sein müssen.

Da Drehbewegungen des Auges, wie sie beispielsweise beim Lesen auftreten, meistens als Rotation um die z-Achse auftreten, wird vereinfachend für die Simulation definiert, dass die Anregung der Schwingungswandler als reine Rotation um die z-Achse modelliert werden kann.

Wandlerprinzipien und Modellbildung

Für die Anwendung im Künstlichen Akkommodationssystem sind diverse Wirkprinzipien elektromechanischer Wandler, wie beispielsweise elektromagnetische, piezoelektrische sowie elektrostatische Wandlungsprinzipien denkbar. Aufgrund der schlechten Skalierungseigenschaften bei der Miniaturisierung von elektromagnetischen Wandlern ($P \sim r^3$) [OSBT07] im Gegensatz zu piezoelektrischen ($P \sim r^2$) bzw. elektrostatischen Wandlern ($P \sim r^2$) wird die Nutzung eines elektromagnetischen Wandlers im Künstlichen Akkommodationssystem nicht weiter untersucht. Die folgenden Untersuchungen konzentrieren sich daher auf kapazitiv fremderregte Wandler, kapazitive Elektretwandler und piezoelektrische Biegewandler.

Der schematische Aufbau eines kapazitiven Schwingungswandlers ist in Abbildung 3.5(a) dargestellt. Der Wandler besteht im Wesentlichen aus einem Plattenkondensator mit variablem Plattenabstand bzw. veränderlicher wirksamer Plattenfläche. Die Kapazität des Kondensators berechnet sich zu

$$C = \varepsilon_0 \cdot \varepsilon_\mathrm{r} \cdot \frac{A_\mathrm{C}}{d_\mathrm{C}}, \tag{3.9}$$

wobei ε_0 die Permittivität des Vakuums, ε_r die relative Permittivität des Dielektrikums, A_C die wirksame Plattenfläche und d_C den Plattenabstand bezeichnen. Weiterhin gilt für die Spannung am Kondensator

$$U_\mathrm{C} = \frac{Q_\mathrm{C}}{C} \tag{3.10}$$

mit der Ladung Q_C des Kondensators. Ist die im Kondensator befindliche Ladungsmenge konstant, bleiben zur Verrichtung von Arbeit an den im Kondensator getrennten Ladungen als Freiheitsgrade die Veränderung des Plattenabstands, der wirksamen Plattenfläche bzw. die Änderung der Menge an Dielektrikum im Kondensator. Da ein von Luft abweichendes Dielektrikum in Mikroschwingungswandlern nur schwer realisierbar ist, werden bei der Konzeption lediglich Konzepte zur Änderung der wirksamen Plattenfläche sowie des Plattenabstands aufgestellt.

Der Ablauf eines Wandlungszyklus in einem rein kapazitiven Schwingungswandler stellt sich damit wie folgt dar. In der Position mit der höchsten Kapazität wird die im Wandler befindliche Kapazität aus einer externen Spannungsquelle mit niedriger Spannung geladen. Durch die Bewegung des Auges werden der Plattenabstand vergrößert bzw. die wirksame Plattenfläche des Kondensators reduziert und damit die Kapazität des Kondensators verringert sowie die Spannung im Kondensator erhöht. Dabei wird Arbeit an den im Kondensator befindlichen Ladungen verrichtet. Die Ladungen können dann im Punkt kleinster Kapazität und höchster Spannung im Kondensator einem Ausgangskondensator zugeführt werden. Nachdem der Kondensator wieder seine Ausgangsposition erreicht hat, wird er erneut geladen und der Zyklus beginnt von vorne. Entscheidender Nachteil des rein kapazitiven Wandlers ist die Notwendigkeit einer Spannungsquelle zur Ladung des Kondensators. Die aus der Spannungsquelle entnommene Leistung muss in der Energiebilanz des Wandlers in Abzug gebracht werden.

Eine Sonderform des kapazitiven Wandlers sind Elektretwandler. Elektrete stellen das elektrostatische Äquivalent zu Permanentmagneten dar. Es handelt sich um Festkörper mit einer quasipermanenten elektrischen Ladung, die durch die Ausrichtung von inneren Dipolen und weiteren im Material fixierten Ladungsträgern gebildet wird. Für die Betrachtung des elektrostatischen Felds um das Elektret kann die Gesamtheit der Ladungen im Elektret als eine äquivalente

Oberflächenladung interpretiert werden. Wird das Elektret wie in Abbildung 3.5(b) dargestellt in den Kondensator eingebracht, stellt es eine permanent vorhandene Spannungsquelle im Wandler dar, wodurch auf eine externe Aufladung des Wandlers verzichtet werden kann.

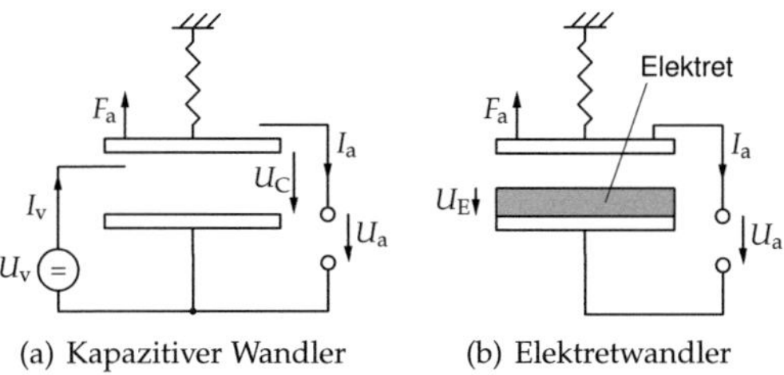

(a) Kapazitiver Wandler (b) Elektretwandler

Abbildung 3.5.: Schematischer Aufbau eines kapazitiven sowie eines Elektretwandlers

In Piezowandlern wird durch das Aufbringen einer Kraft auf den Piezokristall eine Dehnung im Kristall erzeugt. Woraus an dessen Oberflächen proportional zur Kraft eine Ladungstrennung erfolgt. Dieser Vorgang wird als direkter Piezoeffekt bezeichnet. Durch die niedrige Steifigkeit eines Biegebalkens können durch Aufbringung von geringen Kräften auf das Ende des Biegebalkens große Dehnungen in den Randfasern des Balkens erreicht werden (siehe Abbildung 3.6). Daher ist ein Biegebalken ideal zur Nutzung als elektromechanischer Wandler für kleine Kräfte geeignet.

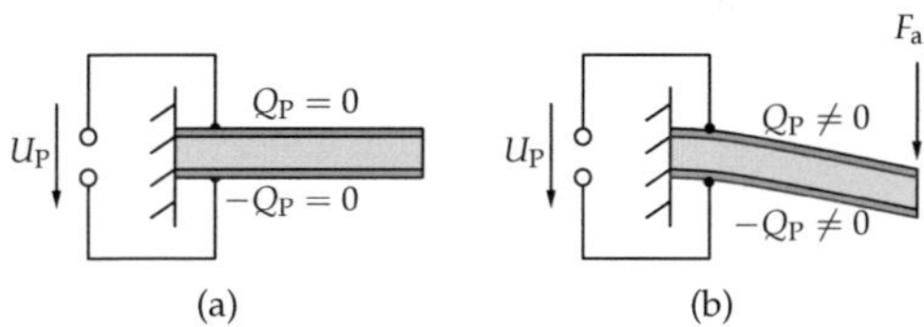

Abbildung 3.6.: Schematischer Aufbau piezoelektrischen Biegebalkens

In [God10] wurden verschiedene Konzepte zur Realisierung eines elektromechanischen Wandlers im Künstlichen Akkommodationssystem ausgearbeitet. Die vier am besten bewerteten Wandlerkonzepte sind in Abbildung 3.7 dargestellt. Das Konzept 3.7(a) baut auf dem piezoelektrischen Biegewandler auf. Auffällig ist die dehnungsoptimierte Geometrie der einzelnen Biegebalken. Durch eine Anpassung der Balkengeometrie können eine gleichmäßige Dehnungs- sowie Ladungsverteilung auf dem Balken erzeugt und ein Verlust von Ladungen durch Ausgleichsströme in den Elektroden vermieden werden. Bei Konzept 3.7(b) handelt es sich um einen klassischen kapazitiven Wandler mit veränderlichem Plattenabstand. Konzept 3.7(c) stellt das Pendant zum klassischen kapazitiven

Wandler mit integriertem Elektret und veränderlichem Plattenabstand dar. Das Konzept in Abbildung 3.7(d) stellt eine Besonderheit dar. Durch die konzentrisch um die optische Achse angeordneten Elektroden wird eine Richtungsunabhängigkeit der Anregung erreicht. Werden die konzentrischen Elektroden in eine beliebige Richtung von der optischen Achse ausgelenkt, ändert sich die wirksame Plattenfläche und die Kapazität der einzelnen Wandlerkapazitäten sinkt.

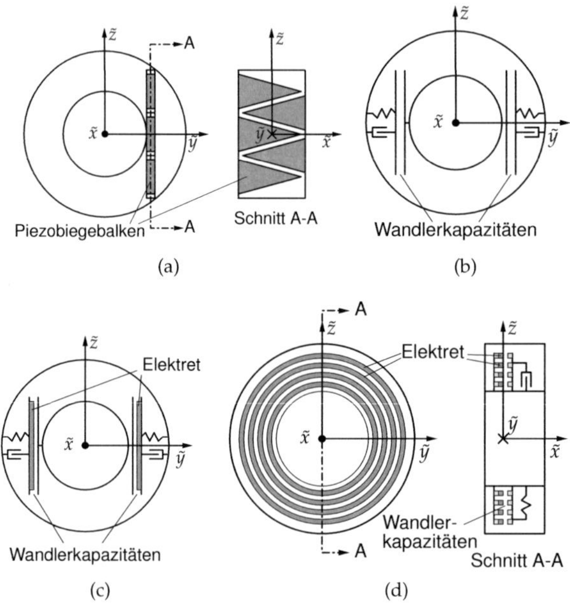

Abbildung 3.7.: Konzepte von elektromechanischen Wandlern zur Nutzung der Augenbewegung zur Energieversorgung des Künstlichen Akkommodationssystems [God10]

Bei der folgenden Simulation der Wandlerkonzepte werden die Wandler derart im System angeordnet, dass die geometrischen Anforderungen nicht verletzt, aber möglichst viele Teilwandler im System plaziert werden können. Die Wahl der Koordinatenbezeichnung orientiert sich am in [Kli08] definierten Standard für das Künstliche Akkommodationssystem als Rechtssystem mit der wandlerfesten $\tilde{x}$-Achse parallel zur x_{Auge}-Achse (optische Achse des Auges) und der $\tilde{z}$-Achse als Hoch- und Hauptrotationsachse des Wandlers bei Vergenzbewegung. Das Wandlerkoordinatensystem ist um 9 mm in positive x_{Auge}-Richtung gegen das augenfeste Koordinatensystem im Drehpunkt des Auges verschoben.

Aus der Forderung, dass die durch die Energiewandlung entstehende Dämpfung des Systems keine signifikante Auswirkung auf die Bewegung des Künstlichen Akkommodationssystems haben darf, wird definiert, dass die im Wandler auftretenden Rückstellkräfte aus der elektromechanischen Kopplung 1 % der Anregungskräfte nicht übersteigen dürfen. Daraus ergibt sich, dass die Kopplung zwischen mechanischem und elektrischem Teilsystem des Wandlers gering ist. Die mechanischen sowie elektrischen Teilsysteme können damit unabhängig voneinander und ohne Rückkopplung simuliert werden. Diese Annahme ist so lange zulässig, wie bei der Simulation auftretende Rückstellkräfte gegenüber der Anregungskraft klein sind, was bei jedem Simulationslauf gesondert nachgewiesen werden muss.

Der piezoelektrische Wandler wird nach [God10] als Euler-Bernoulli-Biegebalken mit variablem Flächenträgheitsmoment entlang seiner $\tilde{x}$-Achse modelliert. Die sich daraus ergebende partielle Differentialgleichung wird für jeden Zeitschritt der Anregung gelöst. Aus den berechneten Dehnungen werden über den Piezoeffekt die auf den Elektroden des Biegebalkens getrennten Ladungen berechnet, woraus sich die Ausgangsspannung des Wandlers ergibt. Durch Gleichrichtung werden die getrennten Ladungen in einen Pufferkondensator abgeleitet, woraus die Last versorgt wird. Über die gesamte Simulationszeit wird ein angepasster Lastwiderstand für den Wandler berechnet, an dem integral die maximale Leistung umgesetzt wird. Die maximal erzielbare Ausgangsleistung entspricht dem Ergebnis der Simulation.

Die mechanischen Eigenschaften der restlichen Wandlerkonzepte werden durch die Kopplung eines Feder-Dämpfersystems zwischen Implantatgehäuse und den sich aus dem Konzept ergebenden frei beweglichen Elektrodenstrukturen (Masse) abgebildet. Die elektrische Simulation des kapazitiven Wandlers erfolgt nach oben genanntem Ablauf. Die Kontakte zur Aufladung und Entladung der frei beweglichen Elektrode werden durch Federkontakte modelliert. Der kapazitive Wandler erfordert, wie bereits zuvor erwähnt, eine Versorgung mit Hilfsenergie zur Ladung der Kondensatorplatten. In der Simulation wird die Ladung über eine virtuelle Spannungsquelle realisiert, deren Ausgangsleistung der vom Wandler an die Last abgegeben Leistung subtrahiert wird. Beim Betrieb der Elektretwandler stellt sich eine durch Influenz hervorgerufene Oberflächenladungsverschiebung ein. Der Verschiebungsstrom im Wandler kann aus der Wandlergeometrie und den Eigenschaften des verwendeten Elektrets ermittelt werden. Eine Nutzung der Ausgangsspannung findet, wie beim Piezowandler, über einen Brückengleichrichter statt.

Definition der Anregung

Zur realitätsnahen und vergleichbaren Simulation der Wandlerkonzepte wird eine möglichst realistische mechanische Anregung des Künstlichen Akkommodationssystems benötigt. Entsprechende Daten liefern FEM-Simulationen aus [Bah08]. In dieser Arbeit wurde die gesamte Geometrie des Auges inklusive

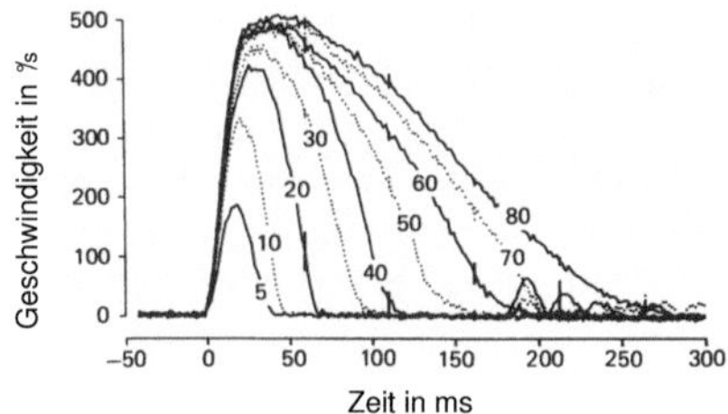

Abbildung 3.8.: Geschwindigkeitsverlauf unterschiedlicher Sakkaden zwischen 5° und 80° [CES88]. *(Nachdruck mit freundlicher Genehmigung von John Wiley & Sons. Weiterverwendung dieser Abbildung nur nach schriftlicher Genehmigung von John Wiley & Sons gestattet. / Reprinted with kind permission of John Wiley & Sons. Anyone wishing to reuse this figure in any way must obtain written permission from John Wiley & Sons.)*

der viskoelastischen Eigenschaften des Glaskörpers, der Sklera und der Cornea sowie der Zonulafasern modelliert. Dabei wurde anstelle der menschlichen Linse in das Modell das Künstliche Akkommodationssystem eingefügt und der Bewegungsverlauf des Künstlichen Akkommodationssystems für verschiedene Sakkadenwinkel berechnet. Die Eingabedaten für das FEM-Modell wurden [CES88] entnommen und sind in Abbildung 3.8 dargestellt.

Bei der Berechnung der Wandlermodelle erweist sich die Forderung nach einer Unabhängigkeit zwischen mechanischem und elektrischem Teilsystem als vorteilhaft, da sich eine kombinierte Simulation aus FEM-Modell und Wandlermodell als sehr komplex darstellt. Unter den gegebenen Voraussetzungen ist eine getrennte Simulation der Bewegung des Implantats unabhängig von dessen Inhalt zulässig. Die aus dem FEM-Modell aus [Bah08] erhaltenen Anregungen des Implantats werden zu einer Folge von Sakkaden kombiniert und bilden die Standardanregung für die Simulation der konzipierten Energiewandler.

Ergebnisse

Die Ergebnisse aller Simulationen sind in Tabelle 3.3 zusammengefasst. Die in Tabelle 3.3 dargestellten Werte sind im Einzelnen das vom Wandler eingenommene Volumen V, die mittlere Ausgangsleistung $\overline{P_a}$, die beim kapazitiven Wandler benötigte Versorgungsleistung $\overline{P_V}$, die aus $\overline{P_a}$ und V berechnete Leistungsdichte ρ_P, die durch die Sakkadenanregung auf den Wandler wirkende, maximale Anregungskraft F_a bzw. Anregungsdehnung ε_{an} sowie die aus der Rückwirkung des elektrischen Modells auf das mechanische Modell entstehende Rückstellkraft F_r bzw. durch den Sekundäreffekt im Piezo entstehende Rückstelldehnung ε_{sek}.

Trotz der Wahl realistischer Generatorabmessungen und Materialien bei der Simulation, handelt es sich bei der Volumenangabe um eine idealisierte An-

	Elektret d variabel	Elektret A variabel	Piezoelektrisch	Kapazitiv
V in mm^3	78,3	105,7	101,3	95,9
$\overline{P_a}$ in W	$1{,}7 \cdot 10^{-6}$	$8{,}2 \cdot 10^{-10}$	$3{,}9 \cdot 10^{-9}$	$4{,}8 \cdot 10^{-8}$
$\overline{P_V}$ in W	–	–	–	$4{,}0 \cdot 10^{-10}$
ρ_P in W/cm^3	$2{,}1 \cdot 10^{-5}$	$7{,}7 \cdot 10^{-9}$	$3{,}8 \cdot 10^{-8}$	$5{,}8 \cdot 10^{-7}$
F_a in N	$3{,}7 \cdot 10^{-4}$	$1{,}2 \cdot 10^{-3}$	–	$1{,}1 \cdot 10^{-3}$
F_r in N	$1{,}1 \cdot 10^{-6}$	$1{,}9 \cdot 10^{-13}$	–	$1{,}1 \cdot 10^{-5}$
ε_{an}	–	–	$9{,}3 \cdot 10^{-5}$	–
ε_{sek}	–	–	$8{,}7 \cdot 10^{-10}$	–

Tabelle 3.3.: Ergebnisse der Simulation unterschiedlicher elektromechanischer Schwingungswandler unter Sakkadenanregung im Künstlichen Akkommodationssystem. Dargestellt sind das Generatorvolumen, die auftretenden Leistungen sowie die während der Simulation auftretenden Anregungen und Rückwirkungen des Wandlers.

gabe, welche lediglich das von den Wandlern umschlossene Volumen, nicht aber die zur Konstruktion der Wandler benötigten Lagerungen, Stützstrukturen oder ähnliche Peripherie mit einschließen. Auch elektronische Komponenten zur Aufbereitung der Wandlerausgangsspannungen bzw. zur Ansteuerung des kapazitiven Wandlers wurden bei der Volumenberechnung nicht berücksichtigt. Die aus der idealisierten Volumenangabe berechnete Energiedichte stellt daher ebenfalls eine idealisierte Angabe dar. Bei Umsetzung der Wandler im Künstlichen Akkommodationssystem muss daher mit einer weiteren Reduktion der Energiedichte gerechnet werden. Die Ausgangsleistung der Wandler ist sehr stark von der Geometrie der Wandler abhängig. Bei der Simulation wurde Wert auf die Produzierbarkeit [SWT$^+$09, Mad01] gelegt. Nicht berücksichtigt ist jedoch die Ausarbeitung von Lagerungen und Federungen, welche wesentliche Bestandteile sind, um die Wandler zu produzieren.

Die vorliegenden Untersuchungen stellen die erste realistische Abschätzung der integral erzielbaren elektrischen Leistung durch mechanisches EH (Energy-Harvesting) im Auge dar. Dabei wurde gezeigt, dass Energiedichten von ca. $1 \cdot 10^{-9}$ bis ca. $1 \cdot 10^{-6}$ durch mechanisches EH erzielbar sind. Die größte mittlere Ausgangsleistung ist nach Tabelle 3.3 von Elektretwandlern mit variablem Plattenabstand zu erwarten. Elektretwandler mit variabler wirksamer Plattenfläche weisen eine niedrigere Leistungsdichte auf. Zurückzuführen ist der Unterschied auf die Geometrie des flächenvariablen Elektretwandlers, wobei nach Auslenkung ein Teil der konzentrischen Kondensatorplatten weiterhin überlappt und damit die Kapazität nicht so weit wie beim abstandsvariablen Wandler reduziert werden kann.

Der kapazitive Wandler hat gegenüber den anderen Wandlerprinzipien mit der erforderlichen Versorgungsspannung den wesentlichen Nachteil, bei vollständig entladenem System, keine Anlaufmöglichkeit zu bieten. Des Weiteren ist die Leistungsausbeute durch die Begrenzung der zulässigen Rückstellkraft ebenfalls stark begrenzt. Theoretisch kann die Leistungsausbeute durch Verringerung des minimalen Plattenabstands erhöht werden, was jedoch zu einer starken Dämpfung der mechanischen Bewegung des Auges führt, woraufhin das beschriebene Modell an Gültigkeit verliert. Außerdem sind die Auswirkungen einer derart hohen Belastung auf die Zonulafasern in der Literatur nicht bekannt. Daher wird von einer weiteren Steigerung der Leistungsfähigkeit des Wandlers abgesehen, da die Optimierung unter Umständen zu einer Schädigung des Körpergewebes führt.

Bei der Simulation zeigt sich, dass Piezowandler unter nicht resonanter Anregung und Anregung mit sehr kleinen Kräften, hervorgerufen durch die Augenbewegung, ebenfalls eine sehr niedrige mittlere Ausgangsleistung aufweisen. Die niedrige Leistungsausbeute kann im Wesentlichen auf die hohe Steifigkeit der Biegebalken und deren geringe Masse sowie das nicht Vorhandensein einer Schwungmasse an deren Ende zurückgeführt werden. Außerdem stellt die optimierte Balkengeometrie des Piezowandlers bei einer Realisierung erhebliche Anforderungen an die Produktionstechnologie.

Zusammenfassend kann festgehalten werden, dass durch mechanisches Energy-Harvesting eine maximale Leistung von 1,7 µW bei Verwendung eines abstandsvariablen Elektretwandlers zu erwarten ist. Hierbei wird keine externe Hilfsenergie benötigt, was einen Anlauf des Generators bei vollständig entladenem System gewährleistet.

3.2.2.2. Chemische Wandlung

Nach Abbildung 2.2 ist die direkte Wandlung chemischer Bindungsenergie in elektrische Energie mittels Brennstoffzellen möglich. Zur Nutzung der in der Glukose des Kammerwassers gespeicherten Energie werden spezielle Biobrennstoffzellen benötigt. Glukosebrennstoffzellen basieren auf dem Prozess der schrittweisen Oxidation von Glukose. Für die vollständige Oxidation eines Glukosemoleküls kann folgende Reaktionsgleichung angegeben werden:

$$C_6H_{12}O_6 + 6\,O_2 \longrightarrow 6\,CO_2 + 6\,H_2O \tag{3.11}$$

Während der Reaktion werden insgesamt 24 Elektronen umgelagert, welche theoretisch in einer Brennstoffzelle genutzt werden können. Ein Maß für die Leistungsfähigkeit einer Biobrennstoffzelle ist demnach die Anzahl gewonnener Elektronen je Glukosemolekül.

Zur Realisierung einer Biobrennstoffzelle existieren zwei unterschiedliche Ansätze. Abiotische Brennstoffzellen wurden bereits in den 1960er Jahren entwickelt [KSDZ07]. Die Umwandlungsreaktion zur Nutzung der chemischen, im Stoff gebundenen, Energie wird durch einen anorganischen Katalysator, wie beispielsweise Platin, ermöglicht. Die Lebensdauer abiotischer Brennstoffzellen ist theoretisch unbegrenzt. Durch Ablagerungen auf den Elektrodenoberflächen und dem daraus resultierenden, erhöhten Diffusionswiderstand verringert sich die Leistung mit der Zeit. Bereits im Jahr 1976 konnte eine Lebensdauer einer abiotischen Biobrennstoffzelle von 150 Tagen in vivo nachgewiesen werden [WRS$^+$76]. Lebensdauern von über 2 Jahren sind bei entsprechender Kapselung der Brennstoffzelle denkbar. Abiotische Brennstoffzellen weisen unter physiologischen Bedingungen und Sauerstoffüberschuss eine Leistungsdichte von $4\,\mu W/cm^2$[WRS$^+$76] bis $11{,}3\,\mu W/cm^2$[KSDZ07] auf. Die Elektroneneffizienz beträgt bei abiotisch katalysierten Brennstoffzellen $8{,}33\,\%$ bis $16{,}7\,\%$.

Die zweite Gruppe von Glukosebrennstoffzellen bilden biologisch katalysierte Biobrennstoffzellen, in denen Enzyme als Katalysator eingesetzt werden. Hier können wiederum zwei grundsätzliche Konzepte für biologisch katalysierte Brennstoffzellen unterschieden werden. Biologisch katalysierte Brennstoffzellen können in mikrobielle Konzepte, die einen ganzen, lebenden Organismus zur Katalyse nutzen und rein enzymatische Konzepte, bei denen das Enzym direkt in die Brennstoffzelle eingebracht wird, unterteilt werden [BALW06].

Mikrobielle Brennstoffzellen weisen durch die selbständige Regeneration der Mikroorganismen theoretisch eine sehr hohe Lebensdauer auf. Das Einsatzgebiet mikrobieller Brennstoffzellen wird durch die verwendeten Mikroorganismen und deren Lebensbedingungen beschränkt. Um eine hohe Lebensdauer zu ermöglichen, müssen ideale Bedingungen für die Mikroorganismen geschaffen werden, was nicht bei jeder Anwendung möglich ist. Neben der hohen Lebensdauer durch Selbstregeneration zeigen bereits realisierte mikrobielle Biobrennstoffzellen eine hohe Elektroneneffizienz von bis zu $83\,\%$. Erreichbare Leistungsdichten liegen zwischen $3{,}2\,\mu W/cm^2$ und $4000\,\mu W/cm^2$ [BALW06].

Enzymatische Glukosebrennstoffzellen haben ein breiteres Einsatzgebiet als mikrobielle Brennstoffzellen. Die Elektroneneffizienz enzymatischer Brennstoffzellen ist allerdings mit $8{,}33\,\%$ sehr niedrig, außerdem weisen sie durch die Haltbarkeit der Enzyme sowie deren Bindung an die Elektroden eine begrenzte Lebensdauer auf. Werden die Enzyme passiviert oder lösen sie sich vom Elektrodenmaterial, reduziert sich die Leistungsdichte der Zelle entsprechend. Die Lebensdauer bereits realisierter enzymatischer Brennstoffzellen beschränkt sich derzeit auf wenige Stunden bis Tage. Ihre Leistungsdichte liegt bei $0{,}15\,\mu W/cm^2$ bis $5{,}4\,mW/cm^2$ [BALW06].

Zur Verfügung stehende Energie

Alle obigen Angaben der Leistungsfähigkeit von Glukosebrennstoffzellen basieren auf Messungen mit physiologischen Konzentrationen von Glukose in einem

Puffer mit physiologischem pH-Wert von ca. 7,4. Bei allen Messungen wurde unter Sauerstoffüberschuss eine Sauerstoffsättigung des Mediums eingestellt.

Das Blut sowie das Kammerwasser weisen eine Glukosekonzentration von $5,77 \pm 0,17\,\mathrm{mmol/l}$ auf. Die Glukosekonzentration im Glaskörper beträgt mit $3,22 \pm 0,12\,\mathrm{mmol/l}$ nur ca. 60 % davon. Im Blut liegt bei normaler physiologischer Sauerstoffsättigung (Sa_{O_2}) nach Kelman [KNPRG67] von $Sa_{O_2} = 98\,\%$ der Sauerstoffpartialdruck p_{O_2} bei 89 mmHg [SFG$^+$06]. Die entsprechende Sauerstoffkonzentration C_{O_2} ergibt sich damit zu:

$$C_{O_2} = C_{Hb} \cdot Sa_{O_2} \cdot H + p_{O_2} \cdot k_{HO2B} \tag{3.12}$$

Mit einer Konzentration von Hämoglobin im Blut von $C_{Hb} = 2{,}48 \cdot 10^{-3}\,\mathrm{mol/dl}$, dem Hüfner-Faktor unter Normalbedingung von $H = 1{,}39\,\mathrm{ml/g}$ [BU02], dem oben genannten Sauerstoffpartialdruck p_{O_2} und der physikalischen Löslichkeit von Sauerstoff im Blut von $k_{HO2B} = 0{,}003\,\mathrm{ml/dl \cdot mmHg}$ ergibt sich daraus eine Sauerstoffmenge von 207 ml/l im arteriellen Blut. Wird Sauerstoff als ideales Gas betrachtet, ergibt sich bei 35 °C und dem im arteriellen Blut vorherrschenden Partialdruck von Sauerstoff von $p_{O_2} = 89\,\mathrm{mmHg}$ für 207 ml Sauerstoff pro Liter Blut eine Sauerstoffkonzentration von $C_{O_2} = 9{,}59 \cdot 10^{-4}\,\mathrm{mol/l}$.

Zur vollständigen Umsetzung eines Mols Glukose werden 6 mol Sauerstoff benötigt. Aus der, verglichen mit der Glukosekonzentration, um den Faktor 6 geringeren Konzentration an Sauerstoff im Blut lässt sich schließen, dass der verfügbare Sauerstoff, den für die Leistungsfähigkeit einer Glukosebrennstoffzelle begrenzenden Faktor darstellt. Es kann lediglich jedes sechste Glukosemolekül einfach oxidiert werden. Die daraus resultierende Reaktionsgleichung lautet demnach [SKL$^+$06]:

$$C_6H_{12}O_6 + \frac{1}{2}O_2 \longrightarrow C_6H_{12}O_7 \tag{3.13}$$

Dabei entsteht im Wesentlichen Glukonsäure, welche durch den Puffer des Bluts bzw. im Auge durch den Puffer des Kammerwassers aufgenommen und über das Blut abtransportiert wird.

Im Folgenden wird davon ausgegangen, dass zu jedem Zeitpunkt ausreichend Glukose für die Reaktion zur Verfügung steht. Die verfügbare Sauerstoffmenge muss abgeschätzt werden.

Erzielbare elektrische Leistung

Zur Abschätzung des am Implantat verfügbaren Sauerstoffs wird angenommen, dass

- die Geometrie des Auges als Kugel mit einem Radius von $r_{Auge} = 12{,}25\,\mathrm{mm}$ angenähert werden kann,
- die Sauerstoffkonzentration an der Oberfläche des Auges homogen ist und der Sauerstoffkonzentration im Blut entspricht,

- die Diffusion von Sauerstoff ins Auge nicht von Gewebemembranen behindert wird und wie in Wasser verläuft,
- die Oberfläche des Künstlichen Akkommodationssystems bis auf die kreisförmigen Flächen des optischen Bereichs von der Brennstoffzelle genutzt wird,
- die Brennstoffzelle die Form einer Kugel hat, deren Oberfläche der o.g. Außenfläche des Ringbauraums des Implantats entspricht und den daraus resultierenden Radius r_{Wandler} aufweist,
- und in der Mitte des Auges positioniert ist.

Aus dem Fickschen-Diffusionsgesetz [Sch05]

$$J = -D_{O_2,H_2O}\frac{\partial C(x)}{\partial x} \tag{3.14}$$

mit dem Diffusionskoeffizienten für Sauerstoff in Wasser $D_{O_2,H_2O} = 2,19 \cdot 10^{-8}\,\text{m}^2/\text{s}$ und der ortsabhängigen Stoffkonzentration über die Diffusionsrichtung x $C(x)$ ergibt sich die resultierende Teilchenstromdichte J. Unter der Annahme, dass der Teilchenstrom $\dot{m}$ durch die Oberfläche jeder in das Auge konzentrisch einbeschreibbaren Kugel gleich ist, ergibt sich aus Gleichung (3.14) nach Zwischenrechnung der Sauerstoffteilchenstrom $\dot{m}$

$$\dot{m} = n(r_{\text{Auge}}) \cdot 4\pi D_{O_2,H_2O}\frac{r_{\text{Auge}} \cdot r_{\text{Wandler}}}{r_{\text{Auge}} - r_{\text{Wandler}}} \tag{3.15}$$

zu $\dot{m} = -1,81 \cdot 10^{-9}\,\text{mol}/\text{s}$.

Die bei Ablauf nach Gleichung (3.13) pro mol O_2 freigewordene Energie ΔH_R^0 berechnet sich aus der Differenz der Standardbildungsenthalpien der an der Reaktion beteiligten Edukte und Produkte ΔH_f^0 zu

$$\Delta H_R^0 = \sum_{\text{Produkte}} \Delta H_f^0 - \sum_{\text{Edukte}} \Delta H_f^0 \tag{3.16}$$

Mit einer Standardbildungsenthalpie von D-Glukose von $\Delta H_f^0 = -1125,0\,\text{kJ}/\text{mol}$ [CCS92] und einer Standardbildungsenthalpie von D-Glukonsäure von $\Delta H_f^0 = -1300,8\,\text{kJ}/\text{mol}$ ergibt sich eine Reaktionsenthalpie von $\Delta H_R^0 = -351,6\,\text{kJ}/\text{mol}\ O_2$. Zusammen mit der oben berechneten Sauerstoffdiffusionsrate ergibt sich eine theoretische Leistung einer Glukosebrennstoffzelle im Künstlichen Akkommodationssystem von $640\,\mu\text{W}$.

Eine Glukosebrennstoffzelle stellt damit im Vergleich zu den bereits beschriebenen elektromechanischen Wandlern eine vielversprechende Möglichkeit mit weit höherer Ausgangsleistung dar. Begrenzend ist jedoch die sehr kurze kalendarische Lebensdauer, welche weit unter den geforderten 30 Jahren liegt.

3.2.2.3. Thermische Wandler

Wie bereits in Abschnitt 2.3.4 erwähnt, besteht die Möglichkeit, die über dem Implantat vorherrschende Temperaturdifferenz zur Energieversorgung des Systems zu nutzen [NSG$^+$10]. In der folgenden Untersuchung wird der Temperaturgradient über dem Künstlichen Akkommodationssystem ermittelt und unter Berücksichtigung der Eigenschaften aktueller Thermogeneratoren die erzielbare elektrische Ausgangsleistung abgeschätzt. Dabei wird angenommen, dass der gesamte Wärmestrom durch das äußere Ringvolumen auch durch den Thermogenerator geleitet werden kann.

Temperaturgradient über dem Künstlichen Akkommodationssystem

Der über dem Implantat vorherrschende Temperaturgradient kann aus der Temperaturverteilung entlang der optischen Achse des menschlichen Auges ermittelt werden. In den letzten Jahrzehnten wurde mehrere numerische Simulationen der Temperaturverteilung im Auge durchgeführt [Sco88, Lag82, Ama95, OAN07, ON08]. Der nächste Abschnitt gibt einen kurzen Überblick über die Bemühungen, ein exaktes Temperaturprofil zu berechnen. Die Simulationsergebnisse werden zusammenfassend dargestellt und mit Messungen aus in vivo Experimenten mit Kaninchen [SF62] verglichen.

Numerische Simulation von Temperaturprofilen

Scott stellte erstmals 1988 ein zweidimensionales Modell der Temperaturverteilung im Auge vor [Sco88]. Das Modell basiert auf einer kugelförmigen Geometrie des Auges, welche in sechs homogene Regionen entsprechend Cornea, Kammerwasser, Iris, Ziliarkörper, Linse und Glaskörper unterteilt ist. Das Modell enthielt bereits die Auswirkungen der Verdunstung der Tränenflüssigkeit auf der Cornea und die Wärmeübertragungskoeffizienten zwischen den verschiedenen Bereichen. Die Gewebeeigenschaften des Modells wurden von Lagendijk [Lag82] übernommen, der die Daten aus Kaninchenexperimenten ableitete.

Amara erweiterte das Modell von Scott um den Einfluss der durchbluteten Retina [Ama95]. Dabei wurde angenommen, dass die Temperatur der Cornea durch das Blut stabilisiert wird.

Im Jahr 2007 präsentierten Ooi et al. ein weiteres numerisches Modell der Temperaturverteilung im menschlichen Auge [OAN07]. Das simulierte Auge hat eine Länge von 25 mm entlang der optischen Achse. Hier wurde eine Bluttemperatur von 37 °C angenommen. Abgesehen von den veränderten Randbedingungen unterscheidet sich das Modell von Ooi et al. nahezu nicht von Amaras Modell.

Zwei Jahre später stellten Ooi et al. ein neues Modell vor, das die Einflüsse der Kammerwasserströmung berücksichtigt [ON08]. Verglichen mit dem vorhergehenden Modell ist der Wärmetransport durch das Kammerwasser höher, was zu einer leicht erhöhten Korneatemperatur führt. Die Modelle weisen keine Differenz im Bereich der Linse auf.

Die vorgestellten Modelle dienen hauptsächlich der Vorhersage der thermischen Erwärmung des Auges bei Absorption von Energie im Auge. Die meisten Studien enthalten zur Verifikation des Modells Daten von Augen ohne Energieeinkopplung. Diese Daten werden im Folgenden zur Extraktion des Temperaturgradienten über dem Künstlichen Akkommodationssystem verwendet. Keines der bisher vorgestellten Modelle berücksichtigt den Einfluss des Lidschlusses oder der Blutzirkulation im Ziliarkörper.

Daten aus in vivo Experimenten mit Kaninchen

Schwartz und Feller [SF62] beschreiben Experimente zur Temperaturmessung in Kaninchenaugen. Sie ermittelten die Temperaturverteilung entlang der optischen Achse des Auges eines narkotisierten Kaninchens mittels Thermoelementen. Verglichen mit den für die numerischen Simulationen genutzten Modellen der menschlichen Augen ist das Kaninchenauge kleiner. Neben der Größe unterscheidet sich auch die Körpertemperatur des Kaninchens von der eines Menschen. Im Experiment lag die Körperkerntemperatur des Kaninchens bei 39.13 °C.

Um eine Vergleichbarkeit zwischen den Messungen im Kaninchen und den numerischen Simulationen menschlicher Augen zu erreichen, wurden die Daten aus dem Kaninchenexperiment linear auf die Geometrie und Körpertemperatur des Menschen skaliert. Nach [Lag82], sind die Gewebeeigenschaften von menschlichen und Kaninchenaugen gleich. Die thermischen Leitfähigkeiten und Wärmekapazitäten des Kammerwassers und Glaskörpers sind aufgrund des hohen Wassergehalts vergleichbar. Die Wärmeleitfähigkeiten der Retina, des Glaskörpers und der Cornea sind ebenfalls vergleichbar [Lag82]. Lagendijk stellt in [Lag82] außerdem fest, dass die unterschiedliche Wärmeleitfähigkeit der Linsen des menschlichen und des Kaninchenauges vernachlässigbar ist, da die Linse, gegenüber dem Auge, geometrisch klein ist. Hierdurch wird die lineare Skalierung der Messungen in Kaninchenaugen auf die Randbedingungen im menschlichen Auge zulässig. Außerdem wird die Annahme ermöglicht, dass ein thermoelektrischer Generator im Künstlichen Akkommodationssystem mit einer von der Linse abweichenden Wärmeleitfähigkeit den Temperaturgradienten ebenfalls nicht beeinflusst, so lange die Wärmeleitfähigkeit des Generators in der gleichen Größenordnung liegt wie die des menschlichen Linsengewebes.

Vergleich numerischer Simulationen mit Kaninchenexperimenten

Die Arbeiten von Scott, Amara, sowie Ooi et al. sind erstmals gemeinsam in Abbildung 3.9 dargestellt. Die Daten aus den Kaninchenexperimenten von Schwartz und Feller wurden, aus Gründen der Vergleichbarkeit wie oben beschrieben, skaliert und den Daten aus den numerischen Simulationen überlagert. Die Vorderkammerhydrodynamik (VH) (Vorderkammerhydrodynamik) bezeichnet die

Einflüsse der Fluidbewegung in der Vorderkammer auf den Temperaturgradienten.

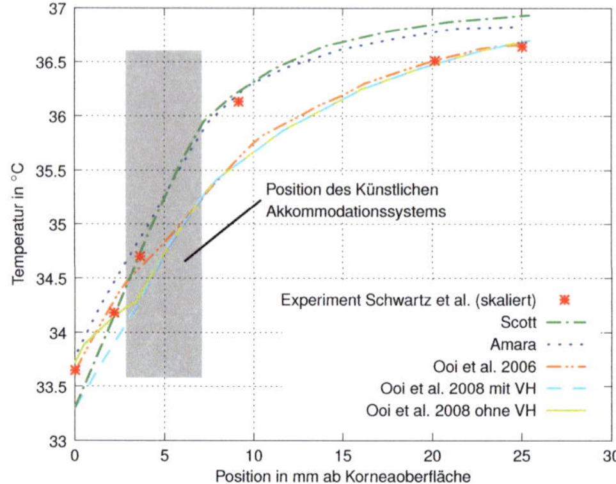

Abbildung 3.9.: Berechnete Temperaturprofile von Scott [Sco88], Amara [Ama95], Ooi et al. [OAN07, ON08] mit und ohne Einfluss der Kammerwasserhydrodynamik und skalierte Messungen der Kaninchenexperimente von Schwartz et al. [SF62].

Der Vergleich in Abbildung 3.9 zeigt eine große Übereinstimmung zwischen Simulation und Messung. Lediglich kleine Abweichungen sind erkennbar, die auf die unterschiedlichen, für die Simulation angenommenen Randbedingungen zurückzuführen sind. Die skalierten Kaninchendaten weisen zwischen Cornea und vorderer Linsenfläche einen etwas höheren Temperaturgradienten auf, was aus der in der Simulation nicht berücksichtigten Blutzirkulation im Ziliarkörper resultieren kann.

Im Folgenden werden die Ergebnisse aller vorgestellten Studien benutzt, um die Temperaturdifferenz zwischen der Vorder- und der Rückseite des Künstlichen Akkommodationssystems zu berechnen, was der Differenz der Temperaturen zwischen 3,1 mm und 7,1 mm hinter dem Hornhautscheitel entspricht.

Abschätzung des Wärmestroms durch den thermoelektrischen Generator im Künstlichen Akkommodationssystem

Für die thermoelektrische Energieversorgung ist es entscheidend, dass ein größtmöglicher Teil des Wärmestroms durch das Künstliche Akkommodationssystem, genauer durch den thermoelektrischen Generator geleitet wird. Um den Wärmestrom durch den Generator abzuschätzen, wird angenommen, dass der gesamte Wärmestrom durch den Außenring des Implantats durch den Thermogenerator geleitet wird. Die vom Wärmestrom durchsetzte Fläche ist damit ca. $A_{\text{te}} = 60\,\text{mm}^2$.

In der Tabelle 3.4 sind die aus den Temperaturprofilen abgeleiteten Temperaturdifferenzen über dem Künstlichen Akkommodationssystem dargestellt. Hierbei wurde angenommen, dass sich das Implantat im Kapselsack mit einem Abstand der Vorderseite des Implantats von 3,1 mm zum Corneaepithel befindet. Abhängig von den jeweiligen Modellen kann über dem Künstlichen Akkommodationssystem eine Temperaturdifferenz von minimal 0,72 K und maximal 1,39 K erwartet werden.

Referenz	Temperaturdifferenz K
Scott [Sco88]	1,39
Amara [Ama95]	1,12
Ooi et al. [OAN07]	0,72
Ooi et al. ohne VH [ON08]	1,10
Ooi et al. mit VH [ON08]	1,00
Schwartz et al. (skaliert) [SF62]	1,08

Tabelle 3.4.: Aus den Temperaturprofilen extrahierte Temperaturdifferenzen über dem Künstlichen Akkommodationssystems bei Implantation in den Kapselsack, bei Lage der Implantatvorderseite 3,1 mm hinter dem Corneaepithel. Die VH (Vorderkammerhydrodynamik) bezeichnet die Einflüsse der Fluidbewegung in der Vorderkammer auf den Temperaturgradienten.

Ergebnisse

Um die mittels Thermogeneratoren erzielbare elektrische Leistung zu ermitteln wird zunächst die Wärmeleistung durch den Generator nach Gleichung (A.1) berechnet. Der Wärmestrom ist lediglich von der Temperaturdifferenz über dem Generator abhängig, sofern der Temperaturgradient im Auge durch die Blutzirkulation aufrecht erhalten wird. In der Tabelle 3.5 sind die Wärmeleistungen unter Verwendung der in Anhang A.1.6 identifizierten Thermomaterialien aus [HTWL02] mit einem Gütekriterium für Thermomaterialien $ZT = 1,6$ und der Wärmeleitfähigkeit $\lambda = 0,58 \, \text{W/m·K}$ dargestellt.

Mit dem Zusammenhang aus Formel (A.22) kann die maximale Effizienz η_{max} eines realen Thermogenerators ermittelt werden, die unter optimaler Anpassung der Last erreicht wird. Da bereits miniaturisierte DC/DC-Wandler zur Impedanzanpassung verfügbar sind [SPR07], wird angenommen, dass die Last zu jeder Zeit optimal an den Generator angepasst ist. Die nutzbare Ausgangsleistung des Generators ist ebenfalls in Tabelle 3.5 dargestellt.

Um das Potential zukünftiger Thermomaterialien mit $ZT \gg 1$ abschätzen zu können, ist in Tabelle 3.5 ebenfalls die Carnot-Effizienz dargestellt. Abhängig von der Temperaturverteilung im Auge liegt der resultierende Wärmefluss durch den Generator zwischen 7.46 mW und 13.18 mW. Die daraus resultierende elektrische Ausgangsleistung liegt zwischen 4.96 µW und 15.4 µW.

| Quelle | Thermoelektrischer Generator aus [HTWL02] $\lambda = 0{,}58\,\mathrm{W/m \cdot K}$ und $ZT = 1{,}6$ | | | | |
	$\dot{Q}$ in mW	η_{te}	P_{el} in µW	η_{c}	P_{c} in µW
Scott [Sco88]	13,18	$1{,}17 \cdot 10^{-3}$	15,4	$5{,}00 \cdot 10^{-3}$	65,9
Amara [Ama95]	10,88	$9{,}68 \cdot 10^{-4}$	10,5	$4{,}12 \cdot 10^{-3}$	44,9
Ooi et al. [OAN07]	7,46	$6{,}65 \cdot 10^{-4}$	4,96	$2{,}83 \cdot 10^{-3}$	21,2
Ooi et al. mit KW [ON08]	10,65	$9{,}50 \cdot 10^{-4}$	10,1	$4{,}04 \cdot 10^{-3}$	43,1
Ooi et al. ohne KW [ON08]	9,81	$8{,}74 \cdot 10^{-4}$	8,58	$3{,}72 \cdot 10^{-3}$	36,5
Schwartz et al. [SF62] (skaliert)	10,54	$9{,}39 \cdot 10^{-4}$	9,90	$4{,}00 \cdot 10^{-3}$	42,1

Tabelle 3.5.: Wärmestrom $\dot{Q}$ durch den Thermogenerator, unter optimaler Lastanpassung real erzielbare Effizienz η_{te}, resultierende elektrische Ausgangsleistung P_{el}, Carnot-Effizienz η_{c} und maximale elektrische Ausgangsleistung bei Carnot-Effizienz P_{c} bei gegebenen Temperaturgradienten.

Verglichen mit den bereits behandelten elektromechanischen Wandlern ist die Ausgangsleistung eines Thermogenerators, bei wesentlich besserer Integrierbarkeit, relativ hoch. Die Ausgangsleistung von Biobrennstoffzellen kann mit thermoelektrischen Generatoren im Künstlichen Akkommodationssystem nicht erreicht werden, dafür ist die Lebensdauer eines Thermogenerators nahezu unbegrenzt.

3.2.2.4. Photovoltaik

Im Wachzustand ist im Normalfall elektromagnetische Energie in Form von Licht im Auge vorhanden. Es ist daher naheliegend, das in das Auge einfallende Licht für den Betrieb des Künstlichen Akkommodationssystems zu nutzen, was im Folgenden untersucht wird. Die lichttechnischen Grundlagen zu den folgenden Berechnungen befinden sich in Anhang A.2.

Zunächst wird eine Aussage über den in das Auge einfallenden Lichtstrom benötigt. Er ist abhängig von der vorherrschenden Umfeldleuchtdichte L und dem sich einstellenden Pupillendurchmesser. Für den näherungsweisen Pupillendurchmesser d_{P} kann nach [GG52] folgender Zusammenhang angegeben werden:

$$\log d_{\mathrm{P}} = 0{,}8558 - 0{,}000401 (\log(3{,}1831 \cdot L) + 8{,}1)^3 \qquad (3.17)$$

Dabei ist d_{P} der Pupillendurchmesser in mm und L die Umgebungsleuchtdichte in $\mathrm{cd/m^2}$.

Der Wirkungsgrad von Solarzellen im sichtbaren sonnenähnlichen Spektrum [DIN95] liegt zum Zeitpunkt der Erstellung der vorliegenden Arbeit bei maximal $\eta_s = 19\,\%$ [RKN05]. Bei monochromatischem Licht können Effizienzen von bis zu $45\,\%$ [SHLW99] erreicht werden. Die folgende Abschätzung findet jedoch mit einer Zelleneffizienz von $19\,\%$, bei sonnenähnlichem Spektrum statt.

Maximumabschätzung

Für die Maximumabschätzung wird angenommen, dass bei voller Sonneneinstrahlung in die Sonne geblickt wird. Das in die Pupille fallende Licht entspricht im Sommer in Europa einem AM1.5 Spektrum mit einer Bestrahlungsstärke von $1000\,\mathrm{W/m^2}$ [DIN95]. Die Iris ist dabei kontrahiert, helladaptiert und hat einen minimalen Durchmesser von $d_P = 2\,\mathrm{mm}$ [GG52]. Daraus resultiert eine Fläche von $A_P = 3{,}14\,\mathrm{mm^2}$ und somit eine maximal eingestrahlte Lichtleistung von $P_{opt} = 3{,}14\,\mathrm{mW}$. Unter Berücksichtigung des Wirkungsgrads einer Solarzelle für das Sonnenspektrum ergibt sich unter Annahme eines Wirkungsgrads von $\eta_s = 19\,\%$ eine maximale elektrische Leistung von $P_{el} = 0{,}59\,\mathrm{mW}$.

Abschätzung der effektiv erreichbaren elektrischen Leistung

Die vorherige Abschätzung impliziert die Abdeckung des gesamten Strahlengangs durch eine Solarzelle, was nicht mit der Funktion des Künstlichen Akkommodationssystems vereinbar ist.

In [KSG$^+$07] wurde gezeigt, dass für einen Pupillensensor eine Abdeckung des transparenten Bereichs der Iris bis zu einer Sensorbreite von $500\,\mathrm{\mu m}$ in der Mitte des Strahlengangs mit einer tolerierbaren Transmissionsreduktion sowie eines ebenfalls tolerierbaren, astigmatismusähnlichen Abbildungsfehlers einhergeht. Wird angenommen, dass eine photovoltaische Zelle mit gleicher Breite wie die Sensorzeile im Strahlengang angeordnet wird, ergeben sich in Abhängigkeit der Umgebungsleuchtdichte und den sich einstellenden Irisdurchmessern die in Tabelle 3.6 dargestellten Leistungen für die Nutzung von Umgebungslicht zur Energieversorgung.

Wie zu erwarten, ist bei einem direkten Blick in die Sonne nach Tabelle 3.6 die höchste elektrische Leistung von ca. $300\,\mathrm{\mu W}$ zu erwarten. Eine wesentlich realistischere Situation stellt jedoch der Aufenthalt im Freien an einem hellen Sommertag dar, wo die Zelle noch eine relativ hohe elektrische Leistung von ca. $50\,\mathrm{\mu W}$ liefert. Bei normaler Zimmerbeleuchtung sinkt die Ausgangsleistung bereits auf $0{,}6\,\mathrm{\mu W}$ ab. Bei Straßenbeleuchtung und darunter ist die Ausgangsleistung der Zelle für das Künstliche Akkommodationssystem nicht mehr relevant. Das Solar-Energy-Harvesting ist damit beim Aufenthalt im Freien mit der thermoelektrischen Energieversorgung vergleichbar, in Gebäuden sinkt die Ausgangsleistung schnell sehr stark ab.

Zukünftige Solarzellen können durch Beschichtungen, welche die Nutzung des gesamten Spektrums ermöglichen [Pre02], ähnliche Wirkungsgrade wie bei

	L in $\mathrm{cd/m^2}$	A_P in $\mathrm{mm^2}$	ϕ_L in lm	P_el in W
Blick in die Sonne	$1{,}09 \cdot 10^{+05}$	3,14	$1{,}07 \cdot 10^{+00}$	$2{,}99 \cdot 10^{-04}$
Heller Sonnentag	$1{,}59 \cdot 10^{+04}$	3,82	$1{,}91 \cdot 10^{-01}$	$5{,}32 \cdot 10^{-05}$
Bedeckter Sommertag	$3{,}18 \cdot 10^{+03}$	4,39	$4{,}39 \cdot 10^{-02}$	$1{,}22 \cdot 10^{-05}$
Bedeckter Wintertag	$5{,}57 \cdot 10^{+02}$	4,98	$8{,}71 \cdot 10^{-03}$	$2{,}42 \cdot 10^{-06}$
Zimmerbeleuchtung	$1{,}27 \cdot 10^{+02}$	5,43	$2{,}17 \cdot 10^{-03}$	$6{,}05 \cdot 10^{-07}$
Straßenbeleuchtung	$1{,}59 \cdot 10^{+00}$	6,48	$3{,}24 \cdot 10^{-05}$	$9{,}01 \cdot 10^{-09}$
Kerze	$1{,}59 \cdot 10^{-01}$	6,82	$3{,}41 \cdot 10^{-06}$	$9{,}49 \cdot 10^{-10}$
Vollmondnacht	$3{,}98 \cdot 10^{-02}$	6,96	$8{,}70 \cdot 10^{-07}$	$2{,}42 \cdot 10^{-10}$
Sternklarer Nachthimmel	$1{,}59 \cdot 10^{-04}$	7,17	$3{,}59 \cdot 10^{-09}$	$9{,}97 \cdot 10^{-13}$

Tabelle 3.6.: Unter Berücksichtigung der Einflüsse auf die optische Abbildungsqualität (Zellenbreite $500\,\mu\mathrm{m}$) erreichbare elektrische Leistungen P_el durch Solarzellen im Strahlengang des Künstlichen Akkommodationssystems bei einem Wirkungsgrad der Solarzellen von $\eta_\mathrm{s} = 0{,}19\,\%$, unterschiedlichen Leuchtdichten der Umgebung L und den sich einstellenden Pupillendurchmessern d_P.

monochromatischem Licht von ca. 45 % erreichen. Die elektrische Ausgangsleistung kann damit voraussichtlich in Zukunft mindestens verdoppelt werden, was jedoch den logarithmischen Abfall der Lichtleistung in dunkleren Umgebungen nicht kompensieren kann.

3.2.2.5. Bewertung von Energy-Harvesting-Strategien

Eine zusammenfassende Übersicht aller untersuchten Energy-Harvesting-Strategien ist in Tabelle 3.7 dargestellt. Hier wurde gezeigt, dass im Künstlichen Akkommodationssystem durch Energy-Harvesting lediglich sehr niedrige durchschnittliche Leistungen zu erwarten sind. Die Leistungsausbeute liegt bei allen untersuchten Technologien, mit Ausnahme der Biobrennstoffzellen, bei wenigen µW oder sogar darunter.

Die in Tabelle 3.7 dargestellten Werte zeigen, dass durch chemische Biobrennstoffzellen die mit Abstand höchsten Energiedichten erreicht werden können. Größter Nachteil von Biobrennstoffzellen ist die gegenwärtig noch sehr begrenzte Lebensdauer von wenigen Tagen bis Wochen. Werden in Zukunft längere Lebensdauern erreicht, und deckt die zu erwartende Ausgangsleistung die Anforderungen des Künstlichen Akkommodationssystems, muss eine Biobrennstoffzelle zu dessen Versorgung in Betracht gezogen werden.

Wesentlich langlebiger als Brennstoffzellen sind thermoelektrische Generatoren und photovoltaische Zellen. Beide weisen eine ähnliche zu erwartende, jedoch gegenüber Biobrennstoffzellen stark reduzierte, Ausgangsleistung auf. Sollte es möglich sein, die Leistungsaufnahme des Künstlichen Akkommoda-

Technologie	ρ_P mW/cm^3	P_d W	t_L Jahre
mech. kapazitiv	$5{,}8 \cdot 10^{-4}$	$4{,}8 \cdot 10^{-8}$	> 30
mech. Elektret d var.	$2{,}1 \cdot 10^{-2}$	$1{,}7 \cdot 10^{-6}$	> 10
mech. Elektret A var.	$7{,}7 \cdot 10^{-6}$	$8{,}2 \cdot 10^{-10}$	> 10
mech. piezoelektrisch	$3{,}8 \cdot 10^{-5}$	$3{,}9 \cdot 10^{-9}$	> 30
chemisch	–	$6{,}4 \cdot 10^{-4}$	< 1
thermisch	–	$4{,}96 \cdot 10^{-6}$	> 30
solar	–	$6{,}05 \cdot 10^{-7}$	> 30

Tabelle 3.7.: Vergleich verschiedener EH-Strategien, deren Leistungsdichte ρ_P, ihre kalendarische Lebensdauer t_L sowie die im Künstlichen Akkommodationssystem zu erwartende durchschnittlich erzielbare elektrische Ausgangsleistung P_d.

tionssystems auf wenige µW zu reduzieren, kann durch die beiden Technologien bzw. eine Kombination aus beiden Technologien eine für den Implantatträger sehr komfortable und langlebige Energieversorgung realisiert werden.

Mechanische Schwingungsgeneratoren weisen trotz der hohen auftretenden Augenbeschleunigungen, aufgrund des geringen Abstands des Generators zum Augendrehpunkt und der daraus resultierenden geringen Tangentialbeschleunigungen die niedrigsten Leistungsdichten im Vergleich auf. Durch ihren komplexen Aufbau sind sie darüber hinaus aufwändig herzustellen. Daher ist zu erwarten, dass die Fertigungskosten mechanischer Schwingungswandler einen erheblichen Anteil an den Herstellungskosten des Gesamtimplantats haben. Eine weitere Betrachtung mechanischer Schwingungsgeneratoren wird daher als wenig aussichtsreich betrachtet.

Eine vergleichende Bewertung der vorgestellten EH-Strategien mit anderen Konzepten zur Energieversorgung des Implantats findet abschließend in Abschnitt 3.2.5 im Rahmen der Bewertung der Gesamtkonzepte statt.

3.2.3. Diskontinuierliche, drahtlose Einkopplung von Energie

In Abschnitt 2.4 wurde ein Konzept zur Versorgung des Künstlichen Akkommodationssystems durch zeitweise Einkopplung von außerhalb des Körpers bereitgestellter und in das Körpergewebe eingekoppelter Energie vorgestellt, woraufhin bei der Vorauswahl möglicher Energiequellen in Abschnitt 2.3.4 die Einkopplung von Energie mittels Licht als Energieträger und die induktive Energieeinkopplung als mögliche Lösungen zur zeitweisen Einkopplung von Energie identifiziert wurden. Beide Konzepte werden im Folgenden näher untersucht.

3.2.3.1. Einkopplung von Energie mittels Licht als Energieträger

Ein Konzept zur Einkopplung von Licht als Energieträger zur Energieversorgung des Implantats kann aus dem in Abschnitt 3.2.2.4 beschriebenen Konzept zur Versorgung des Implantats durch Umgebungslicht abgeleitet werden. Hierzu wird angenommen, dass die photovoltaische Zelle entsprechend im Strahlengang des Künstlichen Akkommodationssystems angeordnet ist. Die zur Verfügung stehende Zellenfläche beträgt bei geöffneter Pupille ca. $A_\mathrm{s} = 3{,}5\,\mathrm{mm}^2$. Im Gegensatz zur Nutzung des natürlich vorhandenen Umgebungslicht wird hier Energie in Form eines gebündelten Lichtstrahls auf die photovoltaische Zelle gerichtet. Der hypothetische Aufbau ist in Abbildung 3.10(a) dargestellt. Im Folgenden wird die durch Einkopplung von Licht übertragbare Leistung abgeschätzt.

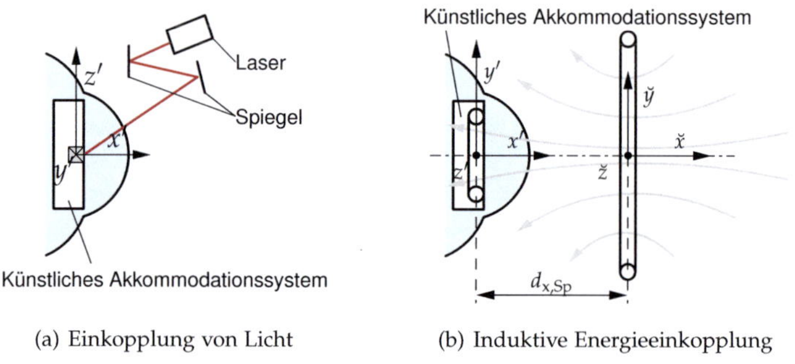

(a) Einkopplung von Licht (b) Induktive Energieeinkopplung

Abbildung 3.10.: Konzepte zur Einkopplung von Energie in das Implantat.

Das Transmissionsmaximum des menschlichen Auges liegt in einem Wellenlängenbereich zwischen 700 nm und 900 nm. Im Falle des Künstlichen Akkommodationssystem befindet sich vor der photovoltaischen Zelle lediglich die Cornea und das Kammerwasser. Die Transmission der Cornea und des Kammerwassers liegt im besagten Wellenlängenbereich bei über 95 % [BW62].

Da die Pupille nicht auf einfallendes Infrarotlicht reagiert und damit auch bei Einkopplung eines Infrarotlichtstrahls geöffnet bleibt, wird für die Übertragung eine Wellenlänge von 900 nm gewählt. Ein weiterer positiver Aspekt ist, dass Licht im infraroten Wellenlängenbereich für den Implantatträger unsichtbar ist und folglich nicht als störend empfunden wird.

Der vom Licht durchschienene Bereich des Auges vor der photovoltaischen Zelle wird bei vollständig geöffneter Iris als Quader mit einer Breite von 7 mm, entsprechend dem Pupillendurchmesser bei geöffneter Pupille, und einer Höhe von 500 µm entsprechend der Breite der photovoltaischen Zelle sowie einer Dicke, entsprechend dem Abstand zwischen Hornhautscheitel und Vorderseite des Implantats von 3,1 mm angenommen. Das vom Lichtstrom durchflutete Volumen des Auges beträgt damit ca. 11 mm³. Mit einer durchschnittlichen

Dichte von $1\,\text{g/cm}^3$ ergibt sich daraus eine Masse des Quaders von $11\,\text{mg}$. Bei einer kurzzeitigen, maximal zulässigen Einkopplung von $10\,\text{W/kg}$ resultiert daraus eine maximal im Quader erlaubte Absorptionsleistung von $110\,\mu\text{W}$.

Bei Annahme von $95\,\%$ Transmission innerhalb des betrachteten Quaders folgt eine maximal zulässige Lichtleistung von $P_{\text{opt}} = 2{,}1\,\text{mW}$, was einer Bestrahlungsstärke von $600\,\text{W/m}^2$ entspricht. Für monochromatisches Licht können photovoltaische Zellen mit einer Effizienz von $\eta_s = 45\,\%$ [SHLW99] gefertigt werden. Die maximal in das System übertragbare Leistung beträgt somit $P_{\text{el}} = 0{,}94\,\text{mW}$

Voraussetzung für die zuverlässige Einkopplung von Licht in das Auge ist jedoch eine dauerhafte Nachführung des einzukoppelnden Lichtstrahls auf die photovoltaische Zelle im Künstlichen Akkommodationssystem.

3.2.3.2. Induktive Einkopplung über ein elektromagnetisches Nahfeld

Die zweite in Abschnitt 2.3.4 identifizierte Möglichkeit zur drahtlosen Übertragung von Energie zum Künstlichen Akkommodationssystem ist eine induktive Übertragungsstrecke. Eine induktive Übertragungsstrecke besteht aus zwei über das Magnetfeld miteinander verkoppelten Spulen. Ein Strom in der Primärspule führt dabei zur Induktion einer Spannung in der zweiten Spule. Sind die Spulen nicht vollständig miteinander verkoppelt oder liegt absorbierende Materie zwischen den Spulen, ist die Übertragung verlustbehaftet.

Die exakten Verluste hängen stark von den geometrischen Randbedingungen sowie den elektrischen Eigenschaften der Übertragungsstrecke ab. Generell gilt, je höher die Kopplung desto höher die Effizienz einer induktiven Übertragungsstrecke. Eine hohe Kopplung kann erreicht werden, indem die im Implantat befindliche Spule eine möglichst große Fläche einschließt. Die größte im Implantat vorhandene Fläche ist die Stirnfläche des Implantats. Im Folgenden wird daher davon ausgegangen, dass die Sekundärspule, wie in Abbildung 3.10(b) dargestellt, koaxial zur optischen Achse ausgerichtet ist. Aufgrund der Komplexität der Zusammenhänge findet eine genaue Modellbildung der Übertragungsstrecke gesondert in Kapitel 4 statt.

Durch induktive Energieübertragung können je nach Dimensionierung der induktiven Übertragungsstrecke Leistungen von wenigen mW bis zu mehreren kW übertragen werden. Angewandt auf das Künstliche Akkommodationssystem, ist der begrenzende Faktor für die maximal übertragbare Leistung, die beim Betrieb entstehende und in das Auge in Form von Wärme eingekoppelte Verlustleistung. Sie muss zu jeder Zeit unter der in Abschnitt 2.1 genannten Grenze von $20\,\text{mW}$ liegen. Die Gesamteffizienz η_{ind} von bereits realisierten induktiven Übertragungsstrecken beträgt bei einer sehr kleinen Kopplung zwischen den Spulen von lediglich einem Prozent bis zu $\eta_{\text{ind}} = 17\,\%$ [VP01]. Die Gesamteffizienz enthält dabei auch außerhalb des implantierten Systems entstehende Verluste, wie die Verluste des Primärspulentreibers. Daher kann angenommen werden, dass der Wirkungsgrad der Übertragungsstrecke darüber liegt. Folglich sind Leistungen von mindestens 17 mW bei einer Eingangsleistung von 100 mW übertragbar.

3.2.3.3. Bewertung von Übertragungsverfahren

Keine der vorgestellten Lösungen zur Energieübertragung kann die Anforderungen des Künstlichen Akkommodationssystems an den Nutzungskomfort per se erfüllen. Beide Lösungen benötigen zur Erfüllung der geforderten Unabhängigkeit des Implantatträgers einen Energiespeicher zur Versorgung des Systems zwischen den Ladezeiten. Die eigentliche Übertragungsstrecke weist eine nahezu unbegrenzte Lebensdauer auf, die realisierbare Lebensdauer hängt somit von der Wahl des entsprechenden Energiespeichers ab.

Werden die beiden untersuchten Übertragungsverfahren verglichen (siehe Tabelle 3.8), zeigt sich ein klarer Vorteil der induktiven Energieübertragung gegenüber einer optischen Energieeinkopplung in das Auge. Mit einer entsprechend ausgelegten induktiven Übertragungsstrecke können nach Abschnitt 3.2.3.2 höhere Leistungen als mit einer optischen Einkopplung übertragen werden. Hinzu kommt, dass die Handhabung durch den Implantatträger aufgrund der größeren Positionierungstoleranzen des Senders zum Empfänger bei der induktiven Übertragung vereinfacht wird. Außerdem ist der Realisierungsaufwand durch den Wegfall eines aktiven Strahlnachführungssystems bei der induktiven Energieübertragung sehr viel geringer.

Technologie	P_{el} mW	Aufwand	Bauraum	Nutzungskomfort
Optisch	0,94	1	4	2
Induktiv	> 17	3	4	3

Tabelle 3.8.: Vergleich zweier Strategien zur Einkopplung von Energie in das Künstliche Akkommodationssystem. Dargestellt sind die jeweils übertragbare Leistung P_{el} und eine Bewertung des Realisierungsaufwands, des zur Realisierung benötigten Bauraums im Implantat sowie des erreichbaren Nutzungskomforts. Die Bewertung erfolgt durch die Vergabe von Punkten von 0 = „ungenügend" bis 5 = „sehr gut".

Bei weiteren Untersuchungen wird daher davon ausgegangen, dass die Energieeinkopplung bei Systemkonzept 3 mit zeitweiser Einkopplung von Energie in das Künstliche Akkommodationssystem durch eine induktive Energieübertragung realisiert wird.

3.2.4. Allgemein erforderliche Komponenten zur Umsetzung der Systemkonzepte

Für die Realisierung einer funktionsfähigen Energieversorgung für das Künstliche Akkommodationssystem sind neben den eigentlichen Energiewandlern noch Energiespeicher und Komponenten zur Spannungsaufbereitung nötig, welche im Folgenden kurz eingeführt werden.

3.2.4.1. Sekundärenergiespeichertechnologien

Energiespeicher unterscheiden sich im Wesentlichen von den bisher dargestellten Energiewandlern, deren Ziel eine möglichst effiziente Wandlung einer beliebigen Energieform in elektrische Energie ist, durch eine effiziente, bidirektionale Wandlung elektrischer Energie in eine speicherbare Energieform und zurück. Aufgrund der schlechten Realisierbarkeit von mechanischen Energiespeichern werden im Folgenden elektrochemische und kapazitive Energiespeicher untersucht.

Die Bewertungskriterien leiten sich aus den Anforderungen des Künstlichen Akkommodationssystems an die Energieversorgung ab. Entscheidend für die Verwendung im Künstlichen Akkommodationssystem sind die

- Energiedichte
- Leistungsdichte
- Zyklenbeständigkeit
- Lebensdauer
- Sicherheit
- und Selbstentladung

der jeweiligen Technologie.

Die im folgenden Abschnitt benannten Größen zur Leistungsfähigkeit der Energiespeichertechnologien wie beispielsweise Energiedichten mW/cm^3 und spezifische Energien W/g sind der Literatur entnommen. Dabei wurde versucht, alle Angaben aus der Literatur in volumetrische Energiedichten umzurechnen und auf einen Kubikzentimeter zu beziehen. Da es sich bei manchen Quellen um Labormuster handelt, fehlten teilweise in der Literatur entscheidende Angaben wie beispielsweise die Dichte einer Zelle, was dazu führte, dass eine Umrechnung der spezifischen Energie in eine volumetrische Energiedichte nicht möglich war. Da die Dichten der für die Konstruktion der Zellen verwendeten Materialien meist weit unter $10\,g/cm^3$ liegen, kann davon ausgegangen werden, dass der beim direkten Vergleich zwischen volumetrischen Energiedichten und spezifischen Energien entstehende Fehler weit unter einer Größenordnung liegt.

Elektrochemische Energiespeicher

Elektrochemische Energiespeicher sind galvanische Zellen, in denen im Gegensatz zu Primärzellen eine umkehrbare elektrochemische Reaktion abläuft. Aufgrund ihrer Wiederaufladbarkeit werden sie als Sekundärzellen bezeichnet. Die Vielzahl an Technologien für Sekundärzellen erfordert eine Beschränkung der folgenden Betrachtung auf Sekundärzellen, die bei Körpertemperatur funktionieren, keine externen Aggregate zur Förderung von Flüssigkeiten benötigen, wartungsfrei sind und Spannungen zwischen 1 und 10 V liefern.

NiCd Zellen sind bereits seit mehreren Jahren bekannt und im industriellen Bereich erprobt. Nickel-Cadmium Akkumulatoren bestehen aus einer Nickel- und einer Cadmiumelektrode. Die sich einstellende Leerlaufspannung einer Zelle beträgt ca. $E_{Zelle} = 1{,}2$ V.

Beim Entladen wird an der negativen Elektrode (Anode) Cadmium zu Cadmiumhydroxid $Cd(OH)_2$ oxidiert. Die freiwerdenden Elektronen fließen dann über den Verbraucher zur positiven Elektrode (Kathode). Dort wird das Nickel(III)oxidhydroxid $NiOOH$ zu Nickel(II)hydroxid $Ni(OH)_2$ reduziert.

Die in der Zelle stattfindenden Reaktionsgleichungen sind am Pluspol [LR02]:

$$2\ NiO(OH) + 2\ H_2O + 2\,e^- \xrightleftharpoons[laden]{entladen} 2\ Ni(OH)_2 + 2\,OH^- \qquad (3.18)$$

und am Minuspol:

$$Cd + 2\,OH^- \xrightleftharpoons[laden]{entladen} Cd(OH)_2 + 2\,e^- \qquad (3.19)$$

Zwei wesentliche Nachteile der NiCd-Technologie sind die toxischen Inhaltsstoffe Nickel und Cadmium und der stark ausgeprägte Memory-Effekt. Durch den Memory-Effekt reduziert sich die Kapazität einer nach Teilentladung geladenen Zelle.

NiMH Eine der am weitesten verbreiteten Akkutechnologien sind NiMH-Zellen mit einer Leerlaufspannung von ca. $E_{Zelle} = 1{,}2$ V. Das aktive Kathodenmaterial ist ein Nickelhydroxid $Ni(OH)_2$ in Form einer mehrschichtigen Kristallstruktur. Die Anode besteht aus einer Legierung aus Metallen der Seltenen Erden (Mischmetall). Während des Ladevorgangs wird an der Kathode das $Ni(OH)_2$ zu $NiOOH$ oxidiert. An der Anode wird Wasser zu elementarem Wasserstoff reduziert und im Metallhydrid eingelagert. In einer NiMH-Zelle sind die Elektroden durch einen Separator getrennt und zu einer Spirale aufgewickelt [SP06]. Die in einer NiMH-Zelle am Pluspol stattfindende Reaktion lautet [LR02]:

$$Ni(OH)_2 + OH^- \xrightleftharpoons[entladen]{laden} NiO(OH) + H_2O + e^- . \qquad (3.20)$$

Am Minuspol findet die folgende Reaktion statt:

$$H_2O + M + e^- \xrightleftharpoons[\text{entladen}]{\text{laden}} OH^- + MH \qquad (3.21)$$

M entspricht dabei einer Legierung aus wasserstoffabsorbierenden Metallen. Es werden Lanthan-Nickel und Titan-Zirkonium Legierungen unterschieden. Im Gegensatz zu NiCd-Zellen können mit der NiMH-Technologie die doppelten Kapazitäten erreicht werden. Die bessere Umweltverträglichkeit durch Wegfall des giftigen Cadmiums und dem gegenüber NiCd-Zellen stark reduzierten Memory-Effekt, tragen dazu bei, dass NiMH-Zellen NiCd-Zellen fast vollständig vom Markt verdrängt haben.

Lithium-Zellen Eine Lithium-Sekundärzelle besteht im Wesentlichen aus einer Kohlenstoffanode und einer Oxidkathode, welche durch einen Separator getrennt werden. Im Gegensatz zu Lithium-Primärzellen enthalten kommerzielle Lithium-Sekundärzellen kein Lithiummetall. Lithium liegt lediglich in Form von gelösten Ionen, die zwischen dem Anoden- und Kathodenmaterial umgelagert werden oder in elementarer Form gebunden (interkaliert) in den Anoden bzw. Kathodenmaterialien vor. Der Ionentransport wird durch ein Elektrolyt gewährleistet. Das Elektrolyt besteht meist aus einem organischen Lösungsmittel, in dem ein Lithiumsalz gelöst ist. Die organischen Lösungsmittel sind in der Regel Mischungen aus Alkylkarbonaten, das meist verwendete Lithiumsalz ist $LiPF_4$.

Einen sehr kritischen funktionellen Bestandteil einer Lithium-Ionen-Zelle stellt der so genannte Solid-Electrolyte-Interface Layer (SEI) dar. Es handelt sich hierbei um die sich zwischen Kathode und Elektrolyt ausbildende Passivierungsschicht, welche verhindert, dass alle Li^+-Ionen bereits im Kathodenmaterial durch Reduktion mit Elektronen aus dem Flüssigelektrolyten aufgebraucht werden. Sie ist für Lithium-Ionen hoch durchlässig und weist keine Elektronenleitfähigkeit auf. Bei der erstmaligen Bildung der SEI-Schicht werden ca. $10 - 15\,\%$ der Li^+-Ionen aufgebraucht. Während der Ladezyklen wird weiteres Lithium zur Erhaltung der SEI-Schicht benötigt, weshalb immer ein Überschuss an Li^+-Ionen in der Zelle vorhanden sein muss.

Während bei den Kathodenmaterialien eine Vielzahl an Lösungen existieren, beschränken sich die in industriell gefertigten Lithium-Ionen-Zellen benutzen Anodenmaterialien auf Graphit oder Hartkohlenstoffe. Lithium-Ionen-Zellen werden im ungeladenen Zustand hergestellt. Das Lithium ist zu Beginn in der Kathode eingelagert. Beim ersten Laden wird Lithium von der Kathode in die Anode transferiert.

Erst die Entdeckung von Übergangsmetalloxiden wie $LiMO_2$ (wobei M = Ni oder Co) als Lithium-Ionen speicherndes Kathodenmaterial hat Lithium-Sekundärzellen möglich gemacht. In der Entwicklung kommerziell erhältlicher Lithium-Sekundärzellen hat $LiCoO_2$ dadurch große Bedeutung erlangt. Gleichung (3.22) und (3.23) beschreiben die während des Ladens und Entladens auftretenden Umlagerungen von Lithium-Ionen zwischen Anode und Kathode einer $C|LiCoO_2$-Sekundärzelle nach [LR02].

$$LiCoO_2 \xrightleftharpoons[entladen]{laden} Li_{1-x}CoO_2 + xLi^+ + xe^- \qquad (3.22)$$

$$C + xLi^+ + xe^- \xrightleftharpoons[entladen]{laden} Li_xC \qquad (3.23)$$

Zusammengefasst ergibt sich die Gesamtgleichung zu

$$LiCoO_2 + C \xrightleftharpoons[entladen]{laden} Li_{1-x}CoO_2 + Li_xC \qquad (3.24)$$

Beim Laden werden Li^+-Ionen aus dem $LiCoO_2$-Gitter ausgelöst und gehen in die Elektrolytlösung über, wo sie im organischen Lösungsmittel ein entsprechendes Salz wie z.B. $LiPF_6$ bilden. Gleichzeitig werden aus dem Elektrolyt an der Anode Li^+-Ionen in die geschichtete Graphitstruktur eingelagert. Beim Entladen laufen die Prozesse umgekehrt ab. $LiCoO_2$-Zellen stellen Energiedichten von $400\,mWh/cm^3$ [LR02] und Leistungsdichten von $500\,mW/cm^3$ [BBL$^+$04] zur Verfügung.

Bei Verwendung einer Mn-Oxidkathode läuft eine ähnliche Umlagerung von Lithium-Ionen gemäß

$$C + LiMn_2O_4 \xrightleftharpoons[entladen]{laden} Li_xC + Li_{1-x}Mn_2O_4 \qquad (3.25)$$

ab. Die Zellspannung einer $LiMn_2O_4$-Kathodenzelle liegt im Gegensatz zur Cobaltkathode bei $3{,}7\,V$ anstelle von $3{,}6\,V$. Eine Mangankathodenzelle hat jedoch lediglich eine Energiedichte von $265\,mWh/cm^3$ [LR02].

Lithium-Polymerzellen unterscheiden sich nur unwesentlich von den herkömmlichen Lithium-Ionen-Zellen. Lediglich der Flüssigelektrolyt wird in Lithium-Polymer-Zellen gegen ein ionenleitfähiges Polymer getauscht. Ein großer Vorteil der Lithium-Polymertechnologie gegenüber herkömmlicher Lithium-Ionen-Zellen ist, dass durch die feste Verbindung von Elektrodenmaterial und Elektrolyt eine selbsttragfähige Konstruktion entsteht und auf ein Gehäuse verzichtet werden kann. Die Umhüllung muss lediglich eine für Wasser und Sauerstoff diffusionsdichte Schutzhülle bilden und wird meist aus Polymer-/Metallkompositen realisiert. In [HLR06] wird der Aufbau eines Mikroakkumulators aus konventionellen Akkumulatormaterialien beschrieben. Der vorgestellte Akkumulator weist eine Entladekapazität von $860\,\mu Ah/cm^2$ auf und hat eine Dicke von $250\,\mu m$. Bei einer Zellspannung von $3{,}7\,V$ resultiert daraus eine Energiedichte von ca. $130\,mWh/cm^3$. In [GNY$^+$06] wird eine mit Dünnschichttechnologien produzierte Sekundärzelle vorgestellt. Mit der beschriebenen Technologie ist es möglich, aktive Materialien in Kanälen von $\leq 50\,\mu m$ und Längen von $500\,\mu m$ abzuscheiden. Die Kapazität pro Substratfläche ist mit $3{,}5\,mAh/cm^2$ zwar sehr hoch, die volumetrische Energiedichte von $80\,\mathrm{mWh/cm^3}$ [HLR06] liegt jedoch um den Faktor 5 unter den Energiedichten erhältlicher makroskopischer Akkumulatoren.

Weiterentwicklungen der bereits kommerzialisierten und in [HLR06] in eine Mikrozelle integrierte Lithium-Ionen-Technologie stellen Dünnschichtzellen mit einem Lithium-Ionen leitfähigen Lithiumphosphatglas, Lithium Phosphorus Oxynitride (LiPON) als Separator dar. In den Zellen kann auf ein Lithium-Interkalationsmaterial wie Graphit an der Anode verzichtet werden. Der Stromsammler wird beim ersten Ladevorgang mit metallischem Lithium beschichtet. Die hohe chemische Stabilität des Separators verhindert dabei eine Reaktion des metallischen Lithiums mit dem Kathodenmaterial. Vor dem ersten Ladevorgang enthält die Zelle weder entzündliche Elektrolyte noch metallisches Lithium, wodurch die Zelle gegenüber Lithium-Ionen-Zellen temperaturbeständig und mit Standard Lötverfahren lötbar ist. Durch die Abwesenheit eines dedizierten Anodenmaterials weisen die in Dünnschichttechnologie produzierten Zellen eine sehr hohe theoretische Energiedichte von bis zu $959\,\mathrm{mWh/cm^3}$ [Exc09] auf. Real produzierte Zellen zeigen Energiedichten von bis zu $660\,\mathrm{mWh/cm^3}$ unter Vernachlässigung des Substrats [Dud05] und bis zu $42\,\mathrm{mWh/cm^3}$ [Fro09] für komplette, bereits kommerziell erhältliche Zellen. Die niedrigen Energiedichten der bereits kommerziell verfügbaren Zellen resultieren aus dem ungünstigen Verhältnis zwischen Volumen des aktiven Materials zum Gehäusevolumen. Werden größere Zellen gefertigt, ist zu erwarten, dass sich die Energiedichte dem theoretischen Wert annähert. Durch die hohe Stabilität des Separators wird ein Versagen der Zellen ausgeschlossen und es entsteht eine hohe Zyklenfestigkeit. Der Kapazitätsverlust von LiPON-Sekundärzellen beträgt nach 20000 Ladezyklen lediglich $0{,}001\,\%$ [WWL04] und nach 40000 Ladezyklen weniger als $5\,\%$ [Exc09]. Allein die Leistungsdichte ist gegenüber konventionellen $LiCoO_2$-Zellen reduziert und liegt bei $45\,\mathrm{mW/cm^3}$.

Zukünftig ist zu erwarten, dass eine weitere Steigerung der Energiedichte durch neue Anodenmaterialien, beispielsweise aus Silizium, erreicht werden kann. Silizium-Anodenmaterialien weisen die höchste zur Zeit bekannte theoretische spezifische und volumetrische Kapazität zwischen $4200\,\mathrm{mAh/g}$ und $4600\,\mathrm{mAh/cm^3}$ auf [BLH81]. Ein großes Problem bei der Verwendung von Silizium als Anodenmaterial in Lithium-Zellen ist die Dehnung von ca. $400\,\%$ [CPL+08], die dem Silizium widerfährt, wenn beim Laden Li^+-Ionen in die Gitterstruktur eingelagert werden. Massive Siliziumschichten und mikrometergroße Partikel werden durch die mechanischen Dehnungen zerstört und vom Substrat gelöst, was zum Kapazitätsverlust und zum Versagen der Sekundärzelle führt. In [CPL+08] wird eine neuartige Elektrodenstruktur beschrieben, die aus auf einem Edelstahlsubstrat aufgewachsenen Silizium-Nanodrähten besteht. Zum einen können die dünnen Silizium-Drähte den Dehnungen besser Stand halten und sind besser mit dem Substrat verbunden. Zum anderen ermöglichen sie einen effizienten Elektronentransport von und zum stromsammelnden Substrat und weisen aufgrund ihres niedrigen Durchmessers von ca. 89 nm eine sehr kurze Weglänge zur Einlagerung und Extraktion von Li^+-Ionen auf. Beim ersten Ladevorgang wird die gesamte theoretisch erreichbare Kapazität zum Laden benötigt. Vermutet wird, dass während des ersten Ladezyklus eine irreversible Überführung der kristallinen Silizium-Nanodrähte in eine amorphe Struktur stattfindet, welche mit einem einmaligen Kapazitätsverlust einhergeht. Nach dem ersten Ladezyklus liegt die Entladekapazität der Zelle bei 3193 mAh/g. Beim Laden wird eine Kapazität von 3541 mAh/g aufgenommen, was einer Coulomb-Effizienz von 90 % entspricht. In den ersten 10 Zyklen nimmt die Kapazität nur unwesentlich ab [CPL$^+$08]. Da es sich bei den beschriebenen Elektroden lediglich um eine Halbzelle und keine real gefertigte Zelle handelt, müssen die Kapazitätsangaben mit Vorsicht betrachtet werden. Ähnlich wie bei Standard Lithium-Ionen-Zellen ist die zu erwartende reale Energiedichte wesentlich geringer. Außerdem sind in der Literatur noch keine entsprechenden Kathodenmaterialien mit ähnlichen Energiedichten bekannt, wodurch die Energiedichte einer hypothetischen Zelle mit Silizium-Anoden im Wesentlichen durch die Ladekapazität des gewählten Kathodenmaterials begrenzt ist.

Kapazitive Energiespeicher

In Kondensatoren wird elektrische Energie nicht wie in galvanischen Sekundärzellen in der Umwandlung chemischer Stoffe gespeichert sondern in einem über einem Dielektrikum anliegenden elektrischen Feld.

Polymerfilm-, Keramik-, Glimmer- und Elektrolytkondensatoren haben sehr niedrige Energiedichten zwischen 1,3 µWh/cm^3 und 100 µWh/cm^3 [SZM98] und sind daher per se nicht für die Energiespeicherung im Künstlichen Akkommodationssystem geeignet.

Eine wesentlich höhere Energiedichte als konventionelle Dünnschichtkondensatoren zeigen Doppelschichtkondensatoren (DSK), auch bekannt als SuperCaps, Super Kondensatoren oder GoldCaps. DSK bestehen aus zwei leitfähigen, porösen Kohlenstoffelektroden mit metallischen Stromkollektoren, welche durch einen Separator getrennt werden und mit einem leitfähigen Elektrolyt getränkt sind. Bei Anlegen einer Spannung bildet sich eine Doppelschicht am Übergang von den Kohlenstoffelektroden zum Elektrolyt aus, in der auf sehr kurzer Distanz Ladungen getrennt sind [BSALM89]. Die Doppelschicht ist unter 1 nm [Bur00] dick und stellt das extrem dünne Dielektrikum des Kondensators dar. DSK müssen unter dem Elektrolysepunkt des Elektrolyts bei maximalen Spannungen von $1 - 3$ V betrieben werden. Durch die sehr hohen spezifischen Kapazitäten von bis zu 200 F/g erreichen sie trotz begrenzter Betriebsspannung sehr hohe Energiedichten von bis zu 11 mWh/cm^3 [KC00] und über $1 \cdot 10^6$ Ladezyklen [Con99]. Sie weisen eine technologisch bedingte, im Vergleich zu anderen Kondensatortechnologien niedrige Leistungsdichte von ca. 1 W/g auf [SZM98] und zeigen eine im Vergleich zu Sekundärzellen hohe Selbstentladung durch

Ladungsausgleich innerhalb der Elektroden und Kriechstöme im Elektrolyten von bis zu 25 % innerhalb von 60 h.

Die Kapazität aktueller Doppelschichtkondensatoren hängt im Wesentlichen linear mit der Oberfläche des verwendeten Elektrodenmaterials zusammen. Wird das Volumen der Elektroden verkleinert und die Oberfläche erhöht, kann die Energiedichte gesteigert werden. Durch die Entdeckung von Graphen, einer monolagigen Matrix aus Kohlenstoffatomen mit einer Dicke von ca. 4 Å und einer hohen spezifischen Oberfläche, ist zukünftig eine Steigerung der Kapazität von Doppelschichtkondensatoren zu erwarten.

Eine Weiterentwicklung zur Steigerung der Energiedichte von chemischen Doppelschichtkondensatoren sind pseudokapazitive Doppelschichtkondensatoren. Hierbei wird mindestens eine Elektrode durch ein chemisch aktives Material einer Sekundärzelle bzw. dotierte, elektrisch leitfähige Polymere ersetzt. Bei Verwendung von pseudokapazitiven Materialien können durch die während des Ladevorgangs stattfindenden reversiblen Redoxreaktionen theoretisch spezifische Energien von bis zum vierfachen aktueller Sekundärzellen 1,8 Wh/g erreicht werden [SSV00]. Von Nachteil ist, dass die verwendeten Elektrodenmaterialien Alterungsprozessen unterliegen und damit ebenfalls, ähnlich einer Sekundärzelle, eine begrenzte Lebensdauer von ca. 10^4 Ladezyklen aufweisen [Bur00, MBM07, TKH06, RRGF94, MAS01].

Eine interessante Alternative zu Energiespeicherung in einem einzelnen DSK bzw. einer Sekundärzelle ist eine Kombination beider Technologien zu einem hybriden Energiespeicher. Die Kombination eines DSK mit einer Sekundärzelle führt zur Entlastung der Sekundärzelle bei auftretenden Leistungsspitzen und bei korrekter Auslegung [SN98] zu einer gleichmäßigeren und effizienteren Entladung der Sekundärzelle. Die Leistungsfähigkeit dieses hybriden Energiespeichers ist vom jeweiligen Lastfall abhängig. Die Nutzbarkeit muss daher für jeden Anwendungsfall gesondert analysiert werden.

Bewertung von Energiespeichertechnologien

Die in den vorangehenden Abschnitten dargestellten Technologien sind in der Tabelle 3.9 zusammengefasst, die ebenfalls eine Übersicht über die ermittelten Leistungsdaten der jeweiligen Technologie enthält.

Pseudokapazitive Doppelschichtkondensatoren sowie NiCd-, NiMH- und Lithium-Ionen-Zellen zeigen eine geringe Ladezyklenzahl und eine kalendarische Lebensdauer im Vergleich zu reinen Doppelschichtkondensatoren und LiPON-Sekundärzellen [Bur00]. Dieses Defizit kann eventuell durch ein angepasstes Lade-/Entladeprotokoll für NiMH- und Lithium-Ionen-Zellen umgangen werden. Die Lebensdauer eines chemischen Energiespeichers erhöht sich teilweise erheblich durch lediglich partielle Ladung und Entladung. Dabei bleibt jedoch ein Großteil der gespeicherten Energie ungenutzt, wodurch die in Tabelle 3.9 aufgeführten Werte zur Energiedichte entsprechend korrigiert werden müssen.

Kriterium	Energiedichte / spezifische Energie	Leistungsdichte / spezifische Leistung	Zyklenbeständig-keit	Lebensdauer	Sicherheit	Selbstentladung
DSK	$11\,\text{mWh}/\text{cm}^3$	$> 1\,\text{W}/\text{g}$	$1 \cdot 10^6$	$> 10\,\text{J}$	3	$< 25\,\%/\text{60h}$
Pseudokap.-DSK	$^* 1{,}8\,\text{Wh}/\text{g}$	$500\,\text{mW}/\text{g}$	$10 \cdot 10^3$	$< 10\,\text{J}$	3	k.A.
NiCd	$90\,\text{mWh}/\text{cm}^3$	$10\,\text{mW}/\text{cm}^3$	≈ 1000	$\approx 5\,\text{J}$	0	$> 40\,\%/\text{4Mon.}$
NiMH	$240\,\text{mWh}/\text{cm}^3$	$700\,\text{mW}/\text{g}$	≈ 500	$5 - 10\,\text{J}$	1	$< 30\,\%/\text{J}$
Lithium-Ionen	$400\,\text{mWh}/\text{cm}^3$	$> 400\,\text{mW}/\text{cm}^3$	≈ 500	$5\,\text{J}$	1	$2{,}4\,\%/\text{Mon.}$
LiPON	$^\diamond 660\,\text{mWh}/\text{cm}^3$	$45\,\text{mW}/\text{cm}^3$	> 20000	$> 10\,\text{J}$	5	k.A.

Tabelle 3.9.: Vergleich und Bewertung von Energiespeichertechnologien. Die Bewertung erfolgt auf einer Skala von 5 = „sehr sicher" bis 0 = „Ausschluss der Lösung". *theoretischer Wert, $^\diamond$Angabe einer bereits miniaturisierten Zelle ohne Substrat.

NiCd-Zellen zeigen kein solches Verhalten, sondern verlieren bei teilweiser Entladung sehr schnell dauerhaft ihre Kapazität (Memory-Effekt).

Aufgrund der hohen Gefährdung des Implantatträgers sind die aufgeführten Technologien lediglich bedingt für die Verwendung im Künstlichen Akkommodationssystem geeignet. NiCd-Zellen enthalten beispielsweise toxisches Cd-, NiMH-Zellen einen Druckbehälter zur Eindämmung des während der Zellreaktion frei werdenden Wasserstoffs und Lithium-Ionen-Zellen könnten den Implantatträger durch unkontrolliertes thermisches Versagen gefährden.

Das wichtigste Kriterium für die Verwendung eines Energiespeichers im Künstlichen Akkommodationssystem stellt die erreichbare Energiedichte dar. Werden die theoretischen Angaben für pseudokapazitive Kondensatoren nicht beachtet, bleiben für die Verwendung im Künstlichen Akkommodationssystem die NiMH, die LiION- und die LiPON-Technologie interessant. Wird deren Miniaturisierbarkeit betrachtet, zeigt sich, dass NiMH-Zellen aufgrund des erforderlichen Druckbehälters nur schwer miniaturisierbar sind. LiPON-Zellen hingegen sind durch ihren Dünnschichtaufbau problemlos miniaturisierbar. Für Lithium-Ionen-Zellen sind ebenfalls Ansätze zu deren Miniaturisierung bekannt [MHLR05]. Bedingt durch das wachsende Verhältnis von Oberfläche zu Volumen führt eine Miniaturisierung der Lithium-Ionen-Technologie allerdings zu einer Reduktion der erreichbaren Energiedichte von $400\,\text{mWh}/\text{cm}^3$ auf $250\,\text{mWh}/\text{cm}^3$ bzw. darunter [GNY$^+$06]. Damit nähert sich die praktisch realisierbare Energiedichte der von LiPON-Zellen an. Die in der Literatur beschriebenen bzw. kommerziell erhältlichen LiPON-Zellen haben bei Kapazitäten weniger µAh eine gekapselte Dicke von ca. 100 µm. Das aktive Material nimmt dabei lediglich einen Bruchteil von wenigen µm ein, was zu einem sehr ungünstigen Verhältnis zwischen aktivem Material und Häusung führt. Im Künstlichen Akkommodationssystem werden vom Energieinhalt größere LiPON-Zellen benötigt als in der Literatur beschrieben oder kommerziell erhältlich. Es ist daher zu erwarten, dass sich bei größerem Energieinhalt ein günstigeres Verhältnis zwischen aktivem und passivem Material ergibt und damit mit LiPON-Zellen ähnliche Energiedichten wie mit Lithium-Ionen-Technologie erzielen lassen. Im Folgenden wird daher angenommen, dass für das Künstliche Akkommodationssystem Zellen mit einer Energiedichte von $250\,\mathrm{mWh/cm^3}$ herstellbar sind.

Wird die Zyklenbeständigkeit mit in die Betrachtung aufgenommen, stellt die LiPON-Technologie mit einer um den Faktor 40 höheren Zyklenfestigkeit als die Lithium-Ionen-Technologie eine weitaus geeignetere Technologie für die Integration in einem Implantat wie dem Künstlichen Akkommodationssystem dar. Außerdem ist aufgrund der erhöhten Stabilität des Separators in LiPON-Zellen eine kalendarische Lebensdauer von über 30 Jahren möglich.

Kondensatoren weisen, durch die praktisch nicht erreichte, spezifische Energie von pseudokapazitiven DSK, eine zu niedrige Energiedichte auf, um als Hauptenergiespeicher im Künstlichen Akkommodationssystem in Betracht zu kommen. Denkbar ist jedoch die Kombination eines DSK mit einem chemischen Energiespeicher mit niedriger Leistungsdichte, wodurch die stromführenden, passiven Materialien in der Sekundärzelle reduziert werden können, was zu einer Erhöhung der Energiedichte der Zelle führt. Eventuell benötigte Stromspitzen können dann vom Doppelschichtkondensator aufgenommen werden. Je nach gewählter Sekundärzelle kann eine niedrige Leistungsdichte, wie beispielsweise bei der LiPON-Technologie auch technologiebedingt sein. Eine Kombination einer solchen Zelle mit einem Doppelschichtkondensator kann die Defizite in der Leistungsdichte chemischer Sekundärzellen ausgleichen. Bei der Auslegung ist zu beachten, dass ein vollständiges Aufladen des Kondensators während der Phase der niedrigen Leistungsaufnahme der Last möglich ist [SN98].

3.2.4.2. Elektrische Gleichspannungswandler

Für die Konvertierung von elektrischer Energie zwischen allen im System vorkommenden Spannungsniveaus werden effiziente Wandlertechnologien benötigt. Im Folgenden werden die grundlegenden Technologien zur Realisierung eines solchen Wandlers vorgestellt und auf Basis der Anforderungen des Künstlichen Akkommodationssystems auf ihre Verwendbarkeit im System hin bewertet.

Die beiden bekannten Technologien zur direkten Wandlung elektrischer Energie zwischen verschiedenen Spannungsniveaus stellen geschaltete und linear geregelte Spannungswandler dar. Die geschalteten Wandler können in Wandler mit induktivem oder kapazitivem Zwischenspeicher unterteilt werden.

Linearregler

Linear geregelte Spannungswandler unterscheiden sich im Wesentlichen von den geschalteten Spannungsreglern dadurch, dass die Ausgangsspannung immer unter der Eingangsspannung liegen muss. Sie sind nicht dazu geeignet, Spannungen zu vervielfachen, zeichnen sich jedoch durch eine einfache Realisierbarkeit und durch eine konstante Ausgangsspannung mit sehr geringer Restwelligkeit aus.

Das Funktionsprinzip eines linear geregelten Spannungswandlers ist schematisch in Abbildung 3.11 dargestellt. Der Strom durch den im Blockschaltbild enthaltenen Transistor wird im Betrieb so geregelt, dass die Ausgangsspannung U_a unabhängig von der Last konstant bleibt. Am Transistor wird je nach resultierendem Innenwiderstand des Transistors elektrische Leistung in Wärme umgesetzt. Die im Regler entstehenden Verluste sind dabei proportional zum Verhältnis zwischen Ein- und Ausgangsspannung sowie zum von der Last aufgenommenen Strom. Für reale Wandler kommen zu den am idealen Wandler auftretenden Verlusten am Transistor auch noch Verluste durch die Eigenstromaufnahme des Reglers hinzu. Der sich ohne Last einstellende Ruhestrom des Reglers wird als I_q bezeichnet und ist unabhängig von der Last.

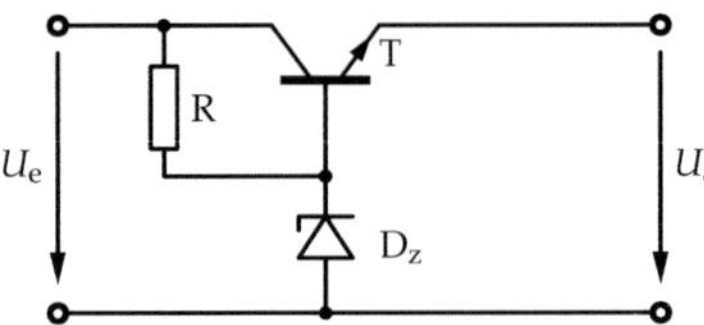

Abbildung 3.11.: Schematische Darstellung des Funktionsprinzips eines Linearreglers.

Mit allen Verlusten ergibt sich die Effizienz eines Linearreglers zu

$$\eta_{LR} = \frac{P_a}{P_{V,Tr} + P_{V,Reg} + P_a} = \frac{U_a \cdot I_a}{U_e(I_a + I_q)} \tag{3.26}$$

wobei P_a die von der Last aufgenommene Ausgangsleistung des Reglers, $P_{V,Tr}$ die Verlustleistung im Transistor, $P_{V,Reg}$ die Leistungsaufnahme des Reglers, U_e und U_a die Ein- und Ausgangsspannungen sowie I_a den Ausgangsstrom darstellen.

Linearregler sind mit Chipflächen unter $1\,\text{mm}^2$ realisierbar [Aus09] und benötigen prinzipbedingt keine externen Komponenten. Durch die Kombination eines Linearreglers mit einer erweiterten Steuerung können direkt Lithium-Sekundärzellen geladen werden. Die Steuerung gewährleistet dabei zu jeder Zeit die Einhaltung des Ladeprotokolls. Linearladeregler für Lithium-Sekundärzellen sind mit Chipflächen von $2 \times 2\,\text{mm}^2$ ebenfalls bereits verfügbar [DIN98].

Induktive Wandler

Wird ein Wandler nach Abbildung 3.12(a) aufgebaut, kann durch alternierende Ansteuerung von S_1 und S_2 die Ausgangsspannung U_a, beliebig zwischen Null und Eingangsspannung eingestellt werden. Die Ausgangsspannung ist dabei proportional zum Tastverhältnis zwischen S_1 und S_2. Das Tastverhältnis δ ist, wie in Abbildung 3.12(b) definiert, als die Zeit T' in der S_1 leitfähig ist im Bezug auf die Periodendauer T der Schaltfrequenz.

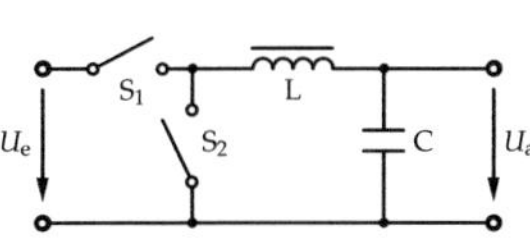

(a) Geschalteter Gleichspannungswandler

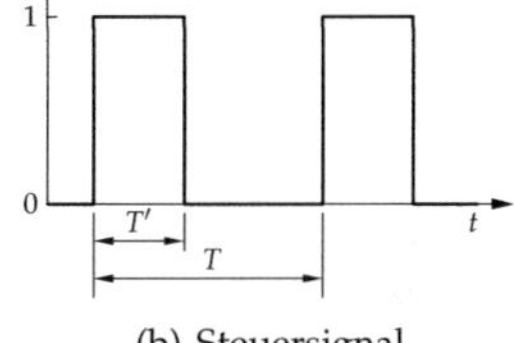

(b) Steuersignal

Abbildung 3.12.: Schematische Darstellung des Funktionsprinzips eines geschalteten Gleichspannungswandlers.

Wird S_1 dauerhaft aus- und S_2 dauerhaft eingeschaltet ($\delta = 0$), kann im statischen Betrieb das nachfolgende LC-Glied vernachlässigt werden und U_a ergibt sich zu $0\,\text{V}$. Ist S_1 dauerhaft leitfähig und S_2 dauerhaft gesperrt ($\delta = 1$) ergibt sich im statischen Betrieb eine Ausgangsspannung von U_e. Liegt das Tastverhältnis im Intervall $0 < \delta < 1$ ergibt sich im statischen Zustand durch die integrierende Wirkung des LC-Glieds am Ausgang ebenfalls eine zu δ proportionale Ausgangsspannung.

$$U_a = \delta \cdot U_e \tag{3.27}$$

Bei geschalteten Gleichspannungswandlern mit Induktivitäten als Energiespeicher können eine Vielzahl an Topologien unterschieden werden. Die für das Künstliche Akkommodationssystem interessantesten sind dabei, die in Abbildung 3.13 schematisch dargestellten Abwärtswandler zur Erzeugung von Ausgangsspannungen unter der Eingangsspannung sowie Aufwärtswandler zur Erzeugung größerer Ausgangsspannungen. Wie in Abbildung 3.13 dargestellt, unterscheiden sich Aufwärtswandler von den Abwärtswandlern lediglich durch die Anordnung der verwendeten Bauteile und die sich daraus ergebenden Ausgangsspannungen.

Die Ausgangsspannungen eines Aufwärtswandlers sind ebenfalls vom Tastverhältnis abhängig, jedoch nicht linear. Ein Aufwärtswandler liefert eine Ausgangsspannung gemäß [EM01]:

$$U_a(\delta) = \frac{1}{\delta'}U_e = \frac{1}{1-\delta}U_e \tag{3.28}$$

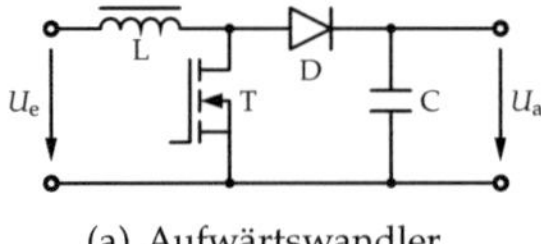

(a) Aufwärtswandler

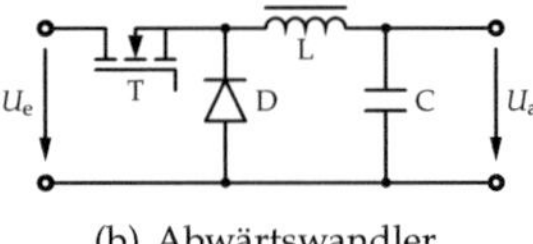

(b) Abwärtswandler

Abbildung 3.13.: Schematische Darstellung des Funktionsprinzips eines induktiven Spannungswandlers.

Theoretisch gilt damit

$$\lim_{\delta \to 1} U_\mathrm{a}(\delta) = \infty \tag{3.29}$$

Aufgrund von nicht idealen Bauteilen in der praktischen Umsetzung kann eine unendlich hohe Ausgangsspannung nicht erreicht werden. Unter Berücksichtigung des Serienwiderstands der Induktivität $R_\mathrm{ESR,L}$ sowie dem Lastwiderstand R_L ergibt sich die reale Spannungsübertragungsfunktion eines Aufwärtswandlers zu [EM01]:

$$\frac{U_a}{U_e} = \frac{1}{\delta'} \frac{1}{1 + \frac{R_\mathrm{ESR,L}}{\delta'^2 R_\mathrm{L}}} \tag{3.30}$$

Für reale Anwendungen gilt, dass $R_\mathrm{ESR,L}$ möglichst unter einem Prozent von R_L liegen sollte, womit nach Gleichung (3.30) für ein festes $\delta' = 0{,}1$ eine Verfünffachung der Eingangsspannung möglich ist.

Unter idealen Bedingungen können geschaltete Gleichspannungswandler einen Wirkungsgrad von $\eta_\mathrm{SR} = 1$ erreichen. Wird das Prinzip wie in Abbildung 3.13 dargestellt mit realen Bauteilen aufgebaut, treten während des Betriebs Verluste auf. Im Einzelnen entstehen die Verluste aus den parasitären Serienwiderständen der Induktivität, der Diode und des Transistors. Darüberhinaus treten während des Schaltvorgangs Schaltverluste im Transistor sowie der Diode auf. Außerdem muss das Tastverhältnis des Transistors durch eine in den Abbildungen nicht dargestellte Regelung entsprechend der gewünschten Ausgangsspannung angepasst werden. Die Leistungsaufnahme der Regelung führt, ähnlich wie beim Linearregler, zu einer Eigenleistungsaufnahme des Wandlers, unabhängig von der entnommenen Ausgangsleistung.

Für einen getakteten Gleichspannungswandler im Künstlichen Akkommodationssystem können folgende Auslegungsregeln abgeleitet werden. Die durch den Schaltvorgang entstehende Welligkeit in der Ausgangsspannung kann bei gleichbleibender Schaltfrequenz durch Erhöhung der Speicherinduktivität L reduziert werden. Eine Erhöhung der Induktivität führt bei gleichbleibendem Bauraum zu einer Erhöhung des Serienwiderstands der Induktivität und damit zu einer Senkung der Effizienz des Wandlers. Einem idealen Schalter kommt ein Metal-Oxid-Semiconductor-Field-Effect-Transistor (MOSFET) derzeit am nächsten. Im geschalteten Zustand ist der Innenwiderstand eines MOSFET sehr gering (wenige $m\Omega$), im geöffneten Zustand sind die Leckströme durch den

Leitungskanal ebenfalls sehr gering. Wird der Übergang zwischen leitendem und gesperrtem Zustand betrachtet, tritt beim Übergang eine Verlustleistung auf. Bei Verwendung eines MOSFET als Schalter gilt es daher, die Anzahl der Zustandsänderungen zu reduzieren. Eine niedrige Schaltfrequenz ist auch im Hinblick auf die Verluste im Regler vorteilhaft, widerspricht aber eventuell der Forderung nach einer geringen Restwelligkeit. Die ausgewählte Schaltdiode muss eine geringe Durchlassspannung aufweisen. Die Auslegung eines geschalteten Gleichspannungswandlers für das Künstliche Akkommodationssystem ist aufgrund der hohen Abhängigkeiten zwischen den Bauteilen, deren Größen und Eigenschaften sowie den Anforderungen nach kleinem Bauraum und hoher Effizienz bei kleinen Leistungen eine komplexe mehrdimensionale Optimierungsaufgabe.

Obwohl der Großteil der am Markt befindlichen Wandler für hohe Leistungen optimiert ist, widersprechen die oben genannten theoretischen Auslegungsregeln nicht der Realisierbarkeit eines effizienten Wandlers mit kleinen Abmessungen für die Konvertierung der niedrigen im Künstlichen Akkommodationssystem auftretenden Leistungen. Daher wird davon ausgegangen, dass ein spezialisierter Wandler für das Künstliche Akkommodationssystem ausgelegt und gefertigt werden kann.

Ladungspumpen

Ladungspumpen eignen sich wie induktive Aufwärtsregler zur Erzeugung einer relativ zur Eingangsspannung höheren Ausgangsspannung. Der wesentliche Unterschied zu induktiven Aufwärtsreglern ist die Realisierbarkeit ohne Induktivitäten, womit eine Ladungspumpe vollständig auf einem integrierten Schaltkreis implementierbar ist.

Das Prinzip einer Ladungspumpe ist in Abbildung 3.14 am Beispiel einer mehrstufigen Dickson-Ladungspumpe dargestellt [PS06]. Theoretisch ist mit jeder Stufe einer Ladungspumpe eine Spannungsverdopplung realisierbar. Praktisch wird die Ausgangsspannung einer Ladungspumpe jedoch durch den mit jeder zusätzlichen Stufe steigenden äquivalenten Innenwiderstand und den Lastwiderstand des angeschlossenen Verbrauchers begrenzt. Hinzu kommt, dass durch die Schwellspannung U_t der als Dioden beschalteten Transistoren nicht alle Ladungen zwischen den Stufen der Ladungspumpe transferiert werden können. Außerdem entstehen bei der Umladung von Ladungen einer Stufe in die nächste, durch Parallelschaltung zweier Kondensatoren, Verluste durch den Ladungstransfer.

Der Ausgangsstrom einer Ladungspumpe ist aufgrund der konstanten, pro Taktzyklus transferierten Ladungsmenge idealisiert direkt proportional zur Ansteuerfrequenz. Die maximale Betriebsfrequenz ist wiederum begrenzt. Wird eine Stufe der Ladungspumpe, bestehend aus einer Diode und einem folgenden Pufferkondensator, betrachtet und die Diode durch ihren äquivalenten Serienwiderstand ersetzt, entsteht als Ersatzschaltbild ein RC-Glied. Die Ladungspumpe

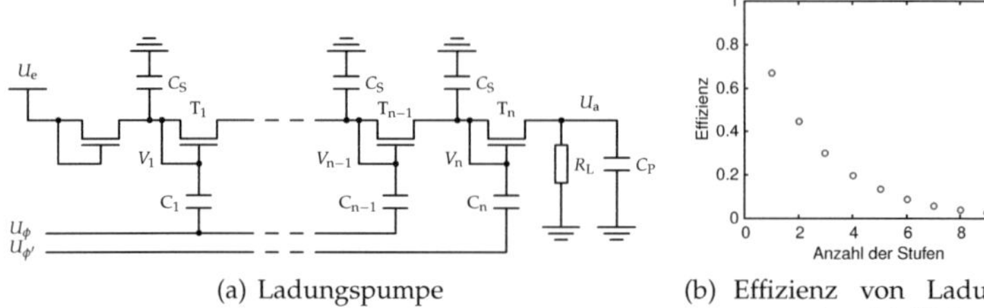

(a) Ladungspumpe

(b) Effizienz von Ladungspumpen unterschiedlicher Anzahl an Stufen bei $U_t = 1\,\text{V}$ und $U_\phi = 3\,\text{V}$

Abbildung 3.14.: Schematische Darstellung einer Ladungspumpe sowie deren Effizienz in Abhängigkeit von der Anzahl an Stufen nach [PS06]

hat damit eine Zeitkonstante von $\tau = kR_\text{D}C$, wobei k die Proportionalitätskonstante der in die betrachtete Stufe der Ladungspumpe transferierten Ladung, R_D dem äquivalenten Widerstand der leitenden Diode und C der Pufferkapazität der betrachteten Stufe entspricht. Überschreitet die Periodendauer der Ansteuerfrequenz die Zeitkonstante τ gehen die Transfereffizienz und damit der Ausgangsstrom zurück.

Aufgrund der Verluste durch teilweisen Ladungstransfer sinkt die Effizienz der Ladungspumpe mit jeder Stufe. Der Verlust ist von der Ansteuerspannung und der Schwellspannung der verwendeten Dioden abhängig. Für eine Schwellspannung von $1\,\text{V}$ und eine Ansteuerspannung von $3\,\text{V}$ ergeben sich die in Abbildung 3.14(b) dargestellten Effizienzen abhängig von der Anzahl an Stufen der jeweiligen Ladungspumpe. Die berechneten Effizienzen stellen lediglich Transfereffizienzen in der eigentlichen Ladungspumpe dar und entsprechen damit einem theoretischen Maximum. Reale Ladungspumpen benötigen zum Betrieb weitere Peripherie in Form von Taktgeneratoren, Ausgangsspannungsreglern sowie eventueller Kontrolllogik. Außerdem entstehen durch Leckströme und parasitäre Widerstände ebenfalls Verluste [PS06]. Die reale Effizienz einer Ladungspumpe liegt daher weit unter dem in Abbildung 3.14(b) dargestellten, theoretischen Maximum.

Vergleich elektrischer Energiewandler

Die Entwicklung neuer geschalteter Gleichspannungswandler ist nicht Bestandteil der vorliegenden Arbeit. Mit der zunehmenden Verbreitung des Energy-Harvesting-Konzepts entsteht ein Markt für entsprechend miniaturisierte Wandler mit hoher Effizienz bei kleinen Leistungen. Daher ist in naher Zukunft zu erwarten, dass geeignete Wandler verfügbar werden, ohne spezialisierte Komponenten für das Künstliche Akkommodationssystem zu entwickeln. Erste Beispiele hierfür stellen spezialisierte Wandler zur Nutzung von Piezoschwingungswandlern

[Lin10] und effiziente Gleichspannungswandler für kleine Ströme $< 20\,\text{mA}$ und einer Effizienz $> 90\,\%$ bei $1\,\text{mA}$ [Lin09] dar.

Ladungspumpen können trotz der geringen Effizienz für das Künstliche Akkommodationssystem in Frage kommen, da sie keine Induktivitäten benötigen. Werden beispielsweise sehr kleine Leistungen auf einem höheren Spannungsniveau als der Energiespeicherspannung, für beispielsweise den Betrieb von Sensoren benötigt, müssen Ladungspumpen in Betracht gezogen werden.

Linearregler werden interessant, sobald die Effizienz eines verwendeten geschalteten Wandlers η_{SR} unter die eines Linearwandlers η_{LR} fällt oder, wenn der erforderliche Bauraum für einen geschalteten DC/DC-Wandler anteilig mehr Bauraum vom Energiespeicher einnimmt, als durch die erhöhte Effizienz des Wandlers gewonnen werden kann. Wird angenommen, dass der verfügbare Bauraum $V_{\text{ges}} = V_{\text{Wandler}} + V_{\text{ES}}$ für Gleichspannungswandler und Energiespeicher konstant bleibt, kann der folgende Zusammenhang hergeleitet werden:

$$\frac{1 - \frac{V_{\text{SR}}}{V_{\text{ges}}}}{1 - \frac{V_{\text{LR}}}{V_{\text{ges}}}} \leq \frac{\eta_{\text{LR}}}{\eta_{\text{SR}}}, \tag{3.31}$$

wobei V_{LR}, V_{SR} den Volumina und η_{LR}, η_{SR} den Wirkungsgraden jeweils des Linear- und des Schaltwandlers entsprechen. Ist die Ungleichung erfüllt, sollte ein Linearregler zur Spannungsaufbereitung aus dem Energiespeicher verwendet werden.

3.2.5. Vergleichende Gegenüberstellung von Systemkonzepten zur Energieversorgung

In den bisherigen Abschnitten dieses Kapitels wurden die aussichtsreichsten Technologien zur Umsetzung der in Kapitel 2 identifizierten Konzepte zur Versorgung des Künstlichen Akkommodationssystems untersucht und einzeln bewertet. Werden die Teilkomponenten in die in Abschnitt 2.4 beschrieben Konzepte integriert, ergeben sich Gesamtlösungen zur bedarfsgerechten Energieversorgung des Künstlichen Akkommodationssystems.

Die entstehenden Gesamtlösungen werden mit Kriterien, die aus den Anforderungen an die Energieversorgung des Künstlichen Akkommodationssystems aus Abschnitt 2.1 abgeleitet sind, einheitlich bewertet. Jedes Bewertungskriterium erhält eine Gewichtung relativ zur Bedeutung des Kriteriums für die spätere Realisierung des Konzepts im Künstlichen Akkommodationssystem. Die Summe aller Gewichtungsfaktoren ergibt 1. Die Gewichtung der Bewertungskriterien repräsentiert die Bedeutung des Kriteriums für das Künstliche Akkommodationssystem. Die Energiedichte und die Sicherheit für den Patienten sind daher mit 0,2 am höchsten gewichtet, wohingegen beispielsweise die Leistungsdichte und der Nutzungskomfort wenig Einfluss auf die Nutzbarkeit einer Technologie im Künstlichen Akkommodationssystem haben und entsprechend mit 0,05 gewichtet sind. Damit wird erstmals ein bewerteter Vergleich unterschiedlicher Technologien zur bedarfsgerechten Energieversorgung des Künstlichen Akkommodationssystems vorgenommen. Die anschließende Bewertung erfolgt durch die Vergabe von Punkten von 0 = „ungenügend" bis 5 = „sehr gut".

Die Bewertung einer Gesamtlösung erfolgt durch die Bildung des arithmetisch gewichteten Mittels sowie des geometrisch gewichteten Mittels. Die abschließende Bewertung einer Systemlösung orientiert sich am gewichteten geometrischen Mittel, da sich durch das geometrische Mittel klare Ausschlusskriterien in der Bewertung abbilden lassen. Während beim arithmetischen Mittel eine Bewertung mit 0 in einem Kriterium durch eine gute Bewertung in einem anderen Kriterium ausgeglichen werden kann, führt eine Bewertung mit 0 im geometrischen Mittel zum Ausschluss des Systemkonzepts. Die hierfür erhaltenen Ergebnisse sind in der Tabelle 3.10 dargestellt.

Kriterium	Energiedichte	maximale Leistungsdichte	Störanfälligkeit	Realisierungsaufwand	Verträglichkeit & Sicherheit	Implantationsaufwand	Nutzungskomfort	Bauraum	Systemintegration	Lebensdauer	Arithmetisches Mittel	Geometrisches Mittel
Gewichtung	0,2	0,05	0,1	0,15	0,2	0,15	0,05	0,05	0,05	0,1		
chemische Primärzellen	0	1	4	5	2	5	5	1	3	1	2,40	0,00
Radioisotopbatterien	2	2	5	4	0	5	5	2	3	4	2,80	0,00
EH Wärme	1	1	3	2	5	4	5	1	2	5	3,05	1,10
EH chemisch	3	3	1	2	3	4	5	4	2	1	2,70	1,09
EH Licht	2	2	3	2	5	4	5	4	2	3	3,25	1,12
EH mechanisch	1	1	2	1	3	2	4	1	1	2	1,85	1,05
Einkopplung Licht	3	4	1	1	2	4	2	4	2	5	2,70	1,09
Einkopplung induktiv	5	5	2	3	4	5	3	4	5	5	4,15	1,15

Tabelle 3.10.: Bewertungskriterien und deren Gewichtung sowie vergleichende Bewertung von Systemlösungen der Energieversorgung des Künstlichen Akkommodationssystems. Die Bewertung erfolgt auf einer Skala von 5 = „sehr gut" bis 0 = „ungeeignet".

Das in Tabelle 3.10 sowohl im arithmetischen (4,15) als auch im geometrischen Mittel (1,15) bestbewertete Konzept zur Energieversorgung des Künstlichen Akkommodationssystems stellt die induktive Einkopplung von magnetischer Feldenergie dar. Die erforderliche Lebensdauer wird durch die Verwendung eines entsprechenden Energiespeichers zur Realisierung eines teilautarken Betriebs gewährleistet. Vorteilhaft ist die hohe Energiedichte und die damit erreichbare durchschnittliche Leistungsdichte, welche beim zum Zeitpunkt der Erstellung der vorliegenden Arbeit aktuellen Stand der Mikroelektronik zur Realisierung aller Funktionen im Künstlichen Akkommodationssystem benötigt wird. Hohe Toleranzen bei der Positionierung stellen keine erhöhten Anforderungen an die Implantation. Entscheidender Nachteil der induktiven Energieübertragung gegenüber Energy-Harvesting-Konzepten und Primärzellen stellt der durch die Notwendigkeit einer periodischen Aufladung des Systems reduzierte Benutzerkomfort dar.

Eine Energieversorgung des Systems mit den nach dem geometrischen Mittel zweit und dritt bewerteten Konzepten, dem Energy-Harvesting von in das Auge einfallendem Licht (1,12) sowie die Nutzung des über dem Implantat natürlich vorherrschenden Temperaturgradienten (1,10) ist ebenfalls denkbar. Voraussetzung hierfür ist die Reduktion der Leistungsaufnahme des Künstlichen Akkommodationssystems auf unter $5\,\mu W$. Ob eine solch niedrige Leistungsaufnahme realisierbar ist, wird im Folgenden durch Abschätzung der mittleren Leistungsaufnahme des Gesamtsystems untersucht.

Die Verwendung von Biobrennstoffzellen ermöglicht gegenüber der Nutzung des einfallenden Lichts oder des Wärmegradienten im Auge eine erheblich höhere mittlere Leistung zum Betrieb des Künstlichen Akkommodationssystems. Begrenzend für die Verwendung in Implantaten ist dabei die Lebensdauer der zur Zeit verfügbaren Biobrennstoffzellen. Werden zukünftig neue Brennstoffzellen bekannt, welche die geforderte Lebensdauer von 30 Jahren erreichen, ist die Integration einer Brennstoffzelle in das Implantat durchaus interessant. Zuvor muss jedoch eine Schädigung des Auges durch die beim Betrieb entstehende Glukonsäure und den eventuell entstehenden Sauerstoffmangel im Auge untersucht werden.

Das Konzept zur Einkopplung von Licht in das Auge zur Versorgung des Künstlichen Akkommodationssystems erhält eine vergleichsweise schlechte durchschnittliche Bewertung. Die schlechte Bewertung ist auf den wie bei der induktiven Energieübertragung recht schlechten Benutzerkomfort kombiniert mit einer niedrigen übertragbaren Leistung sowie den mit der gezielten Einkopplung von Licht verbundenen hohen Realisierungsaufwand zurückzuführen.

Die Verwendung von mechanischen Schwingungsgeneratoren zur wartungsfreien Versorgung des Künstlichen Akkommodationssystems für die gesamte Implantatlebensdauer wird aufgrund des in Abschnitt 3.2.2.1 bereits geschilderten komplexen Aufbaus und der sehr niedrigen zu erwartenden Leistungsdichte als wenig aussichtsreich angesehen. Dies korreliert mit den im Vergleich zu anderen Systemkonzepten unterdurchschnittlichen Bewertungen der mechanischen Generatoren in Tabelle 3.10.

Nach dem gewichteten geometrischen Mittel sind chemische Primärzellen aufgrund ihrer zu geringen Energiedichte und Radioisotopbatterien aufgrund ihrer geringen Sicherheit für den Patienten nicht für die Integration im Künstlichen Akkommodationssystem geeignet und erhielten daher eine Bewertung von Null.

3.3. Neue Konzepte zur Energieeinsparung

Die begrenzte Energiedichte der aktuell erhältlichen Energiespeichertechnologien erfordert eine sehr effiziente Nutzung der gespeicherten Energie durch Entwicklung neuer Konzepte zur Energieeinsparung im Künstlichen Akkommodationssystem. Die im Folgenden beschriebenen Konzepte zur Energieeinsparung werden gemäß der in Abbildung 2.5 dargestellten Methodik erarbeitet. Zum einen wird ein Energiemanagement für das Künstliche Akkommodationssystem entwickelt. Die Konzeption des Energiemanagements enthält sowohl die Konzeption von Energiemanagementstrategien zur dynamischen Skalierung der Leistungsfähigkeit verbunden mit einer Reduktion der Leistungsaufnahme der Teilsysteme des Künstlichen Akkommodationssystems und spezialisierte Hardware, welche die durch das Energiemanagement dynamisch angeforderten Leistungsfähigkeit ermöglicht. Zum anderen wird eine, für ein energieeffizientes, mechatronisches System wie das Künstliche Akkommodationssystem, benötigte energieeffiziente und auf Sicherheit ausgelegte Softwarearchitektur entwickelt. Da die Berechnung des Akkommodationsbedarfs den Vorgang mit dem höchsten Rechenaufwand im Künstlichen Akkommodationssystems darstellt, wird abschließend ein Konzept zur effizienten Berechnung der benötigten trigonometrischen Funktionen hergeleitet.

3.3.1. Entwicklung neuer Strategien des Energiemanagements

Zur Steigerung der Energieeffizienz des Künstlichen Akkommodationssystems müssen nicht der Funktion dienende, wie beispielsweise die durch Leckströme in Logikschaltungen oder aktive, aber unbenutzte Analogschaltkreise entstehenden Verlustleistungen, minimiert werden. Hierzu werden im Folgenden Strategien zur Energieeinsparung konzipiert. Funktionsmuster der zur Umsetzung der konzipierten Strategien benötigten Hardware werden im Rahmen der Anwendung der Konzepte zur Reduktion der Leistungsaufnahme des Künstlichen Akkommodationssystems in Abschnitt 4.2 beschrieben.

3.3.1.1. Aufgabe des Energiemanagements

Aufgabe des Energiemanagements ist es, durch möglichst einfache Konzepte die Leistungsaufnahme der Einzelkomponenten und damit des Gesamtsystems ohne Beeinträchtigung der Funktion zu reduzieren. Dazu muss gewährleistet sein, dass abhängig vom Systemzustand zu jedem Zeitpunkt eine dem Bedarf angepasste, effiziente Energieversorgung gewährleistet ist. Durch integrierte Überwachungsfunktionen kann das Energiemanagement einen eventuell bevorstehenden Energiemangel erkennen und durch Einleitung eines sicheren Systemzustands maßgeblich zur Sicherheit des Gesamtsystems beitragen. Die Energiemanagementstrategie kann nur erfolgreich umgesetzt werden, wenn die zugrundeliegende Hardware Funktionen zur Reduktion der Leistungsaufnahme bei eventuell reduzierter Leistungsfähigkeit zur Verfügung stellt. Nur so ist es möglich, durch die Energiemanagementstrategie stets eine dem aktuellen Bedarf genügende Leistungsfähigkeit bei zeitweise reduzierter Leistungsaufnahme zu realisieren.

3.3.1.2. Klassifikation von Energiemanagementstrategien

Die Energiemanagementstrategien lassen sich in verschiedene Wirkungsstufen unterteilen, die sich durch die Größe ihres Einflussbereichs unterscheiden. Hierbei wird im Rahmen der vorliegenden Arbeit zwischen

- globalen,
- teilglobalen
- und lokalen

Energiemanagementstrategien unterschieden. Eine Veranschaulichung der drei Einflussbereiche des Energiemanagements ist in Abbildung 3.15 dargestellt.

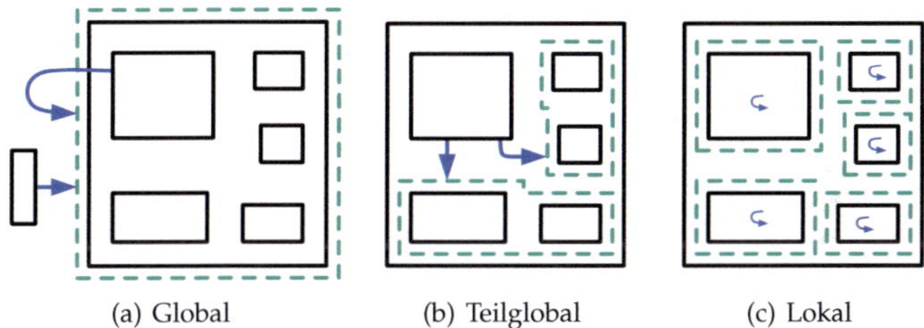

(a) Global   (b) Teilglobal   (c) Lokal

Abbildung 3.15.: Schematische Veranschaulichung der Einflussbereiche von globalen, teilglobalen und lokalen Energiemanagementstrategien

Globale Strategien, wie ein zeitweises Abschalten (Duty-Cycling) des Gesamtsystems, bieten ein sehr hohes Potential zur Reduktion der mittleren Leistungsaufnahme des Systems. Sie können jedoch mit großen Einschränkungen in der Funktion des Gesamtsystems einhergehen, da im abgeschalteten Zustand keine Möglichkeit besteht, Änderungen im Akkommodationsbedarf zu erkennen. Die Steuerung einer globalen Energiemanagementstrategie kann von Komponenten innerhalb des Energiemanagementszenarios initiiert werden, benötigt jedoch eine kontinuierlich mit Energie versorgte weitere Komponente, die das Wiedereinschalten des Gesamtsystems realisiert.

Ein teilglobales Abschalten einzelner Funktionsbereiche des Implantats hilft bei der Reduktion der Grundlast. Werden einzelne Komponenten zeitweise nicht benötigt, können sie komplett abgeschaltet werden. Eine rechtzeitige Reaktivierung der Komponenten kann durch die nicht abgeschalteten Teile des Systems jederzeit gewährleistet werden. Koordiniert wird eine teilglobale Energiemanagementstrategie durch die zentrale, informationsverarbeitende Komponente, welche Einfluss auf ihre eigene Energieversorgung, aber auch auf die anderer Komponenten nehmen kann.

Als lokale Energiesparstrategien sind alle komponenteninternen Strategien zur Senkung der Verlustleistung anzusehen. Gewöhnlich wird eine Entscheidung über die Aktivierung einer lokalen Energiesparfunktion durch die Komponente selbst getroffen. Die Abschaltung der Energiesparfunktion und die Rückkehr zum Normalbetrieb kann bei Bedarf mit extrem kurzer Verzögerung im Bereich von wenigen µs erfolgen.

3.3.1.3. Neue Konzepte zur Reduktion der Leistungsaufnahme

Ein als *global* einzuordnendes Problem stellt die Einschaltstrategie dar. Durch sie wird gewährleistet, dass das System auch bei vollständig entladenem Energiespeicher, neu angelegter externer Energiezufuhr und damit langsam ansteigender Betriebsspannung, korrekt in Betrieb geht. Hierbei muss gewährleistet sein, dass das System auch in der Phase bis zum Erreichen der eigentlichen Betriebsspannung einen zwar nicht funktionsfähigen, jedoch sicheren Zustand einnimmt. Ist die Betriebsspannung erreicht, müssen alle Einzelsysteme in einen definierten Ausgangszustand versetzt werden. Erst danach darf das Gesamtsystem anlaufen.

Das Duty-Cycling des Gesamtsystems kann genutzt werden, um die Energieaufnahme in Phasen, in denen kein Akkommodationsbedarf besteht, auf ein Minimum zu reduzieren. Ein vielversprechendes Konzept hierfür ist eine Schlaferkennung bzw. eine Messung der Umgebungsleuchtdichte. Möglich wird die Abschaltung des Gesamtsystems ohne Beeinträchtigung der Funktion dadurch, dass in der skotopischen Wahrnehmung unterhalb 0,1 $^{cd}/m^2$ Umgebungsleuchtdichte kein Akkommodationsbedarf mehr besteht, was auf die Verteilung der lichtempfindlichen Stäbchen und Zapfen [RZ94] auf der Netzhaut zurückzuführen ist. Eine Schlafabschaltung für das Künstliche Akkommodationssystem wird in Abschnitt 4.2.2 detailliert ausgearbeitet.

Eine Energiespeicherüberwachung dient als globale Strategie zur Früherkennung von Energieknappheit und kann als Auslöser für andere globale, teilglobale oder lokale Strategien genutzt werden, welche die Funktion des Implantats auf den aktuellen Energievorrat anpassen. Beispiel hierfür ist eine aktive Schutzvorrichtung, die bei Energiemangel das optische Element in einen sicheren Zustand bringt. Die Energiespeicherüberwachung kann Informationen, wie beispielsweise die aktuelle Energiespeicherspannung, zur Berechnung der noch verfügbaren Energie nutzen.

Teilglobale Strategien umfassen das Duty-Cycling von Teilsystemen, wie z.B. die Abschaltung des Sensors und der gesamten Auswerteelektronik in Abtastpausen kurz nach einer erfolgreichen Messwertaufnahme bis zum nächsten Messzyklus oder die dynamische Anpassung der Abtastrate. Die dynamische Anpassung der Abtastrate setzt voraus, dass vom System erkannt werden kann, dass eine reduzierte Messfrequenz den Implantatträger nicht gefährdet bzw. eine Akkommodationsbedarfsänderung trotzdem zuverlässig erkannt werden kann. Die bedarfsgerechte Anpassung der Messfrequenz des Künstlichen Akkommodationssystems wird in Abschnitt 4.2.3 in Form einer Sakkadendetektion vorgestellt.

Eine dynamische Anpassung der Versorgungsspannung des Sensorsystems ist ebenfalls denkbar, hierfür müssen mehrere Punkte beachtet werden. Bei Reduktion der Versorgungsspannung kann die Auflösung des Sensors reduziert werden. Dabei kann es trotzdem sinnvoll sein, die Messwerte mit reduzierter Auflösung weiter auszuwerten, da bei Auftreten qualitativer Veränderungen die Versorgungsspannung wieder erhöht werden und der Sensor sofort ein exaktes Ergebnis liefern kann. Außerdem muss beachtet werden, dass die Ausgangssignale mancher Sensoren von der Eingangsspannung abhängen. Durch Vergleich der aktuell eingestellten Versorgungsspannung des Sensorsystems mit einer zusätzlich erzeugten Referenzspannung können die Messwerte ohne großen Aufwand korrigiert werden, ihre Genauigkeit bleibt jedoch reduziert.

Ein Beispiel für eine *lokale* Energiemanagementstrategie stellt beispielsweise die dynamische Skalierung der Taktfrequenz bzw. eine Abschaltung und bedarfsgerechte Reaktivierung des Mikrocontrollers dar. Durch die Reduktion des Prozessortakts kann eventuell auch die Betriebsspannung des Mikrocontrollers gesenkt werden, woraus sich durch Minimierung der Leckströme und Schaltverluste eine starke Reduktion der Leistungsaufnahme des Prozessors ergibt. Die Leistungsaufnahme eines Mikrocontrollers setzt sich aus einer statischen Leistungsaufnahme und einer dynamischen, von der Taktfrequenz des Mikrocontrollers abhängige, Leistungsaufnahme zusammen. Im statischen Betrieb sind die im Wesentlichen aus Schaltverlusten resultierenden dynamischen Verluste vernachlässigbar. Wird die Taktfrequenz schrittweise erhöht, steigt proportional der Anteil dynamischer Verluste an. Bei hohen Taktfrequenzen überwiegt dann der Anteil der dynamischen Verluste. Für jeden Mikrocontroller kann daher eine optimale Betriebsfrequenz bei minimaler Energieaufnahme pro Rechenoperation hergeleitet werden, woraus sich für den Mikrocontroller eine Abschaltung des Takts als weitaus sinnvoller als die dynamische Frequenzskalierung herausstellt. Eine dynamische Frequenzskalierung wird erst dann wieder interessant, wenn die energieoptimale Taktfrequenz zur Berechnung innerhalb der durch die Echtzeitanforderung definierten Zeit nicht mehr ausreicht. Eine Abschätzung der optimalen Betriebsfrequenz des Mikrocontrollers des Künstlichen Akkommodationssystems wird im Rahmen der Ermittlung der Leistungsaufnahme des Künstlichen Akkommodationssystems in Abschnitt 4.1 durchgeführt.

3.3.2. Entwicklung einer spezialisierten Softwarearchitektur

Zum Betrieb des Künstlichen Akkommodationssystems ist eine Software für das informationsverarbeitende Teilsystem unabdingbar. Da die Effizienz einer solchen Betriebssoftware entscheidenden Einfluss auf die Energieeffizienz des Gesamtsystems hat, wird im Folgenden eine auf *Energieeffizienz und Sicherheit* ausgelegte Softwarearchitektur für das Künstliche Akkommodationssystem vorgestellt. Zunächst werden die Anforderungen an die Softwarearchitektur formuliert. Danach werden die für die Entwicklung einer Medizinprodukte-software grundlegenden Regularien beschrieben und abschließend unter Berücksichtigung aller Regularien und Anforderungen ein neues Konzept für die Softwarearchitektur des Künstlichen Akkommodationssystems entwickelt.

3.3.2.1. Anforderungen an die Softwarearchitektur

Die Software für das Künstliche Akkommodationssystem muss neben Gesetzlichen Regelungen wie dem Medizinproduktegesetz [MPG10] auch den speziellen Anforderungen des Künstlichen Akkommodationssystems genügen. Da die endgültige Hardwareplattform des Systems aktuell noch nicht bekannt ist, müssen möglichst große Teile der Software einfach auf andere Hardwareplattformen portierbar sein. Es muss gewährleistet sein, dass im Laufe des zukünftigen Entwicklungsprozesses, wenn Teilsysteme des Künstlichen Akkommodations-systems weiterentwickelt werden, durch einen modularern Aufbau, einzelne Softwarekomponenten unter Beibehaltung der restlichen Softwarekomponenten einfach ausgetauscht werden können.

Die Energiedichte bekannter Energiespeichertechnologien ist begrenzt. Zur Verlängerung der unabhängigen Betriebszeit ist neben den oben beschriebenen Strategien zur Energieeinsparung auch eine effiziente Software essentiell.

Als aktives Implantat stellt das Künstliche Akkommodationssystem besondere Anforderungen an die Sicherheit der Software. Generell gilt, dass die Software soweit technisch möglich, sicher programmiert werden muss. Normen zum Entwicklungsprozess für Medizingeräte und deren Software stellen entsprechende Verfahren zur Entwicklung sicherer Software bereit. Eine modulare Struktur der Softwarearchitektur ist auch im Bezug auf die Sicherheit vorteilhaft, da sie die Verifikation einzelner Module gestattet und aufgrund der damit reduzierten Komplexität eine Verifikation des Gesamtsystems erleichtert. Auf Basis einer modularen Struktur lassen sich auch die Zugriffsrechte aller Softwaremodule klar definieren. Zugriffe können gegebenenfalls durch eine weitere, zwischengeschaltete Softwarekomponente überprüft werden, die unautorisierte Zugriffe verhindert. Trotz Einhaltung aller Sicherheitskriterien gilt es, die Softwarearchitektur so einfach wie möglich zu halten.

Bestehen wie beim Künstlichen Akkommodationssystem Schnittstellen zur Systemumgebung kann die Energieeffizienz der Software durch Vermeidung energetisch kritischer Zustände erheblich zur Ausfallsicherheit des Gesamtsystems beitragen.

Zusammenfassend ergeben sich folgende Anforderungen an die Softwarearchitektur:

- sicher
- verifizierbar
- energieeffizient
- portierbar
- erweiterbar
- einfach.

3.3.2.2. Konzeption der Softwarestruktur

Im Folgenden wird das Konzept der Softwarearchitektur für das Künstliche Akkommodationssystem, das die Anforderungen an die Softwarearchitektur erfüllt und auf Basis des Risikomanagementprozesses [ISO07] sowie des Softwarelebenszyklusprozesses [DIN07] hergeleitet wurde, vorgestellt.

Der Aufbau der Softwarearchitektur unterteilt sich in Softwareeinheiten, welche entsprechend ihres Abstraktionsgrads in unterschiedliche Softwareschichten eingeordnet sind. Die einzelnen Softwareelemente innerhalb der Softwarearchitektur sind so aufgebaut, dass sich eine hierarchische Struktur entsprechend eines Schichtenmodells ergibt. Das übergeordnete Softwareelement hat Zugriff auf das darunter liegende Element bzw. die darunter befindlichen Elemente. Zur Durchsetzung strenger Zugriffsrechte sind keine horizontalen Zugriffe der Softwareelemente zugelassen. Bei der Entwicklung der hierarchischen Softwarestruktur mit steigendem Abstraktionsgrad in höheren Schichten wurde darauf geachtet, einen Mittelweg zwischen Abstraktionsgrad und damit der Portierbarkeit und Sicherheit sowie der Energieeffizienz der Softwarearchitektur zu erreichen.

Die gesamte Softwarearchitektur in Abbildung 3.16 basiert auf einer austauschbaren Hardwareplattform, welche durch verschiedene Mikrocontroller realisiert werden kann. Die Funktionen des Mikrocontrollers werden über eine Treiberschicht abstrahiert. Auf den jeweiligen Treibern bauen die abstrahierten Softwareeinheiten 'Mathematik', 'Energiemanagement', 'Aktor', 'Kommunikation' und 'Sensorik' auf. Die Treiberschicht stellt neben den benötigten Funktionen zur Ansteuerung des Mikrocontrollers auch alle notwendigen Datenprotokolle zur Kommunikation mit den Sensoren, dem Kommunikationssystem sowie dem Aktor zur Verfügung. Eine Sonderstellung in der Treiberschicht hat der Block mit spezialisierten mathematischen Berechnungsfunktionen. Hier sind schnelle mathematische Funktionen hinterlegt, welche eine effiziente Berechnung des Akkommodationsbedarfs gestatten. Stellt der zugrundeliegende Mikrocontroller höhere mathematische Funktionen wie beispielsweise zur Berechnung von Multiplikationen bereit, wird in der Softwareeinheit 'Mathematik' definiert, ob und wie der Hardwaremultiplikator benutzt werden soll. Stehen keine derartigen Hardwarefunktionen zur Verfügung, wird auf eine Softwareimplementierung zurückgegriffen, ohne dass die darüberliegende Softwareschicht geändert werden muss.

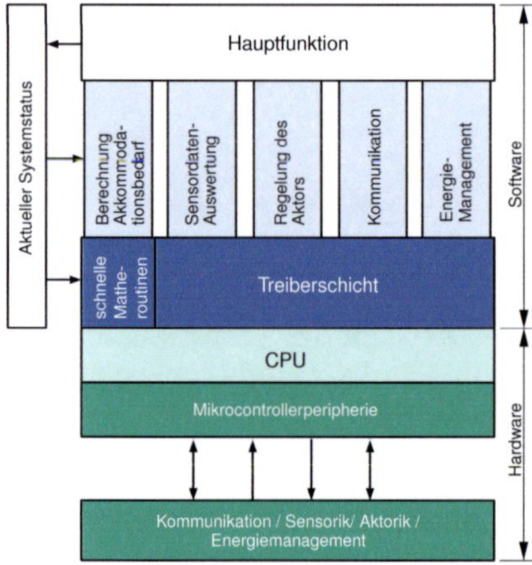

Abbildung 3.16.: Struktureller Aufbau der Softwarearchitektur und deren Softwareeinheiten sowie deren Schnittstelle zur zugrundeliegenden Hardwareplattform

Die oberste Softwareschicht stellt die Hauptfunktion dar. Sie beinhaltet den eigentlichen Programmablauf und kann über die ihr direkt untergeordnete Softwareschicht abstrahiert auf alle Teilsysteme des Künstlichen Akkommodationssystems zugreifen. Aus Gründen der Determiniertheit wurde für die Hauptfunktion und damit für das Gesamtsystem ein sequentieller Ablauf des Programms gewählt. Neben der rein hierarchischen Schichtstruktur wird allen Ebenen der Softwarearchitektur lesender Zugriff auf allgemeine Daten, wie beispielsweise Fehlermeldungen oder Statusinformationen gewährt, die jedoch ausschließlich von der Hauptfunktion geschrieben werden dürfen.

Gemäß den Anforderungen reduziert der modulare Schichtaufbau der Softwarearchitektur die Komplexität der Software und vereinfacht die Verifikation einzelner Softwarekomponenten. Die Austauschbarkeit von Softwaremodulen ist durch eine einheitliche Schnittstellendefinition zwischen den einzelnen Ebenen gewährleistet. Ausführliche Beschreibungen der zugrundeliegenden Entwicklungsprozesse und detaillierte Schnittstellenbeschreibungen sind in [Har10] dokumentiert.

3.3.3. Energieeffizienter Algorithmus zur Berechnung des Akkommodationsbedarfs

Da der Energiebedarf der Steuerung direkt von der benötigten Rechenzeit abhängt [NHS$^+$10, NBH$^+$10], wird im Folgenden ein neuer, energieeffizienter Algorithmus zur Berechnung des Akkommodationsbedarfs unter Verwendung der Vergenzwinkelmessung durch Magnetfeldsensoren hergeleitet. Die Problemstellung für den Algorithmus liegt in der Bestimmung des Akkommodationsbedarfs aus dem Vergenzwinkel und dessen Berechnung aus den Komponenten des Magnetfelds in Richtung der augenfesten Magnetfeldsensorachsen.

3.3.3.1. Berechnung mathematischer Funktionen in Mikrorechnern

Bevor eine detaillierte Betrachtung der Akkommodationsbedarfsberechnung erfolgt, wird im Folgenden zunächst kurz auf die in einem Mikrorechner berechenbaren, mathematischen Funktionen eingegangen. Alle bekannten Mikrorechner verwenden eine binäre Zahlendarstellung. Die Operationen des Rechenwerks eines einfachen Mikrorechners sind daher meist auf einfache binäre Rechenoperationen beschränkt. Typische Beispiele für derartige Operationen sind ohne Anspruch auf Vollständigkeit das Kopieren eines Speicherinhalts in ein Register bzw. des Inhalts eines Registers in den Speicher, das Subtrahieren bzw. Addieren zweier Register, Bit-Schiebe-Operationen und Vergleiche. Höhere Operationen wie beispielsweise die Multiplikation, die Division, trigonometrische Funktionen und Wurzelfunktionen, aber auch erweiterte Zahlendarstellungen wie z.B. Gleitkommaarithmetik sind in kleinen, energiesparenden Mikrorechnern selten im Rechenwerk implementiert. Höhere Funktionen müssen mittels Bibliotheken durch Algorithmen auf Basis der Grundoperationen emuliert bzw. approximiert werden.

Werden in aktuellen Mikrorechnern Grundoperationen gewöhnlich binnen eines Taktzyklus abgearbeitet, kann aus dem geschilderten Zusammenhang direkt abgeleitet werden, dass höhere mathematische Funktionen wesentlich längere Rechenzeiten benötigen bis ein Ergebnis vorliegt. Bei Verwendung einer andere Zahlendarstellung wie Gleitkommazahlen, erhöht sich die benötigte Rechenzeit abermals. Wird ein Mikrorechner mit lokalem Energiemanagement betrachtet, der in Ruhezeiten nahezu vollständig abgeschaltet werden kann, ist der Energiebedarf des Mikrorechners im Wesentlichen von der Anzahl der zu berechnenden Grundoperationen abhängig. Für einen energieeffizienten Algorithmus ist demnach die Reduktion benötigter Rechenschritte unter Verwendung von Grundoperationen essentiell.

3.3.3.2. Akkommodationsbedarfsberechnung im Künstlichen Akkommodationssystem

Grundlage für die Berechnung des Akkommodationsbedarfs aus den Daten der Magnetfeldsensoren ist eine genaue Kenntnis der geometrischen Zusammenhänge während der Vergenzbewegung. Der geometrische Zusammenhang zwischen den in beiden Augen gemessenen Magnetfeldern und der Objektentfernung ist in Abbildung 3.17 dargestellt.

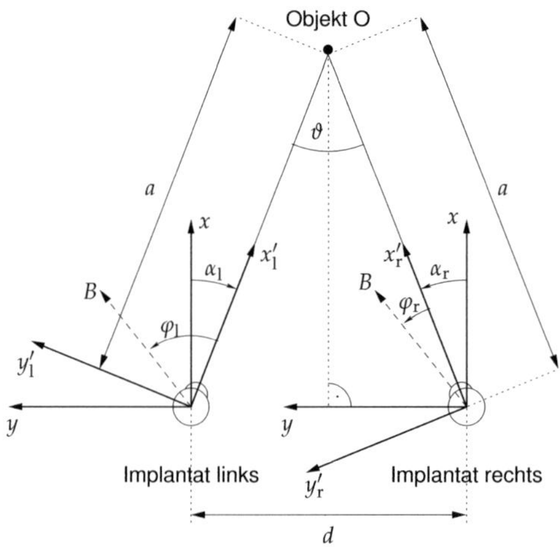

Abbildung 3.17.: Winkelbeziehungen zwischen kopffestem Koordinatensystem (x,y), augenfestem Koordinatensystem $(x'_l,y'_l;x'_r,y'_r)$ und externem Referenzmagnetfeld B bei Vergenzbewegung

Für die Berechnung des Winkels $\varphi_i(i = l,r)$ eines Auges aus den Komponenten des Magnetfelds im Sensorkoordinatensystem ergibt sich folgender Zusammenhang:

$$\varphi_i = \tan^{-1}\left(\frac{y'_i}{x'_i}\right), \tag{3.32}$$

wobei φ_i wie in Abbildung 3.17 dargestellt den Winkel zwischen Magnetfeldvektor B und Sensorhauptachse x'_i angibt. x'_i sowie y'_i stehen für die Komponenten des Magnetfelds in Richtung der x'_i,y'_i-Achsen des jeweiligen Sensors.
Der Vergenzwinkel ϑ berechnet sich zu:

$$\vartheta = \varphi_r - \varphi_l \tag{3.33}$$

als Differenz zwischen rechtem φ_r und linkem φ_l Winkel zwischen Auge und kopffestem Koordinatensystem.

Wird angenommen, dass keine Versionsbewegung stattfindet, also das betrachtete Objekt auf einer Geraden durch den Mittelpunkt zwischen beiden Augen parallel zur x-Achse des kopffesten Koordinatensystems liegt, ergibt sich durch die Vergenzbewegung der Abstand a zum Objekt zu:

$$a = \frac{d}{2 \cdot \sin\left(\frac{\vartheta}{2}\right)} \tag{3.34}$$

Als Gesamtgleichung ohne Berücksichtigung von Kalibrierungsfaktoren ergibt sich damit aus Gleichung (3.34) für den Objektabstand a:

$$a = \frac{d}{2 \cdot \sin\left(\dfrac{\tan^{-1}\left(\frac{y'_\mathrm{r}}{x'_\mathrm{r}}\right) - \tan^{-1}\left(\frac{y'_\mathrm{l}}{x'_\mathrm{l}}\right)}{2}\right)} \tag{3.35}$$

Für die Berechnung des Akkommodationsbedarfs im Künstlichen Akkommodationssystem wird daher ein Algorithmus benötigt, mit welchem sich in Mikrocontrollern transzendente Funktionen wie $\sin(x)$ und $\tan^{-1}(x)$ berechnen lassen. Nach [Klio8] muss die Winkelauflösung mindestens 1° betragen. Um durch die Berechnung keinen wesentlichen Fehler zum Messfehler der Sensoren beizutragen, wird im Folgenden gefordert, dass die Genauigkeit zur Berechnung mindestens 0,1° beträgt. Daraus ergibt sich eine minimale Auflösung der Berechnung von 12 Bit.

3.3.3.3. Vergleich von Berechnungsverfahren

Werden bekannte Softwaretechniken zur Berechnung des in Abbildung 3.17 dargestellten Zusammenhangs gesucht, ergeben sich folgende Lösungsmöglichkeiten:

- Approximation mit Tabellen
- Vektorielle Winkelberechnung zwischen den Fixierlinien
- Taylor-Entwicklungen
- Additions-und-Schiebe-Algorithmen,

welche nachfolgend ausführlich untersucht werden.

Approximation mit Tabellen

Tabellen bieten die Möglichkeit, komplexe Berechnungen auf leistungsfähigen Rechnern vorab auszuführen und die Ergebnisse für alle möglichen Eingabewerte vollständig in der eingebetteten Steuerung abzulegen.

Damit besteht die Möglichkeit den Akkommodationsbedarf für alle möglichen Kombinationen an Ausgabewerten der Magnetfeldsensoren x_i' und y_i' vorauszuberechnen und in einer vierdimensionalen Tabelle im Speicher abzubilden. Die Größe der Tabelle mit vier Eingabewerten zu 12 Bit und Ausgabewerten mit 12 Bit beträgt $2^{48} \cdot 12\,\text{Bit}$. Der benötigte Speicherplatz entspricht damit 384 TByte, was im Künstlichen Akkommodationssystem nicht realisierbar ist.

Eine zweite Möglichkeit besteht darin, das Problem ähnlich wie in Gleichung (3.35) in zwei Teilschritte, die Berechnung des Winkels eines Auges zum Referenzfeld und die Berechnung des Akkommodationsbedarfs aus dem Vergenzwinkel aufzuteilen. Hierzu wird eine Tabelle zur Ermittlung von φ_i aus x_i' und y_i' und eine Tabelle zur Ermittlung des Abstands a aus dem Vergenzwinkel ϑ hinterlegt.

Die Tabelle zur Ermittlung des Abstands a aus dem Vergenzwinkel ϑ ist eindimensional mit einem Eingabewert von 12 Bit bei Ausgabewerten von 12 Bit Länge und hat damit unter optimaler Speicherausnutzung eine Größe von $2^{12} \cdot 12\,\text{Bit} \simeq 6\,\text{KByte}$. Wird die Tabelle in einem Mikrocontroller mit einer Speicherbusbreite von 16 Bit abgelegt, belegt sie $2^{12} \cdot 16\,\text{Bit} \simeq 8\,\text{KByte}$, was in sehr großen Mikrocontrollern durchaus möglich ist.

Zur Berechnung des Akkommodationsbedarfs wird jedoch eine zusätzliche Tabelle benötigt. Die zweite Tabelle, zur Berechnung der Magnetfeldrichtung aus den Magnetfeldkomponenten, hat bei zwei Eingabewerten von je 12 Bit und einem Ausgabewert von ebenfalls 12 Bit eine Größe von $2^{24} \cdot 12\,\text{Bit} \simeq 24\,\text{MByte}$. Werden die 2^{24} Werte ebenfalls in einem Mikrocontroller mit 16 Bit Speicherbusbreite abgelegt, ergibt sich ein Speicherbedarf von 32 MByte, der ohne externe Speichererweiterung in den meisten Mikrocontrollern nicht realisierbar ist.

Die für das Künstliche Akkommodationssystem benötigten Ausgabewerte der Tabelle können aufgrund der Forderung nach einer Auflösung von 0,25 dpt stark eingeschränkt werden. Bei der Abbildung des Problems in Tabellen ergibt sich daher ein erhebliches Optimierungspotential, da bei einem maximalen Stellbereich für den Akkommodationsbedarf von 4,55 dpt [BSBG07] minimal 18 Ausgabewerte ausreichen, die sich in 5 Bit abbilden lassen. Für die Lösung mit zwei Tabellen bedeutet das, dass sich die Tabelle zur Bestimmung des Akkommodationsbedarfs verkleinert, die Tabelle zur Bestimmung des Vergenzwinkels jedoch nicht.

Eine Reduktion der redundanten Information in der Tabelle kann auch durch Berechnung des Problems in einem Quadranten mit während des Betriebs durchgeführten Transformationen in die nicht hinterlegten Quadranten erreicht werden. Dabei reduziert sich der Umfang der Tabelle. In diesem Fall müssen jedoch zusätzliche Abbildungs- und Transformationsregeln implementiert werden.

Vektorielle Winkelberechnung zwischen den Fixierlinien

Eine zweite Möglichkeit zur Berechnung des Akkommodationsbedarfs besteht darin, den Winkel zwischen den Fixierlinien über das Skalarprodukt [BSMM05] zu berechnen. Aus dem Skalarprodukt der Magnetfeldkomponenten im Sensorkoordinatensystem ergibt sich der Vergenzwinkel damit zu:

$$\vartheta = \arccos \left(\frac{\vec{x'_{\mathrm{l}}} \cdot \vec{x'_{\mathrm{r}}}}{|\vec{x'_{\mathrm{l}}}| \cdot |\vec{x'_{\mathrm{r}}}|} \right) \tag{3.36}$$

Bei der Implementierung in ein eingebettetes System erweist sich die Wurzel für die Berechnung des Betrags als Schwierigkeit. Zwar sind Näherungsverfahren, wie das Heronverfahren [BSMM05], bekannt (s. Gl. (3.37), eine Realisierung ist jedoch aufgrund der hohen Anzahl durchzuführender Divisionen sehr komplex.

$$x_{n+1} = \frac{x_n + \frac{a}{x_n}}{2} \quad \text{mit} \quad \lim_{n \to \infty} x_n = \sqrt{a} \tag{3.37}$$

Außerdem ist die Konvergenz des Heronverfahrens nach einer zuvor festgelegten Anzahl an Iterationen nicht gewährleistet, was bedeutet, dass die Laufzeit des Algorithmus je nach Eingabewerten unterschiedlich ist.

Taylor-Entwicklung

Die Taylor-Entwicklung stellt eine weitere Möglichkeit der Berechnung von trigonometrischen Funktionen durch Annäherung der Funktion durch eine Reihe dar. Für die Funtkion $\sin(x)$ gilt beispielsweise [BSMM05]:

$$\sin(x) = \sum_k \left[(-1)^k \cdot \frac{x^{2 \cdot k + 1}}{(2 \cdot k + 1)!} \right] \tag{3.38}$$

Dabei bedarf auch die Taylor-Entwicklung zahlreicher Divisionen, Multiplikationen und darüber hinaus sogar Exponentialrechnungen, die bei der Berechnung in eingebetteten Systemen wie dem Künstlichen Akkommodationssystems ebenfalls ein Problem darstellen. Neben der erschwerten Berechenbarkeit in eingebetteten Systemen tritt auch bei der Taylor-Entwicklung die Konvergenz nicht nach einer definierten Anzahl von Iterationen ein. Die Laufzeit einer derartigen Implementierung ist damit, analog zum Heronverfahrens, nicht vorhersagbar.

Additions-und-Schiebe-Algorithmen

Eine weitere, allgemein wenig bekannte Klasse an Algorithmen zur Berechnung diverser mathematischer Problemstellungen stellt die Klasse der Additions-und-Schiebe-Algorithmen dar. Sie umfasst alle Algorithmen, die lediglich Additionen und Bit-Schiebe-Operationen, also einfache Grundoperationen, zur Berechnung des Problems benötigen. Subtraktionen können in den Algorithmen durch Additionen mit Operanden in Zweierkomplementdarstellung realisiert werden. Über die in allen Mikrorechnern bereits implementierten Bit-Schiebe-Operationen können Division und Multiplikation mit 2^n realisiert werden. Aufgrund der Begrenzung verwendeter Operationen auf einfache logische Operationen, wie Addition und Bit-Schiebe-Operationen, sind die resultierenden Algorithmen in allen digitalen Hardwarearchitekturen sehr gut implementierbar.

Eine Herausforderung stellt dabei lediglich die Anpassung des Problems auf die ausschließliche Benutzung von Additionen und Bit-Schiebe-Operationen dar. Eine Möglichkeit trigonometrische Funktionen ausschließlich über logische Operationen zu realisieren, stellt der bereits 1959 entwickelte und teilweise in Vergessenheit geratene CORDIC-Algorithmus [Vol59] und seine Erweiterungen dar. Eine ausführliche Herleitung des Algorithmus befindet sich in Anhang A.6.

	Rotationsmodus	**Vektormodus**
zirkular	$\lim_{i \to n} x_i \to K_n (x_0 \cos z_0 - y_0 \sin z_0)$ $\lim_{i \to n} y_i \to K_n (y_0 \cos z_0 + x_0 \sin z_0)$	$\lim_{i \to n} x_i \to K_n \sqrt{x_0^2 + y_0^2}$ $\lim_{i \to n} z_i \to z_0 + \tan^{-1}(y_0/x_0)$
linear	$x_i = x_0$ $\lim_{i \to n} y_i \to y_0 + x_0 z_0$	$x_i = x_0$ $\lim_{i \to n} z_i \to z_0 + y_0/x_0$
hyperbol.	$\lim_{i \to n} x_i \to K_n (x_0 \cosh z_0 - y_0 \sinh z_0)$ $\lim_{i \to n} y_i \to K_n (y_0 \cosh z_0 + x_0 \sinh z_0)$	$\lim_{i \to n} x_i \to K_n \sqrt{x_0^2 - y_0^2}$ $\lim_{i \to n} z_i \to z_0 + \tanh^{-1}(y_0/x_0)$

Tabelle 3.11.: Übersicht über die durch eine CORDIC-Einheit berechenbaren Funktionen

Die durch eine CORDIC-Einheit berechenbaren Funktionen sind in Tabelle 3.11 dargestellt. x_0, y_0 und z_0 stellen die Eingabewerte des Algorithmus in die in Anhang A.6 beschriebenen Iterationsgleichungen dar. x_i, y_i und z_i entsprechen den Ergebnissen des Algorithmus nach der i-ten Iteration. K_n entspricht dem für eine feste Anzahl an Iterationen n unveränderlichen Skalierungsfaktor des Algorithmus und ist damit für eine Implementierung des Algorithmus konstant. Vektor- und Rotationsmodus unterscheiden sich lediglich durch die Vorschrift zur Wahl der Drehrichtung der Iterationen. Ziel des Rotationsmodus ist, das Register z_i welches zu Beginn des Algorithmus den Winkel z_0 enthält, auf Null zu bringen. Ziel der Rotationen im Vektormodus ist den durch x_0 und y_0 beschriebenen Anfangsvektor der x-Achse anzunähern und damit y_i gegen Null streben zu lassen. Mit Hilfe der erweiterten Grundgleichungen des CORDIC-Algorithmus (siehe Anhang A.6) lassen sich trigonometrische Funktionen, hyperbolische Funktionen, Wurzeln sowie einfache Multiplikationen und Divisionen berechnen. Ebenfalls von Vorteil ist die Möglichkeit, durch geschickte Ausnutzung der Eigenschaften des CORDIC-Algorithmus verschiedene Operationen in eine zu kombinieren. Der Algorithmus benötigt zur Berechnung zusätzlich eine Tabelle mit n Werten mit n Bit Auflösung, um auf n Bit genau zu rechnen. Die drei Modi zirkular, linear und hyperbolisch unterscheiden sich gemäß Anhang A.6 durch die Wahl der Werte in der Tabelle. Der lineare Modus benötigt keine Tabelle. Um alle Berechnungen durchführen zu können, werden damit zwei Tabellen mit einem Speicherbedarf von wenigen Byte benötigt, die problemlos in jeden Mikrocontroller integrierbar sind.

	Speicherbedarf	Laufzeit	Konvergenz
Tabellen	$--$	$++$	k.A.
Vektorielle Winkelberechnung	$++$	$--$	$-$
Taylor-Entwicklung	$++$	$--$	$--$
Additions-und-Schiebe-Algorith-men	$+$	$+$	$+$

Tabelle 3.12.: Vergleich unterschiedlicher Verfahren zur Berechnung des Akkommodationsbedarfs

Tabelle 3.12 enthält eine Übersicht der untersuchten Verfahren zur Berechnung des Akkommodationsbedarfs. Der Vergleich der hier untersuchten vier Berechnungsverfahren ergibt, dass der CORDIC-Algorithmus als Additions-und-Schiebe-Algorithmus für die Berechnung des Akkommodationsbedarfs im Künstlichen Akkommodationssystem am besten geeignet ist. Der CORDIC-Algorithmus stellt einen guten Kompromiss zwischen fester Rechenzeit und Speicherbedarf dar. Zur energieeffizienten Umsetzung der Akkommodationsbedarfsberechnung wird daher im Rahmen der vorliegenden Arbeit in Abschnitt 4.3 ein spezialisierter Algorithmus auf Basis des CORDIC-Algorithmus entwickelt.

3.4. Einheitliche Vorgehensweise zur Modellbildung und Optimierung einer induktiven Energieübertragung

Bevor die im Rahmen der vorliegenden Arbeit erstellten Funktionsmuster der entwickelten Konzepte zur Energieversorgung und Steigerung der Energieeffizienz des Künstlichen Akkommodationssystems in Kapitel 4 näher beschrieben werden, wird zunächst mit einer einheitlichen Methodik zur Auslegung einer induktiven Energieübertragung eine weitere theoretische Basis für die spätere Realisierung des Künstlichen Akkommodationssystems geschaffen.

Entsprechend den Untersuchungen aus Abschnitt 3.2 ergibt sich die induktive Einkopplung von elektromagnetischer Feldenergie beim aktuellen Stand der Technik als das Konzept, welches zeitnah die beste Realisierbarkeit aufweist. Im Folgenden wird zunächst eine Methode zur Realisierung einer induktiven Übertragungsstrecke entwickelt und schrittweise detailliert. Es werden Lösungen für alle benötigten Teilkomponenten konzipiert sowie deren Eigenschaften modelliert. Die gesamte Übertragungsstrecke sowie alle Teilkomponenten werden im Anschluss in Abschnitt 4.4 in Hinblick auf die Übertragungseffizienz der gesamten Energieübertragung hin optimiert, in einem makroskopischen Versuchsaufbau umgesetzt und durch Messungen charakterisiert.

Die hier vorgestellte, generische Vorgehensweise ist auf alle induktiven Energieübertragungssysteme anwendbar, bei denen die Kopplung zwischen Primär- und Sekundärspule sehr klein ist.

3.4.1. Anforderungen an die induktive Energieübertragung

Die Anforderungen an die induktive Energieübertragung lassen sich aus den in Abschnitt 2.1 spezifizierten Anforderungen an die Energieübertragung ableiten. Zusätzlich ergeben sich einige Anforderungen aus der in Abschnitt 3.1 konzipierten Abschätzung der Leistungsaufnahme des Gesamtsystems.

Geometrische Randbedingungen Alle Komponenten der Energieversorgung müssen außerhalb des optischen Bereichs angeordnet sein.

Funktion Die Funktion der Energieübertragung darf durch das umgebende Medium nicht beeinträchtigt werden. Die Funktion muss unabhängig vom Verhalten des Implantatträgers während des Ladevorgangs gewährleistet sein.

Zuverlässigkeit Die Lebensdauer des Systems muss 30 Jahre betragen.

Elektrische Randbedingungen Die für die Ladung des Energiespeichers erforderliche Leistung muss zur Verfügung gestellt werden. Der Energiespeicher muss entsprechend seines idealen Ladeprotokolls geladen werden, um eine möglichst lange Lebensdauer zu gewährleisten. Die Spannungen in der induktiven Energieübertragung muss an allen Stellen unter 40 V gegenüber dem Massepotential liegen, um für eine eventuelle Integration auf einem Application Specific Integrated Circuit (ASIC) mit gängigen Complementary Metal Oxide Semiconductor (CMOS) Prozessen [XFa10] kompatibel zu bleiben.

Randbedingungen aus dem Nutzungskomfort Dem Implantatträger muss eine autonome Nutzung des Systems von mindestens 24 h möglich sein. Daraus ergibt sich nach der Energiebedarfsabschätzung ein minimaler Energieinhalt des im System integrierten Energiespeichers. Das Wiederaufladen des integrierten Energiespeichers muss innerhalb einer Stunde erfolgen. Daraus resultiert die minimale, während des Ladevorgangs zur Ladung des Energiespeichers benötigte Leistung.

Sicherheit Durch die Nutzung des Systems darf der Implantatträger in keiner Weise gefährdet werden. Es gelten die in Abschnitt 2.1 definierten Grenzen für den Wärmeeintrag in das Gewebe.

3.4.2. Methodik zur Auslegung der induktiven Energieübertragung

Wie bereits in Abschnitt 3.2.3.2 hergeleitet, ist die induktive Energieübertragung stark von der Kopplung zwischen Primär- und Sekundärspule abhängig. Eine möglichst große, von den Spulen umschlossene Fläche und ein möglichst geringer Abstand zwischen den Spulen sind damit vorteilhaft. Theoretisch sind diverse Anordnungen der Primär- und Sekundärspule und der Spulen zueinander denkbar. Für die Sekundärspule im Künstlichen Akkommodationssystem ergibt sich daher, dass sie möglichst dicht an der Stirnfläche des Implantats und um den optischen Bereich herum angeordnet sein muss. Die Positionierung der Primärspule axial zur Sekundärspule ist zunächst naheliegend, weshalb sich die Integration der Primärspule in eine Ladebrille, welche vom Implantatträger während des Ladevorgangs getragen wird, als eine mögliche Lösung anbietet. Die Anordnung der Ladebrille relativ zum Künstlichen Akkommodationssystem, die durch eine portable Energiequelle über einen Oszillator und Verstärker mit hochfrequenter Wechselspannung versorgt wird, ist in Abbildung 3.18 schematisch dargestellt. Die Ladebrille muss so konstruiert werden, dass die Sicht des Implantatträgers durch die Primärspule nicht behindert wird.

Aus der Anordnung der Primärspule vor den Augen des Implantatträgers ergeben sich weitere Randbedingungen für die induktive Energieübertragung. Der Abstand einer Brille beträgt durchschnittlich 15–16 mm zum Hornhautscheitel. Zusammen mit der Lage des Implantats im Auge, dessen Vorderseite 3,1 mm hinter der Korneaoberseite liegt, ergibt sich inklusive der Gehäusewandstärke ein Mindestabstand zwischen Primär- und Sekundärspule von 18,1 mm. Durch die Fixierung der Ladebrille am Kopf des Implantatträgers wird die Primärspule nicht den Augenbewegungen des Implantatträgers folgen. Daher muss gewährleistet werden, dass der Ladevorgang nicht durch Augenbewegungen unterbrochen werden kann. Sollte eine Unterbrechung durch eine kurzzeitige, extreme Augenbewegung auftreten, muss sichergestellt werden, dass der Ladevorgang schnellstmöglich wieder startet.

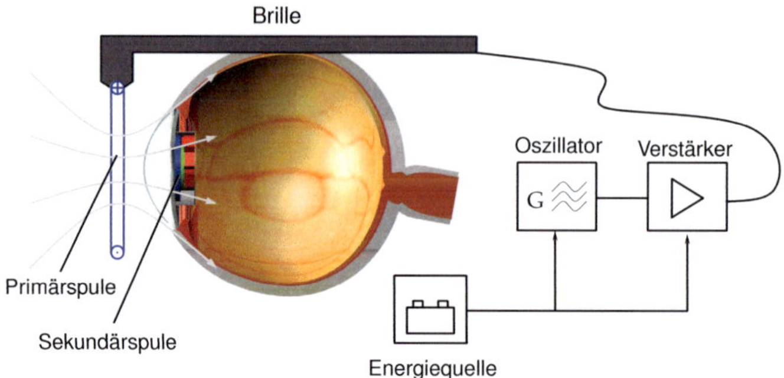

Abbildung 3.18.: Konzept zur Anordnung der Spulen der induktiven Energieübertragung des Künstlichen Akkommodationssystems

Für die Integration im Künstlichen Akkommodationssystem kommen zwei Arten von Sekundärspulen in Betracht. Zum einen können kurze Zylinderspulen mit einer Länge von 3,8 mm und einem Außendurchmesser von 9,8 mm verwendet werden, zum anderen könnten spiralförmige Planarspulen mit einem Innendurchmesser entsprechend dem Optikdurchmesser von 5 mm und einem Außendurchmesser von 9,8 mm Verwendung finden. Aufgrund der in [FF07, Pre02] hergeleiteten höheren Kopplung von Planarspulen an eine Primärspule und der besseren Produzierbarkeit [KKW08] von Planarspulen, direkt auf den flexiblen Schaltungsträger des Implantats [RGB10], fällt die Wahl zur Realisierung der Sekundärspule auf eine spiralförmige Planarspule.

Zur Realisierung einer induktiven Energieübertragung für das Künstliche Akkommodationssystem bietet sich eine abschnittsweise Betrachtung des Übertragungssystems an. Ziel ist die Bereitstellung eines geeigneten Ladestroms am Energiespeicher. Aktuelle Lithium-Sekundärzellen benötigen ein spezielles Ladeprotokoll, um eine Überladung und eine damit verbundene vorzeitige Degeneration der Zellen zu verhindern (s. Abschnitt 3.2.4.1). LiPON-Zellen hingegen können mit einer Konstantspannungsquelle geladen werden. Bei Einhaltung der maximalen Ladespannung ist eine Überladung nicht möglich. Um zu Standard-Lithium-Ionen-Technologien kompatibel zu sein, wird eine Ladeschaltung für diese Technologie in Form eines zusätzlichen Ladereglers im Konzept berücksichtigt, welche bei Verwendung von LiPON-Zellen entfallen kann.

Ein gegen Abbildung 3.18 verfeinertes Konzept der induktiven Energieübertragung ist in Abbildung 3.19 dargestellt. Von links beginnend wird zunächst ein Hochfrequenzsignal erzeugt. Die Hochfrequenz wird mit einem Verstärker verstärkt und einer an den Verstärker angepassten Primärspule zugeführt. Die Primärspule erzeugt ein elektromagnetisches Feld, welches die Sekundärspule durchsetzt und dort eine Spannung induziert. Die Ausgangsspannung wird gleichgerichtet und über einen Längsregler spannungsbegrenzt einem DC/DC-Wandler zur Stabilisierung und effizienten Impedanzanpassung zugeführt. Ein nachfolgender, optionaler Laderegler übernimmt die Einhaltung des für den verwendeten Energiespeicher benötigten Ladeprotokolls.

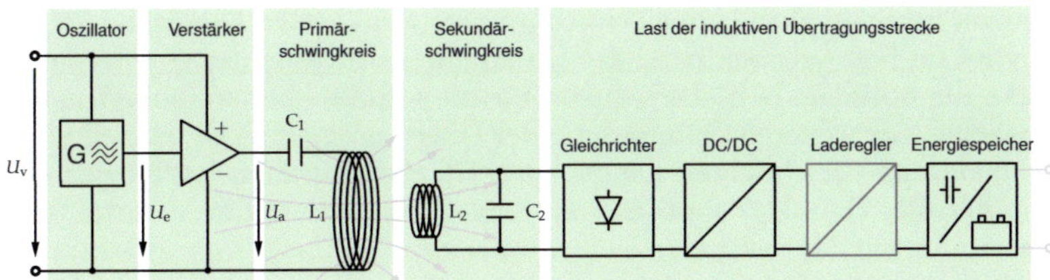

Abbildung 3.19.: Topologie der induktiven Energieübertragung: von links HF-Verstärker, Primärspule mit Anpassung, induktive Übertragungsstrecke, Sekundärspule mit Anpassung, Gleichrichter, DC/DC-Wandler, Sekundärzelle

Für die Anpassung der Primär- und Sekundärspulen werden Kapazitäten verwendet. Bei der Anpassung gilt es, den komplexen Widerstand der Induktivität derart zu kompensieren, dass von der Quelle bzw. Last aus betrachtet lediglich ein Ohmscher Widerstand erscheint und alle Blindleistungsanteile verschwinden. Eine derartige Kompensation ist nur zulässig, wenn die Betriebsfrequenz des Systems unveränderlich ist. Sie ermöglicht gleichzeitig eine optimale Leistungsanpassung der jeweiligen Quelle an die Last. Bei der Kompensation können zwei Arten unterschieden werden. Die Reihenkompensation ermöglicht die Anpassung auf eine niedrige Impedanz. Der Schwingkreis stellt im Resonanzfall einen Kurzschluss dar, wodurch der Strom im Schwingkreis stark ansteigt. Ein parallel kompensierter Schwingkreis hingegen weist in Resonanz einen hohen Innenwiderstand auf, wodurch die Spannung über dem Schwingkreis stark ansteigt. Da das Feld der Primärspule rein vom Strom in der Primärspule abhängt, wurde zur Steigerung des Spulenstroms auf der Primärseite eine Reihenkompensation gewählt. Die Sekundärspule soll auf den Schaltungsträger des Implantats integrierbar sein. Durch den begrenzten Bauraum und den Herstellungsprozess wird der maximale Leiterquerschnitt der Sekundärspule stark begrenzt, wodurch der parasitäre Ohmsche Widerstand der Sekundärspule verhältnismäßig hoch ist. Auf der Sekundärseite gilt es, die im besagten parasitären Widerstand entstehenden Verluste zu minimieren, welche bei einer hohen Spannung und kleinem Strom im Sekundärkreis reduziert werden. Zur Kompensation der Sekundärspule wurde daher ein Parallelkondensator gewählt. In Resonanz erleichtert die hohe Impedanz des entstehenden Parallelschwingkreises außerdem die Anpassung an die hochohmige Last.

3.4.3. Modellbildung und Optimierung

Zur optimalen Auslegung der induktiven Energieübertragung für das Künstliche Akkommodationssystem ist eine umfassende Modellbildung aller beteiligten Komponenten notwendig. Da alle auf eine Komponente folgenden Teilkomponenten einen Einfluss auf die Auslegung der betrachteten Komponente haben, empfiehlt sich eine rückwärtige Betrachtung von der Last zur Quelle. Im Folgenden wird deshalb vorab anhand der Übertragungsfunktion der Übertragungsstrecke die optimale Betriebsfrequenz für die induktive Energieübertragung hergeleitet. Zur weiteren Optimierung der Übertragungsstrecke wird die Last, bestehend aus Gleichrichter, Längsregler, DC/DC-Wandler, Laderegler und Sekundärzelle charakterisiert. Es folgt eine Abschätzung der Verluste jeder Teilkomponente der Sekundärseite, woraus eine minimale Ausgangsleistung der Übertragungsstrecke resultiert. Aus der entsprechenden Ausgangsleistung kann mit der maximal zulässigen Eingangsspannung für den DC/DC-Wandler ein äquivalenter Lastwiderstand für die Übertragungsstrecke hergeleitet werden. Danach wird die Sekundärspule unter genormten Bedingungen optimiert. Durch Berücksichtigung der geometrischen Randbedingungen kann mit Hilfe einer numerischen Feldsimulation eine ideale Primärspule entworfen werden.

Im Folgenden werden zunächst die mathematischen Grundlagen zur Auslegung der induktiven Übertragungsstrecke beschrieben, welche anschließend in Abschnitt 4.4 zur Optimierung der induktiven Energieversorgung des Künstlichen Akkommodationssystems angewandt werden.

3.4.3.1. Übertragungsfunktion des Gesamtsystems und ideale Betriebsfrequenz

Aus dem detaillierten Konzept für die induktive Energieübertragung lässt sich für die reine induktive Übertragungsstrecke das in Abbildung 3.20 dargestellte Ersatzschaltbild ableiten. R_1 und R_2 entsprechen den Ohmschen Widerständen und L_1 und L_2 den Induktivitäten der Primär- und Sekundärspule. C_1 und C_2 sind die primär- bzw. sekundärseitigen Kompensationskapazitäten. R_L entspricht dem Ersatzwiderstand der Last und M beschreibt die Gegeninduktivität zwischen L_1 und L_2. Durch Transformation der Primärseite in den Sekundärkreis lässt sich der Einfluss des Primärstroms als Ersatzspannungsquelle modellieren. Daraus ergibt sich für das Verhältnis aus sekundärseitiger Ausgangsspannung U_2 zu primärseitigem Eingangsstrom I_1 die folgende Übertragungsfunktion.

$$\frac{U_2}{I_1} = \frac{\omega\, M}{\sqrt{(1 + \frac{R_2}{R_L} - \omega^2\, L_2\, C_2)^2 + (\omega\,(\frac{L_2}{R_L} + R_2\, C_2))^2}} \tag{3.39}$$

mit der Betriebsfrequenz ω, der Gegeninduktivität M, dem parasitären Serienwiderstand der Sekundärspule R_2, der Induktivität der Sekundärspule L_2, der sekundärseitigen Kompensationskapazität C_2 und dem Lastwiderstand R_L.

Eine ausführliche Herleitung der Übertragungsfunktion befindet sich in Anhang A.7.2.

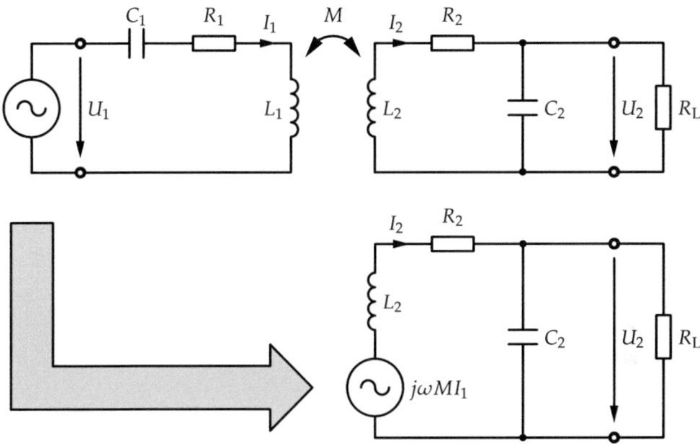

Abbildung 3.20.: Elektrisches Ersatzschaltbild der induktiven Energieübertragungsstrecke (oben) und durch Transformation der primären Spannungsquelle in den Sekundärteil vereinfachtes Ersatzschaltbild der Sekundärseite (unten).

Für die Betriebsfrequenz kann aus Gleichung (3.39) abgeleitet werden, dass unter Vernachlässigung des Widerstands der Sekundärspule mit zunehmender Frequenz die im Sekundärkreis induzierte Spannung steigt. Eine hohe Spannung auf der Sekundärseite hat mehrere Vorteile. Wird bei konstanter entnommener Leistung die Spannung erhöht, ergibt sich aus der Leistung ein hoher äquivalenter Lastwiderstand. Durch den hohen Lastwiderstand verbessert sich die Anpassung der Last an die induktive Übertragungsstrecke. Außerdem wirkt sich eine hohe Eingangsspannung des Sekundärteils positiv auf den Wirkungsgrad der Teilkomponenten des Sekundärteils aus, da die Verluste im Gleichrichter und Längsregler bei hohen Spannungen gegenüber der übertragenen Leistung klein werden. Wird jedoch der parasitäre Widerstand der Sekundärspule berücksichtigt, fällt der Wirkungsgrad bei höheren Frequenzen stark ab. Der Abfall des Wirkungsgrads ist auf die mit zunehmender Frequenz steigende Stromverdrängung im Leiter der Spule und den dann frequenzabhängigen Ohmschen Widerstand der Spule zurückzuführen. Ein hoher Ohmscher Widerstand verschlechtert den Wirkungsgrad der gesamten Übertragungsstrecke. Die ideale Betriebsfrequenz liegt damit zwischen 5 MHz und 15 MHz. Aufgrund der gesetzlichen Regelungen fällt daher die Wahl auf das lizenzfreie Industrial-Scientific-Medical (ISM) Band bei 13,56 MHz [Buno8].

3.4.3.2. Auslegung der Sekundärspule

Die Simulation zur Energiebedarfsabschätzung in Abschnitt 3.1 liefert die zu jedem Zeitpunkt eines beispielhaften Tages vom Künstlichen Akkommodationssystem aufgenommene Leistung. Aus dem Verlauf der Leistungsaufnahme kann wiederum durch Integration die während des Beispieltags vom Künstlichen Akkommodationssystem aufgenommene Energiemenge berechnet werden. Zur Auslegung der induktiven Übertragungsstrecke ist die benötigte Ausgangsleistung jedoch nicht ausreichend. Gemäß dem Konzept für die induktive Energieübertragung aus Abschnitt 3.4.2 folgen der eigentlichen Übertragungsstrecke, bestehend aus den lose gekoppelten Primär- und Sekundärschwingkreisen, mehrere Komponenten zur Aufbereitung der Ausgangsspannung der Übertragungsstrecke. Die Komponenten dienen der Gleichrichtung, der effizienten Spannungsregelung der Ausgangsspannung des Gleichrichters auf eine konstante Spannung zur Versorgung der weiteren Komponenten sowie einem eventuell benötigten Laderegler zur Einhaltung des Ladeprofils des verwendeten Energiespeichers. Nach Abschätzung des Energiebedarfs kann über die geforderte Betriebszeit die Kapazität des Energiespeichers ermittelt werden. Aus der in den Anforderungen definierte maximale Ladezeit resultiert die minimale Ausgangsleistung, welche zum Laden am Energiespeicher zur Verfügung stehen muss. Werden die Verluste aller Komponenten zur Spannungsaufbereitung mit berücksichtigt, kann die eigentlich von der Übertragungsstrecke zu liefernde Leistung berechnet werden.

Alle aufgeführten Verlustleistungen tragen zur Erwärmung des Auges bei. Hinzu kommt die durch Absorption des elektromagnetischen Felds in das Gewebe eingebrachte Leistung. Zur Gewährleistung der Sicherheit müssen der Wärmeeintrag durch die Komponenten im Künstlichen Akkommodationssystem und die im Gewebe absorbierte Leistung nach der Auslegung der induktiven Energieübertragung gesondert abgeschätzt werden.

Zur Auslegung einer optimalen Sekundärspule, muss zunächst ein Gütekriterium zur Bewertung einer Spulengeometrie gefunden werden. Grundlegend hierzu sind fertigungstechnische Grenzen der zur Herstellung verwendeten Prozesse. Die Eigeninduktivität einer auf Basis des gewählten Herstellungsprozesses gefertigten Planarspule kann mit einer halb-empirischen Formel berechnet werden, deren Fehler unter 5 % liegt [MMHBL99]:

$$L_2 \approx \frac{1}{2}\mu_0 N^2 d_{\mathrm{avg}} \left[\ln\left(\frac{2.46}{\rho}\right) + 0.2\rho^2 \right] \tag{3.40}$$

Dabei ist μ_0 die magnetische Feldkonstante, N die Anzahl der Windungen der Spule, $d_{\mathrm{avg}} = (d_{\mathrm{out}} + d_{\mathrm{in}})/2$ der mittlere Durchmesser der Spule, und ρ das Verhältnis der Windungsbreite zum mittleren Durchmesser der Spule, welches wie folgt definiert ist:

$$\rho = \frac{d_{\mathrm{out}} - d_{\mathrm{in}}}{d_{\mathrm{out}} + d_{\mathrm{in}}} \tag{3.41}$$

Jeder stromdurchflossene Leister ist von einem Magnetfeld umgeben. Dadurch ist auch die für die induktive Energieübertragung benötigte Primärspule von einem magnetischen Feld umgeben. Wird die Sekundärspule in das Feld der Primärspule gebracht, durchdringt ein Teil des Felds der Primärspule die Spulenfläche der Sekundärspule. Der Kopplungsfaktor k stellt ein Maß für den Anteil des magnetischen Flusses der Primärspule dar, der die Sekundärspule durchsetzt. Ein Kopplungsfaktor von 1 bedeutet, dass das Feld der Primärspule vollständig durch die Sekundärspule geleitet wird. Die Spulen sind stark gekoppelt. Ein Kopplungsfaktor von 0 entspricht keiner Kopplung zwischen den Spulen. Der Kopplungsfaktor kann für zwei Spulen wie folgt berechnet werden [Demo4]:

$$k = \frac{M}{\sqrt{L_1 \cdot L_2}} \tag{3.42}$$

Aus Gleichung (3.39) folgt mit der Definition für den Kopplungsfaktor k aus Gleichung (3.42) die folgende Übertragungsfunktion:

$$\frac{U_2}{I_1} = \frac{\omega \cdot k \sqrt{L_1 \cdot L_2}}{\sqrt{(1 + \frac{R_2}{R_L} - \omega^2 L_2 C_2)^2 + (\omega (\frac{L_2}{R_L} + R_2 C_2))^2}} \tag{3.43}$$

Für die Optimierung der Sekundärspule wird die geometrische Anordnung zwischen den Spulen und die Geometrie der Primärspule o.B.d.A. konstant gehalten ($k = $ konst). Damit sind k und L_1 konstant und es gilt im Resonanzfall

$$\frac{U_2}{k\, I_1 \sqrt{L_1}} = \frac{\omega \cdot \sqrt{L_2}}{\sqrt{(\frac{R_2}{R_L})^2 + (\frac{\omega L_2}{R_L} + \frac{R_2}{\omega L_2})^2}} \tag{3.44}$$

Das in Gleichung (3.44) beschriebene Verhältnis stellt ein rein von der Sekundärspule und der Last abhängiges Gütemaß zur Optimierung der Sekundärspule dar.

Zur korrekten Auslegung muss bei der gewählten Betriebsfrequenz und den Abmessungen der Sekundärspule die veränderte Eindringtiefe des Stroms in den Leiter (Skin-Effekt) berücksichtigt werden, da die Eindringtiefe gegenüber dem mittleren Leiterdurchmesser klein ist. Der Einfluss auf den Ohmschen Widerstand der Sekundärspule durch den Skin-Effekt kann durch folgende Näherungsformel [NJS$^+$97] beschrieben werden:

$$R_2 = \pi \cdot N \cdot \rho \cdot d_{\text{avg}} \cdot \left(\frac{1}{h \cdot b} + \sqrt{\frac{\omega \mu}{8\rho}} \frac{1}{h + b} \right) \tag{3.45}$$

Der Ohmsche Widerstand der Spule ergibt sich dabei aus der Windungszahl N, dem spezifischen Widerstand des Leitermaterials ρ, der Betriebsfrequenz ω, der Permeabilität $\mu = \mu_0 \cdot \mu_r$ des die Spule umgebenden Mediums und den geometrischen Abmessungen der Spule, dem mittleren Durchmesser d_{avg} sowie der Höhe h und Breite b des Leiters.

Ziel der in Abschnitt 4.4.1.1 folgenden Auslegung ist, auf Basis der hier vorgestellten Grundlagen für das Künstliche Akkommodationssystem zu ermitteln, bei welcher Windungszahl N, beziehungsweise bei welcher Induktivität der Sekundärspule L_2 die Übertragungsfunktion $U_2/(k\,\sqrt{L_1}\,I_1)$ maximal wird.

3.4.3.3. Auslegung der Primärspule

Während bei der Sekundärspule eine rein analytische Optimierung möglich war, kann die Primärspule nicht ohne Kenntnis des Kopplungsfaktors k, beziehungsweise der damit verbundenen Gegeninduktivität M optimiert werden. Der Kopplungsfaktor lässt sich aus den geometerischen Randbedingungen durch Simulation berechnen. Für eine entsprechende Feldsimulation werden im Folgenden aus den geometrischen Zusammenhängen parametrisierte Feldgleichungen hergeleitet. Da der Implantatträger nicht nur geradeaus blickt, wird der Winkel zwischen Primär- und Sekundärspule während des Ladevorgangs variieren. Um auch hier eine Aussage über die Kopplung treffen zu können, wird die Sekundärspule derart parametrisiert, dass die Augenbewegung abgebildet werden kann. Durch Variation des Primärspulendurchmessers kann der Durchmesser ermittelt werden, bei dem die Kopplung zwischen Primär- und Sekundärspule auch bei im alltäglichen Leben auftretenden Verkippungswinkeln der Augen zum Kopf maximal wird.

Zunächst wird die Spulenanordnung wie in Abbildung 3.21 parametrisiert. Da der Kopplungsfaktor lediglich von der Geometrie der Spulen, nicht aber von den elektrischen Eigenschaften der Spulen abhängt, kann für die Feldberechnung vereinfachend eine Primärspule mit nur einer Wicklung angenommen werden. Mit Hilfe des Biot-Savart-Gesetzes kann der Feldvektor des Magnetfelds, hervorgerufen durch einen beliebig geformten, stromdurchflossenen Leiter an einem beliebigen Punkt $\vec{r}$ im Raum berechnet werden.

$$d\vec{B}(\vec{r}) = \frac{\mu}{4\pi} I_1 d\vec{l} \times \frac{\vec{r} - \vec{r}\,'}{|\vec{r} - \vec{r}\,'|^3} \tag{3.46}$$

$\vec{r}\,'$ stellt dabei den Ortsvektor, $\vec{l}$ die Richtung des betrachteten infinitesimalen Leiterstücks und I_1 den Strom durch den Leiter dar.

O.B.d.A wird im Folgenden das Magnetfeld einer kreisförmigen Leiterschleife betrachtet. Die Feldkomponenten einer kreisförmigen Spule mit Radius r_{Sp} werden bei Parametrisierung in kartesischen Koordinaten H_{x}, H_{y} und H_{z} und der Beziehung $\vec{B} = \mu\,\vec{H}$ [Demo4] zu:

$$dH_{\mathrm{x}}(x,y,z) = \frac{-r_{\mathrm{Sp}}\,z\,\cos\psi + r_{\mathrm{Sp}}\,y\,\sin\psi - r_{\mathrm{Sp}}^2}{(x^2 + y^2 + z^2 + r_{\mathrm{Sp}}^2 - 2\,r_{\mathrm{Sp}}\,y\,\sin\psi + 2\,r_{\mathrm{Sp}}\,z\,\cos\psi)^{\frac{3}{2}}} \tag{3.47}$$

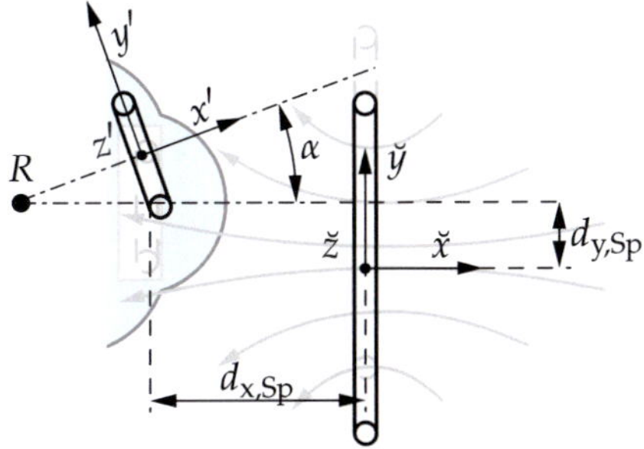

Abbildung 3.21.: Anordnung der Spulen in Abhängigkeit des Winkels des Auges und des Lateralversatzes resultierend aus den Positionierungsfehlern der Primärspule

dH_x beschreibt den Anteil der x-Komponente des Felds an einem Punkt, beschrieben durch den Ortsvektor $\vec{r}$ mit den Koordinaten x,y,z, ausgehend von einem infinitesimal kleinen Leiterstück. Zur Berechnung des Feldvektors im dreidimensionalen Raum werden zusätzlich die y- und z-Komponenten benötigt:

$$dH_\mathrm{y}(x,y,z) = \frac{-r_\mathrm{Sp}\, x\, \sin\psi}{(x^2 + y^2 + z^2 + r_\mathrm{Sp}^2 - 2\, r_\mathrm{Sp}\, y\, \sin\psi + 2\, r_\mathrm{Sp}\, z\, \cos\psi)^{\frac{3}{2}}} \qquad (3.48)$$

$$dH_\mathrm{z}(x,y,z) = \frac{r_\mathrm{Sp}\, x\, \cos\psi}{(x^2 + y^2 + z^2 + r_\mathrm{Sp}^2 - 2\, r_\mathrm{Sp}\, y\, \sin\psi + 2\, r_\mathrm{Sp}\, z\, \cos\psi)^{\frac{3}{2}}} \qquad (3.49)$$

Werden Gleichung (3.47) bis (3.49) für jeden Punkt im Raum über den gesamten Spulenumfang für ψ von 0 bis 2π integriert, folgt daraus das von der Primärspule erzeugte Magnetfeld in Form eines Vektorfelds in Abhängigkeit des Stroms in der Primärspule.

$$\vec{H}(x,y,z) = \frac{I_1}{4\,\pi} \int_0^{2\pi} d\vec{H}(\psi) \qquad \text{mit} \qquad \vec{H} = \begin{pmatrix} H_\mathrm{x} \\ H_\mathrm{y} \\ H_\mathrm{z} \end{pmatrix} \qquad (3.50)$$

Eine beispielhafte Visualisierung des Felds der Primärspule sowie die Anordnung der Sekundärspule im Feld der Primärspule ist in Abbildung 3.22 dargestellt.

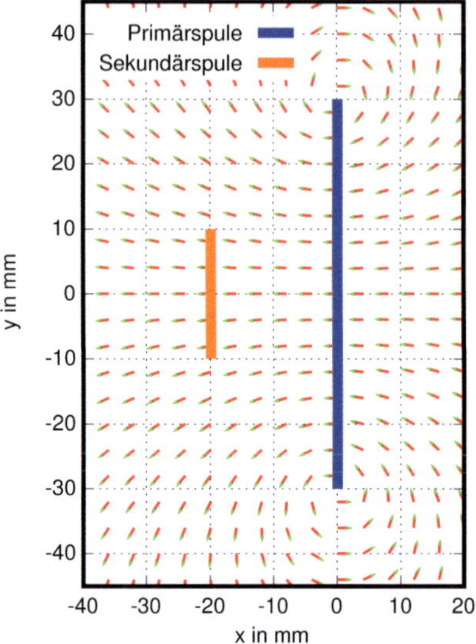

Abbildung 3.22.: 2D-Visualisierung des Feldverlaufs um die kreisförmige Primärspule und Darstellung der Sekundärspule im Feld

Wird die Sekundärspule, wie in Abbildung 3.21 dargestellt, als Kreisring mit einem Abstand $d_{x,Sp}$, einem Lateralversatz $d_{y,Sp}$ und einem Verkippungswinkel α zur Primärspule parametrisiert, kann für jeden Punkt im Inneren der Sekundärspule der Betrag und die Richtung des Primärspulenfelds berechnet werden. Der magnetische Fluss $\Phi_{2,1}$ durch die Sekundärspule ergibt sich aus dem Integral über die magnetische Flussdichte des Felds der Primärspule innerhalb der Sekundärspule.

$$\Phi_{2,1} = \int_{A_2} \vec{B} \cdot dA_2 \tag{3.51}$$

mit $\vec{B} = \vec{H} \cdot \mu$.

Der verkettete Fluss Ψ ergibt sich dann aus der Summe der Flüsse durch alle Windungen. Wird angenommen, dass die geometrische Ausdehnung der Windungen gegenüber dem Spulendurchmesser klein ist, kann der verkettete Fluss als Produkt von magnetischem Fluss $\Phi_{2,1}$ durch die Sekundärspule und Windungszahl N_2 der Sekundärspule bestimmt werden

$$\Psi = \Phi_{2,1} \cdot N_2 \tag{3.52}$$

Die Gegeninduktivität M ergibt sich aus dem verketteten Fluss in Abhängigkeit vom Strom in der Primärspule I_1.

$$\frac{d\Psi}{dt} = M\,\frac{dI_1}{dt} \tag{3.53}$$

Werden der Strom und der Fluss über die jeweiligen Scheitelwerte definiert $I_1 = \widehat{I_1} \cdot e^{j\omega t}$, $\Psi = \widehat{\Psi} \cdot e^{j\omega t}$ folgt

$$\widehat{\Psi} \cdot j\omega\, e^{j\omega t} = M \cdot \widehat{I_1} \cdot j\omega\, e^{j\omega t} \tag{3.54}$$

j stellt dabei die imaginäre Zahl dar, deren Quadrat -1 ergibt.

Wird ein normierter Strom von $\widehat{I_1} = 1\,\mathrm{A}$ durch die Primärspule gewählt, resultiert aus der Feldberechnung direkt die Gegeninduktivität M gemäß

$$|\widehat{\Psi}| = |M|, \tag{3.55}$$

aus der nach Gleichung (3.42) der ausschließlich von der Geometrie abhängige Kopplungsfaktor k berechnet werden kann.

Sind die Gegeninduktivität für eine Spulenkonfiguration und der Strom I_1 durch die Primärspule bekannt, kann mit der Gegeninduktivität die in der Sekundärspule induzierte Spannung U_{ind} berechnet werden

$$U_{\mathrm{ind}} = M \cdot \frac{dI_1}{dt} = M \cdot \widehat{I_1} \cdot j\omega\, e^{j\omega t} = j\omega \cdot M\, I_1 \tag{3.56}$$

Die Spannung U_{ind} entspricht direkt der Spannung der in den Sekundärteil transformierten Ersatzspannungsquelle in Abbildung 3.20 und wird für große Kopplungsfaktoren k maximal.

Mit Hilfe der Feldsimulation kann damit die Kopplung zwischen den Spulen abhängig vom Primärspulendurchmesser berechnet und ein idealer Spulendurchmesser der Primärspule in Abhängigkeit vom Verkippungswinkel und dem Abstand zwischen den Spulen $d_{\mathrm{x,Sp}}$ gefunden werden.

Nachdem die Primärspulengeometrie feststeht, bleibt als letzter Freiheitsgrad bei der Auslegung der induktiven Energieübertragung die Optimierung der Windungszahl der Primärspule.

Zur Unterdrückung der komplexen Impedanz der Primärspule wird die Primärspule, wie bereits in Abschnitt 3.4.2 beschrieben, durch eine Kapazität serienkompensiert. Beim Betrieb in Resonanz ergibt sich damit eine niedrige Impedanz. Idealerweise stellt der Reihenschwingkreis in Resonanz einen Kurzschluss dar. Praktisch lassen sich jedoch keine idealen Spulen und Kondensatoren fertigen. In Resonanz wirken daher lediglich die kleinen Ohmschen Widerstände der Spule sowie des Kondensators als Ersatzwiderstand. Im resonanten Betrieb resultiert daraus eine kleine Spannung über der Spule und ein hoher Strom in der Spule, welcher zur Erzeugung eines starken magnetischen Felds benötigt wird.

Wird davon ausgegangen, dass sich die gesamte Übertragungsstrecke ideal in Resonanz befindet und die Verschiebung der Resonanzfrequenz durch die Dämpfung durch die sekundärseitige Last vernachlässigt werden kann, kann über die Resonanzbedingung

$$jX_\text{L} + jX_\text{C} = 0 \rightarrow j\omega L = \frac{1}{j\omega C} \tag{3.57}$$

mit dem Blindwiderstand der Primärspule X_L und des Reihenkondensators X_C die Spannungsübertragungsfunktion der Übertragungsstrecke hergeleitet werden (siehe Anhang A.7.1),

$$\frac{U_2}{U_1} = \frac{\omega^2 L_2 M}{R_1 R_2 + \omega^2 M^2 + \frac{\omega^2 L_2^2 R_1}{R_\text{L}}}, \tag{3.58}$$

welche bei gegebener Sekundärspule hauptsächlich von den Eigenschaften der Primärspule und dem Lastwiderstand abhängt. Eine vollständige Auslegung der Primärspulengeometrie für das Künstliche Akkommodationssystem auf Basis der hier vorgestellten Vorgehensweise, findet im Rahmen der Beschreibung der entwickelten Funktionsmuster in Abschnitt 4.4.1.2 statt.

3.5. Zusammenfassung

In diesem Kapitel wurden folgende neue Ergebnisse erhalten:

- Erstmalige systematischen Abschätzung des Energieverbrauchs des Künstlichen Akkommodationssystems
- Ausarbeitung neuer Konzepte zur Energieversorgung und systematische Bewertung der ausgearbeiteten Konzepte
- Konzepte zur Energieeinsparung
- Konzeption einer spezialisierten Softwarearchitektur
- Herleitung eines optimierten Algorithmus zur Akkommodationsbedarfsberechnung
- Methodik zur Auslegung einer induktiven Energieübertragung sowie Ausarbeitung mathematischer Grundlagen zur späteren Optimierung der Übertragungsstrecke.

Die Simulation zur Abschätzung des Energieverbrauchs wird benötigt, um Anforderungen an die Energieversorgung des Künstlichen Akkommodationssystems in Hinblick auf deren Energie- und Leistungsdichte zu formulieren und bildet daher die Basis aller folgenden Konzepte.

Ein weiterer wesentlicher Schritt zur Realisierung des Künstlichen Akkommodationssystems wurde mit der systematischen Konzeption und Bewertung neuer Strategien zur Energieversorgung des Künstlichen Akkommodationssystems erreicht. Die Bewertung ergab, dass die induktive Energieübertragung die beim aktuellen Stand der Technik beste Realisierbarkeit aufweist. Kann die Lebensdauer von Biobrennstoffzellen gesteigert werden bzw. kann die Leistungsaufnahme des Künstlichen Akkommodationssystems auf unter $5\,\mu W$ gesenkt werden, sind aus dem Bereich der Energy-Harvesting-Konzepte Biobrennstoffzellen, eine thermoelektrische Energieversorgung bzw. die Nutzung des in das Auge einfallenden Lichts interessante Kandidaten zur dauerhaften Energieversorgung des Künstlichen Akkommodationssystems ohne Patienteneingriff.

Des Weiteren wurden neue globale, teilglobale und lokale Konzepte zur Energieeinsparung, eine spezialisierte Softwarearchitektur sowie ein optimierter Algorithmus zur Berechnung des Akkommodationsbedarfs im Künstlichen Akkommodationssystem entwickelt. Die Abschätzung der Wirksamkeit der Konzepte zur Energieeinsparung sowie eine konkrete Ausarbeitung des optimierten Algorithmus zur Akkommodationsbedarfsberechnung findet in Abschnitt 4.2 sowie 4.3 statt.

Mit der Methodik zur Auslegung einer induktiven Energieübertragung sowie der Ausarbeitung mathematischer Grundlagen für die induktive Energieübertragung wurden abschließend die Grundlagen für die in Abschnitt 4.4 folgende detaillierte Optimierung einer induktiven Energieübertragung für das Künstliche Akkommodationssystem gelegt.

4. Realisierungen von Lösungen für die bedarfsgerechte Energieversorgung

In den vorangehenden Kapiteln wurden Konzepte zur bedarfsgerechten Energieversorgung des Künstlichen Akkommodationssystems ausgearbeitet und mögliche Lösungsansätze zur Realisierung von Teilkomponenten der Gesamtkonzepte auf ihre Verwendbarkeit im Künstlichen Akkommodationssystem untersucht und bewertet. In diesem Kapitel werden Realisierungen der in Kapitel 3 am besten bewerteten Teillösungen in Funktionsmustern beschrieben. Im einzelnen werden

- die Leistungsaufnahme des Künstlichen Akkommodationssystems ermittelt,
- die Konzepte zur Reduktion der Leistungsaufnahme des Künstlichen Akkommodationssystems ausgearbeitet und deren Wirksamkeit bewertet,
- ein optimierter, energiesparender Algorithmus zur Berechnung des Akkommodationsbedarfs vorgestellt und dessen Wirksamkeit bewertet,
- eine induktive Energieübertragung für das Künstliche Akkommodationssystem ausgelegt sowie deren Funktionsmuster beschrieben und charakterisiert.

Als erster Schritt zur Realisierung einer bedarfsgerechten Energieversorgung für das Künstliche Akkommodationssystem wird zunächst die in Abschnitt 3.1 beschriebene generische Vorgehensweise zur Ermittlung der Leistungsaufnahme des Künstlichen Akkommodationssystems beispielhaft auf alle Demonstrator III zugrunde liegenden Komponenten angewandt. Demonstrator III stellt die Realisierung der vorliegenden Ergebnisse für das Künstliche Akkommodationssystem im Maßstab 2:1 dar. Zur Vervollständigung des Systemmodells wird ein hardwarenaher auf Laufzeit optimierter Algorithmus auf Basis des in Abschnitt 3.3.3 beschriebenen CORDIC-Algorithmus entwickelt und dessen Vorteile gegenüber Standardalgorithmen quantitativ bewertet. Außerdem werden einige der in Abschnitt 3.3.1 beschriebenen Strategien zur Energieeinsparung ausgearbeitet und ebenfalls in das Systemmodell abgebildet. Mit Hilfe der in Abschnitt 3.1.2 simulierten Akkommodationsprofile kann danach erstmals der Energiebedarf des Künstlichen Akkommodationssystems realistisch abgeschätzt und die Wirksamkeit der implementierten Strategien zur Energieeinsparung quantitativ bewertet werden.

Aus der Bewertung der konzipierten Energieversorgungen in Abschnitt 3.2.5 geht die induktive Energieübertragung als beste Lösung hervor. Am Ende von Kapitel 4 wird daher in Abschnitt 4.4 für das Künstliche Akkommodationssystem eine induktive Energieübertragung, entsprechend der in Abschnitt 3.4 beschriebenen generischen Vorgehensweise, ausgelegt. Das aufgebaute Funktionsmuster wird beschrieben und die gesamte Übertragungsstrecke charakterisiert.

4.1. Beschreibung der Grundlagen

Das Systemmodell zur Abschätzung der Leistungsaufnahme des Künstlichen Akkommodationssystems basiert auf den Systemkomponenten des zum Zeitpunkt der Erstellung der vorliegenden Arbeit geplanten Demonstrators III. Demonstrator III ist nach Demonstrator II (s. Abbildung 4.1), welcher hauptsächlich der Demonstration der Funktionsweise des zugrundeliegenden Messprinzips dient, die nächste Integrationsstufe des Künstlichen Akkommodationssystems. Demonstrator III wird die volle Funktionalität des Künstlichen Akkommodationssystems im Maßstab 2:1 enthalten.

Abbildung 4.1.: Demonstrator II im Maßstab 5:1.

Die Teilsysteme des Künstlichen Akkommodationssystems werden im Systemmodell wie folgt modelliert. Das Sensorsystem besteht aus je einem Beschleunigungs- (Kionix KXTF9) und Magnetfeldsensor (Honeywell HMC5843). Der Magnetfeldsensor wird mit zwei Spannungen versorgt, um die Verluste durch den integrierten Linearregler zu vermeiden. Eine Messung des Magnetfelds erfolgt aufgrund der Forderungen aus [Klio8] stets mit maximaler Auflösung. Der

Beschleunigungssensor wird ebenfalls im Modus der maximalen Auflösung bei minimaler Betriebsspannung betrieben. Die Fähigkeit des Beschleunigungssensors, auch im Tiefschlaf Beschleunigungen zu messen, und bei Überschreitung einer Schwelle ein Signal zur zentralen Steuerung zu senden, wurde ebenfalls in das Modell integriert, da sie bei der späteren Ausarbeitung von Energiemanagementstrategien benötigt wird. Beide Sensoren können durch die zentrale Steuerung beliebig in den Tiefschlafmodus mit reduzierter Leistungsaufnahme versetzt werden.

Für die zentrale Steuerungskomponente, hier den Mikrocontroller (Texas Instruments MSP430F2370), wurde eine ideale Betriebsfrequenz ermittelt. Um einen zuverlässigen Betrieb zu gewährleisten, steigt mit steigender Betriebsfrequenz die minimal zulässige Versorgungsspannung des Mikrocontrollers. Wird die Leistung pro MHz Betriebsfrequenz bei minimal zulässiger Versorgungsspannung über der Betriebsfrequenz aufgetragen, zeigt sich in Abbildung 4.2 ein optimaler Betriebspunkt bei 4 MHz und einer Versorgungsspannung von 1,8 V.

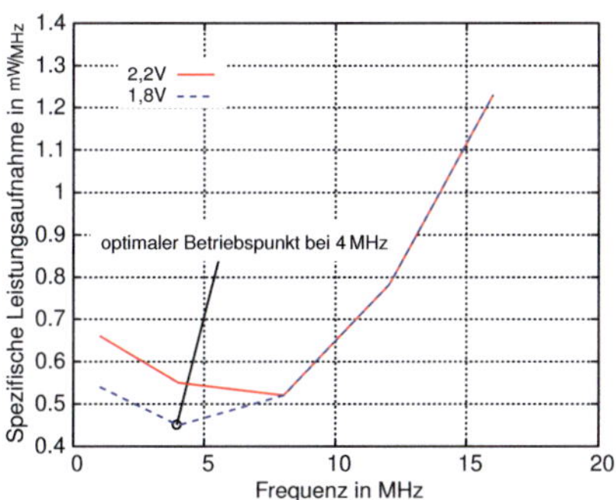

Abbildung 4.2.: Aufgenommene Leistung des Mikrocontrollers pro MHz Taktfrequenz aufgetragen über der Taktfrequenz.

Für die Verwendung im Künstlichen Akkommodationssystem wurde ein Bimorph-Piezoaktor projektiert [MGR+10]. Da zum Zeitpunkt der Erstellung der vorliegenden Arbeit die Entwicklung einer optimierten Ansteuerungsschaltung für den Piezoaktor noch nicht abgeschlossen ist, wird ein vereinfachtes Modell für die Piezoansteuerung umgesetzt. Durch einen DC/DC-Wandler mit einer Effizienz von 70 % wird die benötigte Betriebsspannung von 60 V aus der Energiespeicherspannung von ca. 3 V erzeugt. Die Piezoteilkapazitäten werden dann je nach Bedarf durch eine Aufladung eines Kondensators mit äquivalenter Kapazität modelliert. Zur Entladung von Piezoteilkapazitäten, werden überschüssige Ladungen in Wärme überführt und nicht zurückgewonnen. Für den Aktor wird ein kontinuierlicher Leckstrom von 1 μA bei 60 V angenommen.

Die Modellierung des Kommunikationsteilsystems erfordert einige Vorbetrachtungen. Zum einen wurde die benötigte Sendeleistung für die interne Kommunikation zwischen zwei Implantaten basierend auf den Propagationseigenschaften von elektromagnetischer Strahlung in Körpergewebe abgeschätzt. Bei gewählter Betriebsfrequenz von 402 MHz [BNBG10] folgt nach [WSB06] eine Dämpfung durch das Körpergewebe von −55 dB. Durch die gegenüber der in [WSB06] veränderten Spulengeometrie von zwei Spulen mit einem Durchmesser von 10 mm ergibt sich eine zusätzliche Dämpfung von −23 dB. Die veränderte Anordnung der Spulen zueinander, in einer Ebene, nicht koaxial, kann mit einer zusätzlichen Dämpfung von −3 dB konservativ abgeschätzt werden. Daraus resultiert eine Gesamtdämpfung im Nahfeld von −81 dB. Bei einer Empfangsempfindlichkeit des betrachteten Sendeschaltkreises CC1101 [Tex07] von −112 dBm bei 1,2 kBaud und −95 dBm bei 250 kBaud ergibt sich eine benötigte Sendeleistung von > −30 dBm bei 1,2 kBaud und > −13 dBm bei 250 kBaud. Theoretisch ergibt sich daraus eine Optimierungsmöglichkeit zwischen Übertragungsgeschwindigkeit und Sendeleistung. Werden jedoch die Leistungsaufnahmen des Sendeschaltkreises bei −30 dBm von 11,9 mA und −10 dBm von 14,4 mA betrachtet und in Relation zur Übertragungszeit gesetzt, die bei 250 KBaud weniger als 0,5 % gegenüber 1,2 KBaud beträgt, muss eine möglichst hohe Übertragungsgeschwindigkeit gewählt werden. Für das Systemmodell wurde daher eine Sendeleistung von −10 dBm bei einer Übertragungsgeschwindigkeit von 250 kBaud gewählt. Die benötigte Sendezeit ergibt sich aus der Betrachtung der Synchronisierung zwischen beiden Systemen abhängig von der Drift des verwendeten Taktgenerators zu 2 % der Betriebszeit [BSN$^+$10].

Alle verwendeten Angaben zur Leistungsaufnahme der Teilkomponenten wurden den Datenblättern der jeweiligen Komponenten bzw. Messungen in einem Versuchsaufbau entnommen.

Wie in Abbildung 3.2 schematisch dargestellt, wird der Funktionsablauf im Künstlichen Akkommodationssystem als rein sequenziell angenommen. Der dargestellte Funktionsablauf umfasst die regelmäßige Aktivierung des Systems zur Einhaltung der in [Klio8] geforderten Messfrequenz von 10 Hz. Es folgt die Auswertung der Sensoren, der Austausch der Sensordaten mit dem im anderen Auge implantierten Künstlichen Akkommodationssystem, die Berechnung des Akkommodationsbedarfs und abschließend die Einstellung des optischen Elements auf die zum aktuellen Zeitpunkt im geladenen Akkommodationsprofil geforderte Brechkraft.

Die zeitliche Auflösung der Simulation ist gegenüber der Akkommodationsbedarfssimulation stark erhöht. Die kurzen im Funktionsablauf des Künstlichen Akkommodationssystems auftretenden Zeiten für Zustandsänderungen der Teilsysteme erfordern eine Zeitauflösung von einer µs. Die Zeitauflösung wird daher im jeweils betrachteten 100 ms Block des Tagesablaufs lokal auf eine µs erhöht, das Profil der Leistungsaufnahme der Teilsysteme des Künstlichen

Akkommodationssystems berechnet und eine integrale Energieaufnahme für den aktuellen 100 ms Block zurückgeliefert.

Neben der reinen Simulation des Basisbedarfs des Gesamtsystems und seiner Teilsysteme gestattet das beschriebene, detaillierte Zustandsautomatenmodell des Gesamtsystems die Implementierung verschiedener Energiesparmaßnahmen aus Abschnitt 3.3.1.3, welche im folgenden beschrieben werden.

4.2. Anwendung der Energiesparkonzepte auf das Künstliche Akkommodationssystem

In diesem Abschnitt werden Strategien zur Reduktion der Leistungsaufnahme des Künstlichen Akkommodationssystems vorgestellt. Im Einzelnen werden untersucht:

- Abschaltung von Teilsystemen (lokal)
- Sakkadendetektion (teilglobal)
- Schlafdetektion (global)

4.2.1. Abschaltung von Teilsystemen

Da für den Betrieb jedes Teilsystems ein optimaler Betriebspunkt gefunden werden kann, besteht keine Notwendigkeit einer dynamischen Skalierung der Versorgungsspannung im Künstlichen Akkommodationssystem. Es werden jedoch globale, teilglobale und lokale Energiemanagementstrategien zur gezielten Energieflusssteuerung in das Systemmodell implementiert, welche im Folgenden kurz beschrieben und anschließend auf ihr Einsparpotential hin verglichen werden.

Zunächst wurde ein einfaches lokales Energiemanagement für alle Teilsysteme umgesetzt. Auf der Basis des Systemmodells mit ständig aktiven Teilsystemen wurde ein vom Mikrocontroller gesteuertes, lokales Energiemanagement aller Teilsysteme realisiert. Es basiert auf der sequenziellen Aktivierung, Nutzung und anschließenden Abschaltung der jeweiligen Teilsysteme. Beispielsweise wird das Sensorsystem vor der Messung aktiviert und nach Auslesen der Messwerte wieder deaktiviert. Im weiteren Funktionsablauf werden weitere Teilsysteme aktiviert, verwendet und wieder deaktiviert. Im Systemmodell wurde die beschriebene lokale Energiesparstrategie durch von der zentralen Ablaufsteuerung aus initiierte Zustandsänderungen der betroffenen Teilsysteme in bzw. aus den energiesparenden Systemzuständen abgebildet.

4.2.2. Schlafdetektion

Als globale Energiemanagementstrategie wurde eine Schlafabschaltung konzipiert. Die Schlafabschaltung dient der Abschaltung des gesamten Künstlichen Akkommodationssystems bei Leuchtdichten im skotopischen Bereich des Sehens und damit ebenfalls bei geschlossenen Augen. Realisiert werden kann eine Schlafabschaltung durch die bei Auswertung der bei Verwendung des Pupillennahreflexes zur Akkommodationsbedarfserfassung bereits vorhandenen Photodioden. Eine mögliche schaltungstechnische Realisierung ist in Abbildung 4.3(a) dargestellt. Das Photodiodensignal wird über einen integrierenden Operationsverstärker mit niedriger Leistungsaufnahme verstärkt. Dessen Ausgangssignal U_a wird einem Schwellwerteingang der Steuerung als externer Interrupt zugeführt. Das Programm kann damit einen längeren Dunkelzustand erkennen und das gesamte System sowie die Steuerung selbst abschalten. Die Steuerung wird wieder aktiviert, wenn das Eingangssignal den Schwellwert des Eingangs überschreitet, woraufhin das System wieder den Normalbetrieb aufnimmt. Bei der Abschätzung der Energieeinsparung muss berücksichtigt werden, dass die zur Auswertung des Lichtsignals zusätzlich benötigte Elektronik auch mit Energie versorgt werden muss.

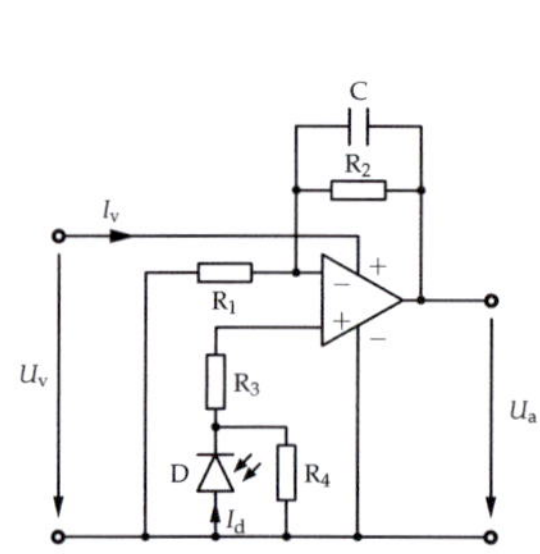

(a) Schaltung zur Detektion des Schlafzustands

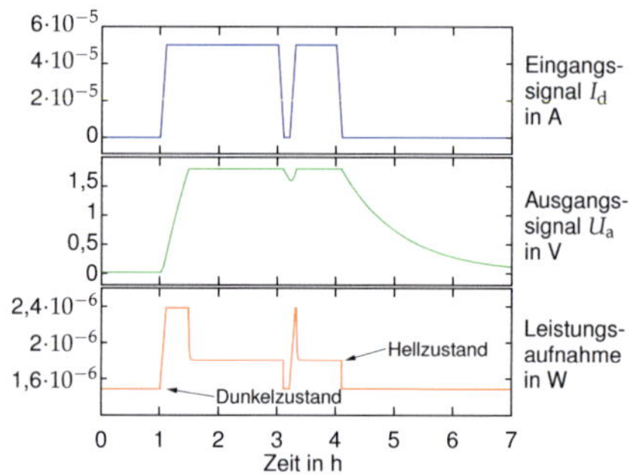

(b) Leistungsaufnahme und Ausgangssignal der Schlafabschaltung abhängig vom ins Auge einfallenden Lichtstrom

Abbildung 4.3.: Zusätzlicher Schaltungsaufwand zur Realisierung einer Schlafabschaltung im Künstlichen Akkommodationssystem (a) sowie deren Leistungsaufnahme und Ausgangssignal abhängig vom Photodiodenstrom (b)

Bei gegebenem Photostrom der Photodiode ergibt eine Simulation der Schaltung das in Abbildung 4.3(b) dargestellte Ausgangssignal. Die Leistungsaufnahme stellt sich relativ zum Photostrom ebenfalls wie in Abbildung 4.3(b) dargestellt ein. Im Dunkelzustand benötigt die Schaltung eine Eingangsleistung von $1{,}5\,\mu\text{W}$

und im Hellzustand 1,8 µW, zusätzlich zur Leistungsaufnahme der restlichen Teilsysteme. Die Spitzen beim Übergang zwischen den beiden Zuständen Hell und Dunkel resultieren aus der Umladung der Integrationskapazität des als Integrator beschalteten Operationsverstärkers. Das beschriebene Verhalten wurde in die in Abschnitt 4.1 beschriebene Systemsimulation integriert und wird in Abschnitt 4.2.4 mit den anderen vorgestellten Konzepten zur Energieeinsparung im Künstlichen Akkommodationssystem verglichen.

4.2.3. Sakkadendetektion

Da zwischen Akkommodationsbedarfsänderungen im alltäglichen Leben ca. 3 Sekunden vergehen, sind bei einer Messfrequenz von 10 Hz ein Großteil der Messzyklen unnötig. Die nächstliegendste Lösung zur Umgehung des Problems durch Reduktion der Messfrequenz führt jedoch zu einer direkten Verletzung der Anforderung an die Echtzeitfähigkeit des Künstlichen Akkommodationssystems. Eine Lösung liefert die Unterscheidung verschiedener Augenbewegungen. Wenn es gelingt, Sakkadenbewegungen mit niedrigem Energieaufwand zuverlässig zu detektieren und damit von langsamen Augenbewegungen zu unterscheiden, kann aufgrund der begrenzten Winkelgeschwindigkeit der langsamen Augenbewegungen die Messfrequenz reduziert werden, ohne die Anforderungen an die Echtzeitfähigkeit des Künstlichen Akkommodationssystems zu verletzen.

Zur Detektion von Sakkaden ist die Auswertung des Bewegungsverlaufs der Sakkade interessant. Wie aus dem Geschwindigkeitsverlauf unterschiedlicher Sakkaden aus Abbildung 3.8 ersichtlich, treten stets zu Beginn einer Sakkade, unabhängig von deren Länge, Beschleunigungen von $20000\,°/s^2$ auf. Unter der Annahme, dass der Abstand des Sensors zum Augendrehpunkt 9 mm [HGK09] beträgt, erfährt das Künstliche Akkommodationssystem während einer Sakkade eine Tangentialbeschleunigung von $3{,}14\,m/s^2$. Da sich bereits aufgrund des Sensorkonzepts zur Erfassung des Akkommodationsbedarfs ein Beschleunigungssensor im System befindet, wird der vorhandene Sensor zur Detektion der Sakkaden genutzt. Aufgrund der kurzen Auftretenszeit der Beschleunigung von unter 25 ms ist die Detektion jedoch nicht energieeffizient mittels Mikrocontroller realisierbar.

Um aus der Idee der Sakkadendetektion eine anwendbare teilglobale Energiesparstrategie zu entwickeln, muss eine alternative, energieeffiziente Auswertung des Beschleunigungsverlaufs realisiert werden. Eine mögliche Realisierung hierfür stellt die Auswertung des analogen Sensorausgangssignals mittels Schwellwertschalter dar. Übersteigt die auftretende Beschleunigung den eingestellten Schwellwert, wird ein Interrupt in der Steuerung generiert und das sich im Tiefschlaf befindliche System aktiviert. Tritt ein Interrupt im aktiven Zustand des Systems auf, muss die Steuerung mit einem Neustart des Messzyklus reagieren. Alternativ kann ein Beschleunigungssensor mit einer solchen Schwellwertfunktion [Ki009] direkt vom Hersteller bezogen werden. Entsprechende intelligente

Sensoren werden zunehmend im Konsumentenmarkt gefordert und stehen damit auch für das Künstliche Akkommodationssystem kostengünstig zur Verfügung. Eine genaue Definition der Schwelle muss in klinischen Studien erprobt werden und kann daher nicht Bestandteil der vorliegenden Arbeit sein.

Wird der Großteil der Augenbewegungen vom Körper durch Sakkaden realisiert, muss bei langsamen Augenbewegungen ebenfalls eine korrekte Funktion des Systems gewährleistet sein. Wie bereits in Abschnitt 1.2.1 beschrieben, dienen Augenbewegungen wie der vestibulookuläre Reflex und der optokinetische Nystagmus dem Ausgleich der Kopfbewegungen, bzw. der Verfolgung sich langsam bewegender Objekte und damit der Stabilisierung des Blicks auf einem betrachteten Objekt. Bei der Konzeption des Messsystems muss gewährleistet werden, dass durch die Sakkadendetektion nicht erfassbare, langsame Driftbewegungen der Augen erkannt werden. Eine vom Auftreten von Sakkaden unabhängige Messwerterfassung muss dennoch stattfinden. Im Folgenden wird jedoch angenommen, dass eine Messfrequenz von 1 Hz ausreichend ist, um die Echtzeitfähigkeit des Systems bei Winkelgeschwindigkeiten von bis zu $0{,}2°/s$ zu gewährleisten. Eventuell ist eine weitere Reduktion der Messfrequenz möglich, eine genaue Ermittlung der zulässigen Reduktion muss jedoch klinisch erprobt werden.

4.2.4. Bewertung der Energiemanagementstrategien

Die zuvor beschriebenen Energiemanagementstrategien wurden in das in Abschnitt 4.1 beschriebene Systemmodell zur Abschätzung des Energiebedarfs des Künstlichen Akkommodationssystems integriert. Eine einheitliche Simulation der Energieaufnahme unter Zuhilfenahme der in Abschnitt 3.1.2 für beispielhafte Personengruppen berechneten Akkommodationsbedarfsprofile gestattet den direkten Vergleich zwischen den unterschiedlichen Strategien zur Energieeinsparung.

Die Ergebnisse der Simulation sind in Tabelle 4.1 dargestellt. Sie zeigen, dass sich durch die Umsetzung der beschriebenen Energiesparstrategien erhebliche Reduktionen der mittleren vom Künstlichen Akkommodationssystem aufgenommenen Leistung erzielen lassen. Wird beispielsweise Gruppe 1 betrachtet, zeigt sich, dass die Integration eines lokalen Energiemanagements (einfaches Energiemanagement) mit ca. 40 mWh/Tag gegenüber dem Vollzeitbetrieb mit ca. 188 mWh/Tag eine Ersparnis von über 78 % des täglichen Energiebedarfs ermöglicht. Weitere 25 % Einsparpotential des täglichen Energiebedarfs kann durch die Integration einer Schlafabschaltung erreicht werden. Eine solche Schlafabschaltung benötigt zwar zusätzliche Komponenten, die ebenfalls eine Eigenleistungsaufnahme haben, sie kann jedoch durch eine während des Schlafs stark verminderte Leistungsaufnahme den Energiebedarf des Systems in Kombination mit dem einfachen Energiemanagement auf ca. 30 mWh/Tag reduzieren. Gelingt es, die Kommunikation zwischen beiden Implantaten auch bei interruptgesteuertem Betrieb zu synchronisieren, bietet das Aufwecken des Systems durch Augenbewegungen das höchste Einsparpotential ohne Auswirkungen auf den Komfort des Implantatträgers. Mit Hilfe eines interruptgesteuerten Energiemanagements kann der Energiebedarf des Systems auf unter $6\,\mathrm{mWh/Tag}$ reduziert werden, was einer Ersparnis gegenüber dem Vollzeitbetrieb von fast 97 % und gegenüber dem einfachen Energiemanagement von ca. 80 % entspricht. Auch bei Realisierung des interruptgesteuerten Betriebs muss die Kombination mit einer Schlafabschaltung berücksichtigt werden, da nur so gewährleistet ist, dass aus schnellen Augenbewegungen, beispielsweise in der REM-Phase [RK68], keine erhöhte Leistungsaufnahme des Systems resultiert. Aufgrund der sehr niedrigen Leistungsaufnahme der Elektronik der Schlafabschaltung kann auch beim interruptgesteuerten Betrieb eine weitere Reduktion der benötigten Energie von ca. 20 % erreicht werden.

Energiemanagement	Energie mWh			
	Gruppe 1	Gruppe 2	Gruppe 3	Gruppe 4
Ohne	188,136	188,127	188,139	188,112
Einfach	40,718	40,709	40,721	40,694
Einfach inklusive Schlafabschaltung	30,450	27,244	26,959	18,601
Interruptgesteuert	5,951	5,960	5,998	5,820
Interruptgesteuert inklusive Schlafabschaltung	4,601	4,179	4,176	2,818

Tabelle 4.1.: Energiebedarf des Gesamtsystems während eines Tages für unterschiedliche Gruppen

Die Verwendung der unterschiedlichen Energiesparstrategien führt zu deutlichen Auswirkungen auf den Energiebedarf des Implantats. Werden dagegen die verschiedenen Personengruppen mit unterschiedlichen Akkommodationsbedarfsprofilen betrachtet zeigen sich nur marginale Unterschiede im Energiebedarf. Ohne Energiemanagement weicht der Energiebedarf der verschiedenen Gruppen lediglich wenige $\mu\mathrm{Wh/Tag}$ ab. Die Abweichung kann zurückgeführt werden auf die unterschiedlichen Akkommodationsprofile der Gruppen und die damit unterschiedliche Leistungsaufnahme des Aktors zur Ausführung der jeweiligen Stellbewegung. Werden die vier Gruppen bei Energiemanagementstrategien mit Schlafabschaltung verglichen, fällt auf, dass Gruppe 4 aufgrund der hohen Schlafdauer etwas mehr von der Schlafabschaltung profitiert als die anderen Gruppen. Da eine derart lange Schlafdauer äußerst selten auftritt, kann aus dem Vergleich zwischen den Personengruppen geschlossen werden, dass durch verschiedene Tagesabläufe nur geringe Auswirkungen auf die durchschnittliche Leistungsaufnahme des Implantats zu erwarten sind. Bei Personen mit sehr außergewöhnlichen Tagesabläufen ist eine detaillierte Betrachtung jedoch sinnvoll.

Wird der Energiebedarf der einzelnen Teilsysteme einer Personengruppe aufgeschlüsselt, kann die Auswirkung der verschiedenen Energiemanagementstrategien auf die jeweiligen Teilsysteme untersucht werden. In Tabelle 4.2 sind hierzu beispielhaft für Gruppe 1 die Daten der Energieaufnahme der Teilsysteme dargestellt. Da sich bei Betrachtung der restlichen Personengruppen ein ähnliches Bild ergibt, werden diese nicht einzeln diskutiert. In Anhang A.5 befindet sich ergänzend eine detaillierte Übersicht der Einzelleistungsaufnahmen der Teilsysteme bei allen Gruppen unter Verwendung der unterschiedlichen Strategien zur Reduktion der Leistungsaufnahme.

Energiemanagement	Energiebedarf der Teilsysteme						Gesamt
	Steuerung MSP430F2370	Mag.-Sensor HMC5843	Beschl.-Sensor KXTF9	Kommunikation CC1101	Aktor Piezo	Schlaf-abschaltung	
Ohne Energiemanagement	9,504	12,054	0,620	164,461	1,497	–	**188,136**
Einfach	1,557	2,322	0,620	34,720	1,497	–	**40,718**
Einfach inklusive Schlafabschaltung	1,162	1,733	0,463	25,915	1,132	0,044	**30,450**
Interrupt	0,183	0,357	0,072	3,841	1,497	–	**5,951**
Interrupt inklusive Schlafabschaltung	0,141	0,272	0,055	2,956	1,132	0,044	**4,601**

Tabelle 4.2.: Täglicher Energiebedarf der Teilsysteme bei unterschiedlichen Energiesparstrategien unter Verwendung des Akkommodationsprofils von Gruppe 1, alle Angaben in mWh.

Im Vergleich zwischen den Teilsystemen zeigt sich, dass alle Teilsysteme von den implementierten Energiemanagementstrategien profitieren. Die Gesamtleistungsaufnahme des Künstlichen Akkommodationssystems kann wie bereits gezeigt durch die vorgeschlagenen Energiemanagementstrategien von ca. 188 mWh/Tag theoretisch auf unter 6 mWh/Tag reduziert werden. Das größte Potential zur Reduktion der Leistungsaufnahme liegt beim Kommunikationsteilsystem. Das Kommunikationsteilsystem benötigt ohne Implementierung eines Energiemanagements ca. 164 mWh/Tag und verglichen dazu ca. 3 mWh/Tag im interruptgesteuerten Betrieb mit Schlafabschaltung. Durch das Energiemanagement kann der Energiebedarf des Magnetfeldsensors und der Steuerung von jeweils ca. 10 mWh/Tag auf ca. 0,2 mWh/Tag verringert werden. Der Beschleunigungssensor benötigt bereits im Vollzeitbetrieb mit ca. 0,6 mWh/Tag sehr wenig

Energie, trotzdem kann sein Energiebedarf durch das Energiemanagement auf ca. $0{,}06\,\mathrm{mWh/Tag}$ reduziert werden. Der Energiebedarf der Schlafabschaltung mit ca. $0{,}04\,\mathrm{mWh/Tag}$ ist vernachlässigbar. Aufgrund der einfachen Wirkungsweise der implementierten Aktorsteuerung profitiert der Aktor lediglich von der globalen Schlafabschaltung. Durch die Abschaltung des DC/DC-Wandlers im Dunkelzustand können auftretende Leckströme vermieden werden, was zu einem Energiebedarf des Aktors von ca. $1\,\mathrm{mWh/Tag}$ führt.

Durch die Simulation des Gesamtsystems und aller Strategien zur Reduktion der Leistungsaufnahme des Implantats konnte gezeigt werden, dass die vorgeschlagenen Strategien zur Reduktion der Leistungsaufnahme des Implantats eine erhebliche Reduktion des Energiebedarfs erwarten lassen. Im Vergleich zwischen den Teilsystemen zeigt sich, dass nach Umsetzung aller vorgeschlagenen Energiemanagementstrategien das Kommunikationsteilsystem sowie der Aktor mit Abstand die höchste durchschnittliche Leistungsaufnahme zeigen. Aus diesem Grund besteht beim Teilsystem Kommunikation und der Aktoransteuerung im Hinblick auf die Reduktion des Energiebedarfs des Gesamtsystems zukünftig das größte Optimierungspotential.

4.3. Neuer, energiesparender Algorithmus zur Akkommodationsbedarfsberechnung

In Abschnitt 3.3.3.3 wurde gezeigt, dass die Akkommodationsbedarfsberechnung mittels CORDIC-Algorithmus bezüglich Rechenzeit und Speicheraufwand die beste Lösung ist. Im Folgenden wird daher eine Akkommodationsbedarfsberechnung auf Basis des CORDIC-Algorithmus entworfen und charakterisiert.

4.3.1. Anwendung des CORDIC-Algorithmus zur optimierten Akkommodationsbedarfsberechnung

Zur Anwendung des CORDIC-Algorithmus auf die Akkommodationsbedarfsberechnung muss zunächst die Berechnung von Gleichung (3.35) in sieben Teiloperationen aufgeteilt werden. Ein schematischer Ablauf der einzelnen Berechnungsschritte ist in Abbildung 4.4 mit vier CORDIC-Einheiten dargestellt. In den ersten beiden Operationen wird für jeden Sensor der Winkel φ_i zum Referenzfeld berechnet. Die Winkel beider Sensoren zum Referenzfeld werden subtrahiert, woraus der Vergenzwinkel ϑ folgt. ϑ wird durch 2 geteilt und aus dem Ergebnis wird der Sinus berechnet. Es folgt eine Multiplikation mit 2 und eine Division des Augenabstands d durch das Ergebnis der Multiplikation.

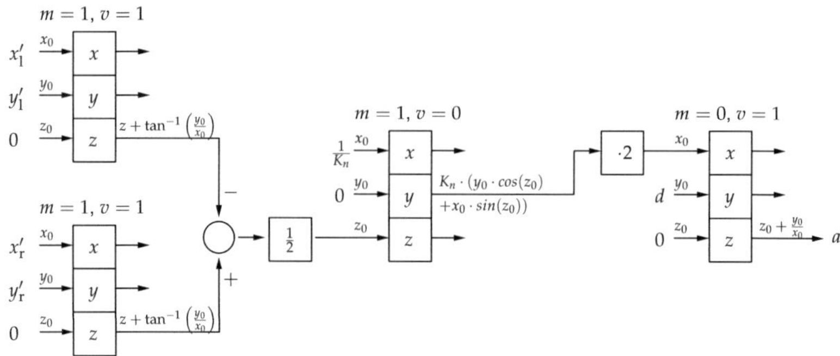

Abbildung 4.4.: Akkommodationsbedarfsberechnung mittels CORDIC-Einheiten.

Die Multiplikationen und Divisionen mit 2 sowie die Subtraktion sind in eingebetteten Systemen problemlos durch Grundoperationen innerhalb weniger Taktzyklen realisierbar. Die Division, die Berechnung des Sinus sowie zweimal des Arkustangens, die für jede Berechnung des Akkommodationsbedarfs genau einmal durchgeführt werden müssen, lassen sich über den oben beschriebenen CORDIC-Algorithmus berechnen. Die Eingabewerte entsprechen den Feldkomponenten im jeweiligen Sensorbezugssystem, die Berechnung liefert den Abstand zum Objekt a. $\frac{1}{K_n}$ sowie d sind im Programm hinterlegte Konstanten für die Skalierung des CORDIC-Algorithmus und den Augenabstand. $v = 1$ entspricht Vektormodus, $v = 0$ entspricht Rotationsmodus. Nach Tabelle 3.11 entsprechen $m = 1$ der Berechnung auf Basis normaler trigonometrischer Funktionen und $m = 0$ der linearen Erweiterung des CORDIC-Algorithmus zur Berechnung der Division. Theoretisch kann die Berechnung der ersten beiden CORDIC-Einheiten bis zur Subtraktion parallelisiert werden, was jedoch für eine Realisierung in einem Mikrocontroller aufgrund dessen sequenzieller Arbeitsweise uninteressant ist. Wird der Algorithmus in einem Field Programmable Gate Array (FPGA) realisiert, lässt sich über eine Parallelisierung eine Laufzeitverkürzung erreichen.

4.3.2. Ergebnisse der energieeffizienten Akkommodationsbedarfsberechnung

Eine Fehlerabschätzung der Akkommodationsbedarfsberechnung führt zu den in Abbildung 4.5 dargestellten Zusammenhängen zwischen Akkommodationsbedarf D des Implantatträgers und Abweichung $\varepsilon_D = D - \tilde{D}$ des berechneten Akkommodationsbedarfs $\tilde{D}$ vom realen Akkommodationsbedarf. Aus den Berechnungen mit 12 und 13 Iterationen ist zu erkennen, dass der absolute Berechnungsfehler ε_D bei 12 Iterationen bis zu $D = 3\,\mathrm{dpt}$ unter $0{,}05\,\mathrm{dpt}$ bleibt. Bei höherem geforderten Akkommodationsbedarf steigt der zu erwartende

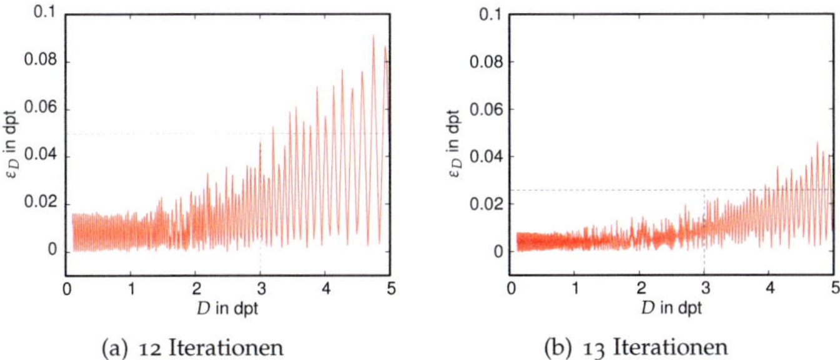

(a) 12 Iterationen   (b) 13 Iterationen

Abbildung 4.5.: Abweichung ε_D des berechneten Akkommodationsbedarfs $\tilde{D}$ vom realen Akkommodationsbedarf D

maximale Fehler stetig an. Sollte eine Genauigkeit von 0,05 dpt bei einem Akkommodationsbedarf von 3 dpt aufgrund von Fehlerfortpflanzung durch die Signalkette des Künstlichen Akkommodationssystems nicht ausreichen, kann aufgrund der im Anhang A.6 beschriebenen logarithmischen Konvergenz durch Berechnung einer weiteren Iteration der Fehler halbiert werden. Zur Veranschaulichung ist in Abbildung 4.5(b) die Fehlerentwicklung bei 13 Iterationen abgebildet. Hier ergibt sich für $D = 3$ dpt ein $\varepsilon_D \leq 0,25$ dpt. Der nicht monotone Verlauf des Fehlers über dem Akkommodationsbedarf resultiert aus den in [Hu88] beschriebenen Quantisierungseffekten des CORDIC-Algorithmus.

Wird die Akkommodationsbedarfsberechnung nach Abbildung 4.4 in den für den Demonstrator III geplanten Mikrocontroller MSP430F2370 implementiert, kann der Algorithmus mit den Ergebnissen für die Standardbibliotheken des verwendeten C-Compilers verglichen werden. Beim MSP430F2370 handelt es sich um einen 16-Bit Mikrocontroller. Ohne zusätzlichen Aufwand lässt sich auf einer solchen 16-Bit Plattform eine Akkommodationsbedarfsberechnung mit einer Auflösung von 16 Bit realisieren. Da für den Betrieb des Künstlichen Akkommodationssystems voraussichtlich 12 Bit ausreichen, wurde ebenfalls eine 12 Bit Variante der Akkommodationsbedarfsberechnung implementiert. Zum Vergleich der Algorithmen wurden als Eingabewerte für die Berechnung Objektabstände zwischen 0 dpt und 3 dpt definiert. Tabelle 4.3 enthält die Laufzeiten und den Speicherbedarf der unterschiedlichen Implementierungen der Akkommodationsbedarfsberechnung.

Die Ergebnisse zeigen, dass der optimierte Algorithmus wesentliche Vorteile gegenüber den Standardbibliotheken des verwendeten C-Compilers aufweist. Der Speicherbedarf beider Implementierungen mit 12 und 16 Bit beträgt lediglich 17,4 % des Speicherbedarfs der Standardbibliothek. Dass beide optimierte Varianten den gleichen Speicherbedarf aufweisen, liegt daran, dass sie sich lediglich in der Anzahl durchzuführender Iterationen unterscheiden. Ein weiterer Vorteil der neu entwickelten Akkommodationsbedarfsberechnung liegt in ihrer

	C-Standard	CORDIC (12 Bit)	CORDIC (16 Bit)
Mittlere Laufzeit	48025	4442	6774
Standardabweichung	4446	0	0
Minimale Laufzeit	37104	4442	6774
Maximale Laufzeit	54632	4442	6774
Speicherbedarf	13524	2356	2356

Tabelle 4.3.: Vergleich der Akkommodationsbedarfsberechnung auf Basis des CORDIC-Algorithmus zu herkömmlichen Berechnungsverfahren. Alle Laufzeitangaben entsprechen Taktzyklen des Mikrocontrollers. Der Speicherbedarf ist in Byte angegeben.

Laufzeit. Die Laufzeit einer Akkommodationsbedarfsberechnung ist durch die konstante Laufzeit des zugrundeliegenden CORDIC-Algorithmus ebenfalls konstant und hängt nicht von den Eingabewerten ab. Bei den Standardbibliotheken wird eine Approximation über Reihen durchgeführt, wodurch sich eine nicht vorhersagbare Laufzeit bis zur Konvergenz ergibt. Die Laufzeit der neuen 12 Bit Implementierung liegt um den Faktor zehn unter der der Standardbibliothek. Wird der Prozessor mit 1 MHz getaktet, ergibt sich für die 12 Bit Implementierung eine Laufzeit von 4,5 ms. Bei optimaler Betriebsfrequenz von 4 MHz kann der Akkommodationsbedarf innerhalb von 1,1 ms berechnet werden. Wird die volle arithmetische Auflösung des Mikrocontrollers ausgenutzt und mit einer Genauigkeit von 16 Bit gerechnet, ergibt sich immer noch eine um Faktor sieben verkürzte Rechenzeit gegenüber den Standardbibliotheken.

Die vorliegende Implementierung der optimierten Akkommodationsbedarfserfassung wurde in der Programmiersprache C durchgeführt. Daher ist zu erwarten, dass durch eine Implementierung in einer maschinennahen Programmiersprache wie beispielsweise Assembler eine weitere Laufzeitreduktion erreichbar ist. Aufgrund der Forderung nach Portierbarkeit auf andere Plattformen wurde jedoch von einer weiteren Laufzeitoptimierung auf Kosten der Portierbarkeit Abstand genommen.

Die reduzierte Rechenzeit des CORDIC-Algorithmus hat weitreichende Folgen für das Energiemanagement des Mikrocontrollers. Aus der Anforderung nach Echtzeitfähigkeit folgt, dass nach spätestens 100 ms ein neuer Messwert vorliegen muss. Die Sensoren müssen nach dieser Zeit ausgelesen sein, eine Kommunikation muss statt gefunden haben und der neue Akkommodationsbedarf muss berechnet worden sein. Mit einer Rechenzeit von 1,1 ms ist die Akkommodationsbedarfsberechnung innerhalb eines Messzyklus problemlos realisierbar. Es ergibt sich keine Notwendigkeit einer Erhöhung der Taktfrequenz und damit einer dynamischen Frequenzskalierung des Mikrocontrollers. Demnach kann der Mikrocontroller voraussichtlich immer bei der in Abschnitt 4.1 ermittelten, energieoptimalen Taktfrequenz betrieben oder komplett abgeschaltet werden.

4.4. Realisierung einer optimierten induktiven Energieübertragung

4.4.1. Auslegung der induktiven Übertragungsstrecke

Im Abschnitt 3.4 wurde eine generische Vorgehensweise zur Auslegung einer induktiven Energieübertragung beschrieben. Im Folgenden wird auf Basis der genannten Vorgehensweise eine auf die Anforderungen des Künstlichen Akkommodationssystems optimierte, induktive Energieübertragung ausgearbeitet, deren Aufbau beschrieben und die Übertragungsstrecke charakterisiert.

4.4.1.1. Auslegung der Sekundärspule

Aus der Energiebedarfsabschätzung im Abschnitt 4.2.4 geht hervor, dass bei Implementierung eines einfachen Energiemanagements, kombiniert mit einer Schlafabschaltung für den Betrieb des Künstlichen Akkommodationssystems über 24 Stunden, ca. 30 mW benötigt werden. Der Energiespeicher muss daher mit mindestens 30 mW geladen werden, um ein vollständiges Aufladen innerhalb einer Stunde zu ermöglichen. In [Kru10] wurden die für die Sekundärseite der induktiven Energieübertragung benötigten Teilkomponenten zusammengestellt. Werden die Teilkomponenten kombiniert, folgt daraus die in Abbildung 4.6 dargestellte Schaltung für den im Implantat befindlichen Sekundärteil. Ebenfalls in Abbildung 4.6 dargestellt, ist eine Veranschaulichung der auf jede Teilkomponente abfallenden Verlustleistung. Für die Berechnung der Verlustleistungen wurde eine nach den Anforderungen maximal zulässige Spannung von $U_{2,\text{ein}} = 39\,\text{V}$ vor dem DC/DC-Wandler angenommen.

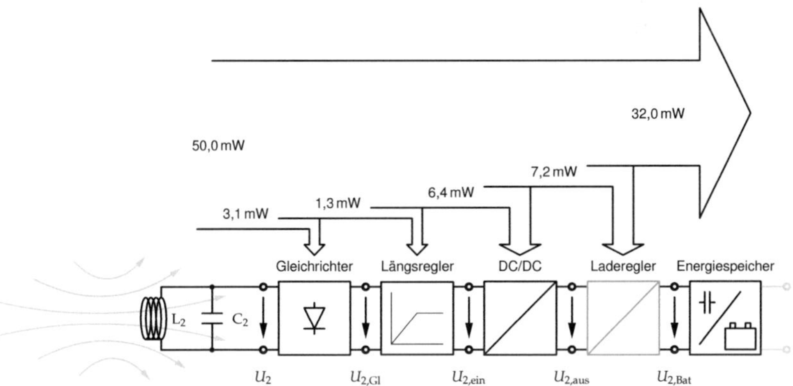

Abbildung 4.6.: Schematischer Aufbau und Verlustleistung der Teilkomponenten des Sekundärteils

Die Summe der Verlustleistungen aller Teilkomponenten (Gleichrichter, Längs-regler, DC/DC und Laderegler) während des Ladevorgangs beläuft sich insgesamt auf 18 mW. Wird angenommen, dass während des Ladevorgangs 32 mW Ladeleistung zur Ladung des Energiespeichers benötigt werden, ergibt sich mit den Verlusten in der Ladeschaltung eine minimale Eingangsleistung in den Gleichrichter von 50 mW. Diese 50 mW müssen von der eigentlichen induktiven Übertragungsstrecke bereitgestellt werden, um einen zuverlässigen Betrieb sicherzustellen. Für die induktive Übertragungsstrecke ergibt sich daraus ein äquivalenter Lastwiderstand des Sekundärteils von 35 kΩ zwischen Längsregler und DC/DC-Wandler bei $U_{2,\text{ein}}$.

Wird $U_{2,\text{ein}}$ auf die minimale zum Betrieb erforderliche Spannung von 5,7 V abgesenkt, verschlechtert sich der Wirkungsgrad primär durch erhöhte Verluste im Gleichrichter und Längsregler und die Verlustleistung erhöht sich bei gegebener Ladeleistung auf 34 mW. Der resultierende Lastwiderstand bei $U_{2,\text{ein}}$ liegt dabei bei ca. 1 kΩ. Ein solcher ungünstiger Betriebszustand wird durch die programmierbare Hysterese des DC/DC-Wandlers verhindert.

Für den Schaltungsträger im Künstlichen Akkommodationssystem wurde bereits ein geeigneter Fertigungsprozess identifiziert, welcher unter anderem auch für die Integration einer Sekundärspule geeignet ist [RGB10]. Für die Spule gelten daher ebenfalls die Fertigungsregeln des in [RGB10] benannten Prozesses zur Herstellung eines flexiblen Polymerschaltungsträgers. Demnach sind Leiterabstände von 25 µm bei Leiterdicken von bis zu 20 µm realisierbar. Die vom Fertigungsprozess festgelegten Parameter fließen in das in Abschnitt 3.4.3.2 hergeleitete Gütekriterium (Gl. (3.44))

$$\frac{U_2}{k\,I_1\,\sqrt{L_1}} = \frac{\omega \cdot \sqrt{L_2}}{\sqrt{\left(\frac{R_2}{R_\text{L}}\right)^2 + \left(\frac{\omega\,L_2}{R_\text{L}} + \frac{R_2}{\omega\,L_2}\right)^2}} \tag{4.1}$$

zur Auslegung der Sekundärspule ein.

Ziel der folgenden Auslegung ist zu ermitteln, bei welcher Windungszahl N beziehungsweise bei welcher Induktivität der Sekundärspule L_2 die Übertragungsfunktion $U_2/(k\,I_1\,\sqrt{L_1})$ maximal wird. In Abbildung 4.7 ist daher für gegebenen Innen- sowie Außendurchmesser das Optimierungskriterium aus Gleichung (3.44) für verschiedene Lastwiderstände R_L über der Windungszahl der Sekundärspule N bzw. der daraus resultierenden Induktivität der Sekundärspule L_2 aufgetragen. R_2 wurde dabei abhängig von der Windungszahl nach Gleichung (3.45) berechnet.

Bei einem Lastwiderstand von 35 kΩ liegt das Maximum bei 26 Windungen. Die Eigenschaften der optimalen Spule sind in Tabelle 4.4 zusammengefasst. Die optimale Spule weist eine Güte von 53 auf. Die Güte ist ein Gütefaktor für Spulen und ist definiert als der Quotient aus Induktivität und Ohmschem Widerstand einer Spule. Je höher die Güte einer Spule ist, desto weniger Verluste treten während des Betriebs in der Spule auf. Aus Abbildung 4.7 geht ebenfalls

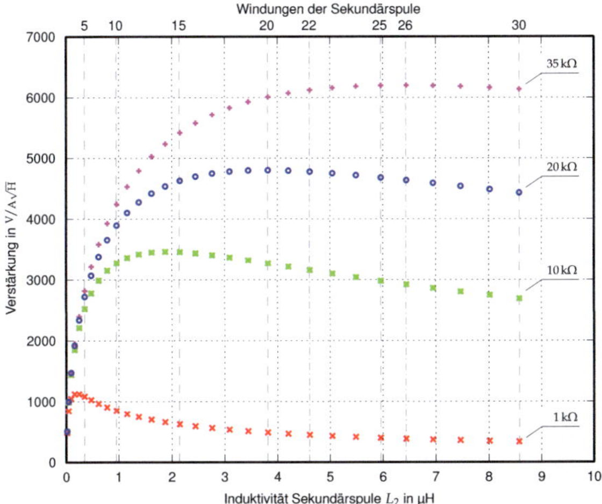

Abbildung 4.7.: Verstärkungsfaktor $U_2/(k\,I_1\,\sqrt{L_1})$ als Funktion von L_2 bei variiertem Lastwiderstand R_{Last}

hervor, dass eine fertigungsbedingte Reduktion der Windungszahl auf ca. 22 Windungen ohne starke Beeinträchtigung der Übertragungseffizienz möglich ist.

Optimale Sekundärspule	
Außendurchmesser:	9,8 mm
Innendurchmesser:	5 mm
Höhe:	40 µm
Leiterabstand:	20 µm
Windungszahl:	26
Induktivität:	6,43 µH
Ohmscher Widerstand:	10,53 Ω
Spulengüte:	52

Tabelle 4.4.: Eigenschaften der optimalen Sekundärspule für eine Ladeleistung von 32 mW im Künstlichen Akkommodationssystem

4.4.1.2. Auslegung der Primärspule

Mit Hilfe der in Abschnitt 3.4.3.3 beschriebenen Feldsimulation kann die Kopplung zwischen Primär- und Sekundärspule abhängig vom Primärspulenradius berechnet und ein idealer Spulendurchmesser der Primärspule in Abhängigkeit

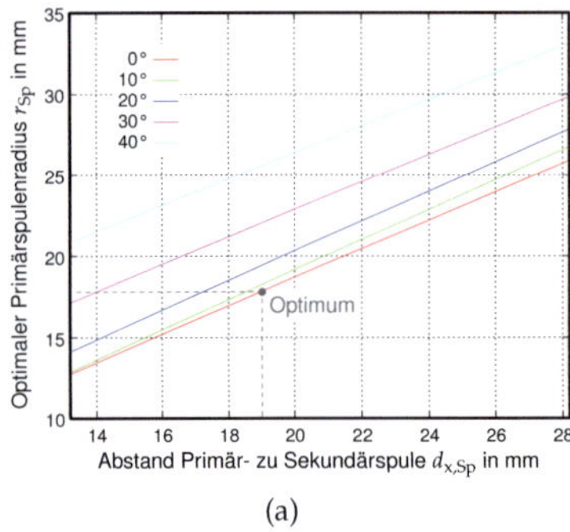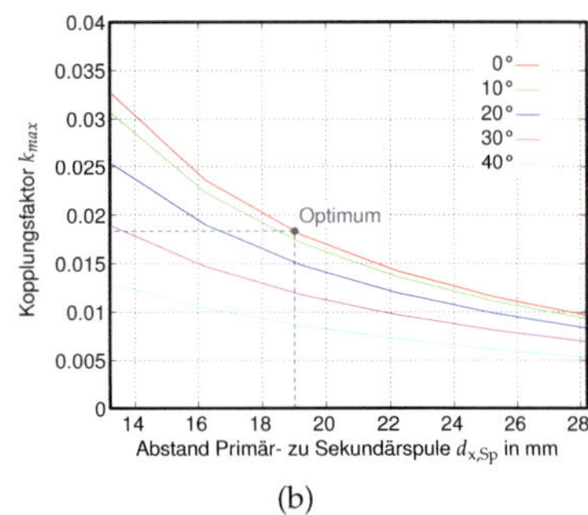

(a)　　　　　　　　　　　　　　　(b)

Abbildung 4.8.: Ergebnisse der Magnetfeldsimulation. Idealer Primärspulenradius über Abstand bei verschiedenen Verkippungswinkeln (a) und Kopplungsfaktor über Abstand zwischen Spulen bei verschiedenen Verkippungswinkeln und optimalem Primärspulendurchmesser von 35,6 mm (b)

vom Verkippungswinkel und dem Abstand zwischen den Spulen $d_{\mathrm{x,Sp}}$ gefunden werden. Bei optimaler Ausrichtung der Spulen liegt nach Abbildung 4.8(a) das Maximum der Gegeninduktivität bei einem Abstand zwischen den Spulen $d_{\mathrm{x,Sp}}$ von 19 mm (ideal aufgesetzte Brille) bei einem Primärspulendurchmesser von 35,6 mm. Nach Abbildung 4.8(b) ergibt sich daraus bei idealer Ausrichtung ein Kopplungsfaktor von 0,018.

Die Häufigkeitsverteilung für Verkippungen der Augen relativ zum Kopf kann aus den in [Kli05] beschriebenen Häufigkeitsverteilungen hergeleitet werden. Durch eine nichtlineare Skalierung der Häufigkeitsdichtefunktionen auf die Verkippungswinkel α_l und α_r sowie die Integration über Vergenz-, Versions- und Nickwinkel ergeben sich für das linke und rechte Auge die in Abbildung 4.9 dargestellten Häufigkeitsdichtefunktionen. Die Mittelwerte der Verteilungen liegen bei $\pm 5°$ und die Standardabweichung beträgt $\sigma = 15°$. Werden die Sekundärspulen um 5° der Vergenzbewegung entsprechend nach innen geneigt, kann angenommen werden, dass 95 % aller Augenbewegungen im Bereich zwischen $\pm 30°$ zur Spulenhauptachse liegen.

Wird die Verkippung gemäß der Häufigkeitsverteilung der auftretenden Winkel zwischen Auge und Kopf berücksichtigt, ergibt sich für 2σ ein maximaler Verkippungswinkel von $\alpha = 30°$. Wird der Primärspulendurchmesser auf 30° Verkippung ausgelegt, liegt das Maximum der Gegeninduktivität bei einem Primärspulendurchmesser von 44,2 mm, woraus bei maximaler Verkippung ein Kopplungsfaktor von 0.012 resultiert. Durch die vergrößerte Primärspule mit einem Durchmesser von 44,2 mm, verringert sich der Kopplungsfaktor bei optimaler Ausrichtung leicht auf 0,017, gegenüber 0,018 bei einem Durchmesser von 35,6 mm. Durch den erhöhten Primärspulenradius sinkt damit zwar die Kopplung bei idealer Ausrichtung, die Anordnung wird jedoch in den kritischen

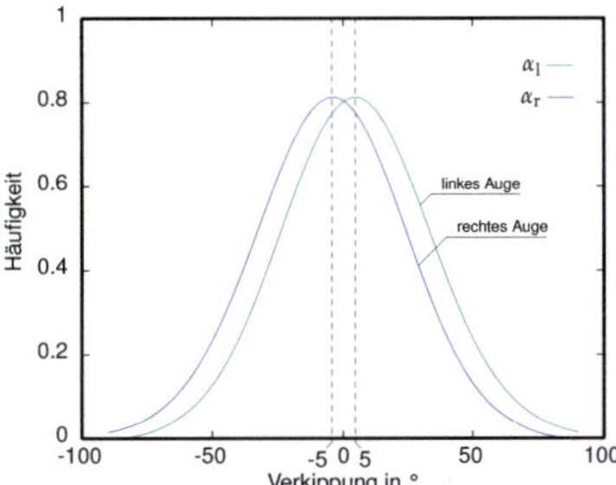

Abbildung 4.9.: Häufigkeitsverteilung von Verkippungswinkel α_l und α_r hervorgerufen durch Augenbewegungen auf Basis der in [Kli05] beschriebenen Häufigkeitsverteilungen für Vergenz-, Versions- und Nickwinkel

Randbereichen toleranter gegenüber Verkippung und Positionsabweichung. Dieser Zusammenhang ist an der mit zunehmendem Spulenradius abnehmenden Steilheit der Kurven in Abbildung 4.10 zu erkennen.

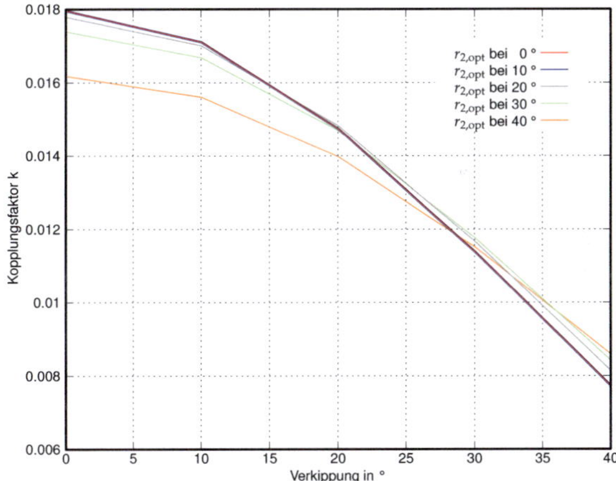

Abbildung 4.10.: Kopplungsfaktor k über dem Verkippungswinkel α zwischen den Spulen bei für verschiedene Verkippungswinkel optimalen Primärspulenradien

Ist der optimale Durchmesser der Primärspule bekannt, kann nach der generischen Vorgehensweise aus Abschnitt 3.4.3.3 die optimale Windungszahl über die Spannungsübertragungsfunktion (3.58) für verschiedene Lastwiderstände bestimmt werden.

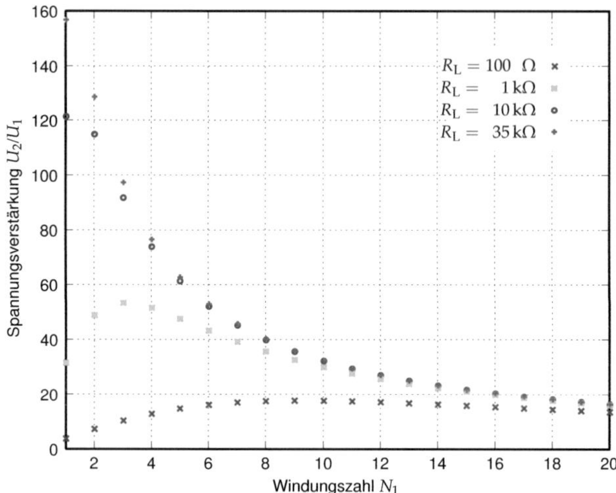

Abbildung 4.11.: Spannungsübertragungsfunktion $\frac{U_2}{U_1}$ als Funktion der Windungszahl N_1 und verschiedener Lastwiderstände R_L

Die Ergebnisse der Simulation der in Abschnitt 3.4.3.3 hergeleiteten Spannungsübertragungsfunktion

$$\frac{U_2}{U_1} = \frac{\omega^2\, L_2\, M}{R_1\, R_2 + \omega^2 M^2 + \frac{\omega^2\, L_2^2\, R_1}{R_L}} \tag{4.2}$$

sind in Abbildung 4.11 über der Windungszahl der Primärspule N_1 bei verschiedenen Lastwiderständen R_L aufgetragen. Dabei ist zu erkennen, dass sich mit steigendem Lastwiderstand R_L das Maximum der Kurve zu kleinen Windungszahlen hin verschiebt. Damit können hohe sekundärseitige Spannungen U_2 mit kleinen Windungszahlen N_1 der Primärspule erreicht werden. Da hohe Lastwiderstände aufgrund des niedrigen sekundärseitigen Stroms I_2 dem bevorzugten Betriebspunkt entsprechen, wird die Windungszahl der Primärspule auf eine einzelne Wicklung festgelegt.

Um eine Funktion des Systems im schlechtesten Fall bei Verkippungen von bis zu 30° zu ermöglichen, muss bei einem Primärspulendurchmesser von 44,2 mm zur Abschätzung des minimal benötigten Primärspulenstroms ein Kopplungsfaktor von 0.012 angenommen werden. Durch Umformung von Gleichung (3.39) nach I_1 ergibt sich der für die Erzeugung eines ausreichenden Felds benötigte Primärspulenstrom zu 1,5 A.

4.4.1.3. Einfluss auf das Körpergewebe

Nachdem zuvor die induktive Übertragungsstrecke vollständig ausgelegt wurde, kann im Folgenden eine konservative Abschätzung der im Ladebetrieb des Systems im umliegenden Körpergewebe absorbierten Leistung vorgenommen werden. Wird das Feld der Primärspule betrachtet, kann festgehalten werden, dass die Feldstärke auf der Symmetrieachse der Spule bei gegebenem Abstand zum Mittelpunkt der Spule maximal ist. Mit zunehmendem Abstand orthogonal von der Spulenachse nimmt die Feldstärke stark ab.

Zur Abschätzung der dissipierten Leistung im Gewebe wird angenommen, dass das magnetische Feld in einem Zylinder mit dem Durchmesser der Primärspule in das Gewebe eintritt. Zur Berechnung wird das zylindrische Volumen bis zu einem Abstand zur Primärspule von 50 mm berücksichtigt. Im besagten Zylinder können die dissipierte Leistung, die Spezifische Absorptionsrate (SAR) und die Erwärmung des Körpergewebes berechnet werden. Eine Veranschaulichung des Zylinders ist in Abbildung 4.12 dargestellt.

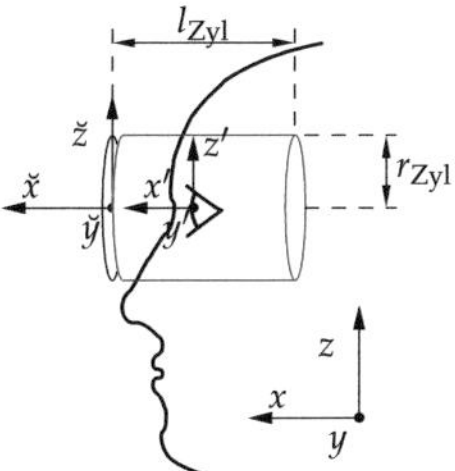

Abbildung 4.12.: Veranschaulichung des zur Berechnung der Spezifischen Absorption im Gewebe berücksichtigten Volumens

Für eine kreisförmige Leiterschleife kann der Betrag der magnetischen Feldstärke in Richtung der Symmetrieachse durch Integration des Biot-Savart-Gesetzes

$$\vec{B}(x) = \frac{I_1 \mu_0}{2} \frac{r_1^2}{(r_1^2 + x^2)^{\frac{3}{2}}} \tag{4.3}$$

geschlossen angegeben werden. Dabei ist I_1 der Spulenstrom, μ_0 die magnetische Feldkonstante, r_1 der Radius der Primärspule und x der Abstand des zu betrachtenden Punkts auf der Symmetrieachse der Spule. Für die Berechnung wird angenommen, dass das magnetische Feld über die gesamte Spulenfläche homogen sei. Die maximale Feldstärke wird am äußeren Rand des Körpergewebes ermittelt und als konstant über den gesamten betrachteten Zylinder angenommen. Außerdem wird angenommen, dass außerhalb des Zylinders die Feldstärke schnell abnimmt und damit keinen wesentlichen Beitrag zur Erwärmung des Körpergewebes liefert. Der Primärspulenstrom beträgt in den folgenden Berechnungen 2 A. Da die magnetische Flussdichte in Realität von der Körperoberfläche (16 mm von der Primärspule entfernt), zum Ende des Zylinders (50 mm von der Primärspule entfernt) ohne Berücksichtigung der Abschwächung des Felds durch die Absorption im Gewebe bereits von $\vec{B}(16\,\text{mm}) = 30{,}2\,\mu\text{T}$ auf $\vec{B}(50\,\text{mm}) = 3{,}8\,\mu\text{T}$ abgenommen hat, handelt es sich bei der Annahme, dass im gesamten Zylinder eine Flussdichte von $30{,}2\,\mu\text{T}$ vorherrscht, um eine sehr konservative Abschätzung.

Die im Gewebe absorbierte Leistung lässt sich nach [VB04] wie folgt abschätzen. Wird die in einem dünnen Hohlzylinder induzierte Spannung betrachtet, so ist sie proportional zur zeitlichen Änderung des vom Hohlzylinder umschlossenen magnetischen Flusses:

$$U_{\text{ind}} = -\frac{\partial \Phi}{\partial t} = -\frac{\partial(B \cdot A_{\text{Zyl}})}{\partial t} = -j\omega\, B\, \pi\, r_{\text{Zyl}}^2 \qquad (4.4)$$

Mit der spezifischen Leitfähigkeit σ des Mediums ergibt sich der Leitwert G eines Zylinderrings zu:

$$dG(r_{\text{Ring}}) = \frac{dA_{\text{Zyl}}}{l_{\text{Ring}}}\sigma = \frac{l_{\text{Zyl}}\, dr}{2\pi\, r_{\text{Ring}}}\sigma \qquad (4.5)$$

Die im Gewebe dissipierte Leistung ergibt sich zu $P = \frac{1}{2}\Re(U \cdot U^*) \cdot G$ [JG72]. Daraus folgt mit Gleichung (4.4) und (4.5):

$$dP_{\text{dis}}(r_{\text{Zyl}}) = \frac{1}{2}\,\Re(U_{\text{ind}} \cdot U_{\text{ind}}^*)\, dG(r_{\text{Ring}}) = \frac{\pi}{4}\omega^2\, r_{\text{Ring}}^3\, l_{\text{Zyl}}\, \sigma\, B^2\, dr_{\text{Ring}} \qquad (4.6)$$

Die gesamte dissipierte Leistung berechnet sich nach den getroffenen Annahmen durch Integration über r_{Ring} zwischen 0 und R_1:

$$P_{\text{dis}} = \frac{\pi}{16}\, R_1^4\, l_{\text{Zyl}}\, \omega^2\, \sigma\, B(x')^2, \qquad (4.7)$$

wobei $x' = 16\,\text{mm}$.

Die durchschnittliche Leitfähigkeit beträgt nach Tabelle 4.5:

$$\sigma = \sum_n \frac{V_{\text{Gewebe,n}} \cdot \sigma_{\text{Gewebe,n}}}{V_{\text{Zyl}}} = 0{,}30\,\frac{\text{S}}{\text{m}} \qquad (4.8)$$

Damit ergibt sich für die getroffenen Annahmen eine dissipierte Leistung im Zylinder von $P_{\text{dis}} = 81\,\mu\text{W}$.

Die Masse des Zylinders beträgt:

$$m_{\text{Zyl}} = \rho_{\text{Zyl}}\, V_{\text{Zyl}} = \sum_n \rho_{\text{Gewebe,n}} \cdot V_{\text{Gewebe,n}} = 66{,}36\,\text{g} \qquad (4.9)$$

Gewebe	σ S/m	ρ kg/m^3	Volumenanteile
Auge	0,81	1010	7,24 cm^3
Knochen	0,05	1810	17,39 cm^3
Hirn	0,33	1040	8,16 cm^3
Haut	0,38	1010	3,07 cm^3
Muskel	0,63	1040	8,16 cm^3
Fett	0,03	920	8,16 cm^3

Tabelle 4.5.: Leitfähigkeit und Dichte verschiedener Gewebetypen, basierend auf einer Übertragungsfrequenz von 13,56 MHz [WJF99, AFP10]

Die SAR ist das Verhältnis zwischen der dissipierten Leistung im Zylinder und der Masse des Zylinders und beträgt demnach:

$$SAR = \frac{P_{dis}}{m_{Zyl}} = 1{,}2 \, \frac{mW}{kg} \tag{4.10}$$

Auf das Auge entfallen dabei nach den Volumenanteilen 9 µW.

Bei einer Ladezeit von $t_L = 1\,h$ und einer durchschnittlichen spezifischen Wärmekapazität des Gewebes von $c_{Zyl} = 2700\,J/kg\,K$ [WJF99] erwärmt sich das Gewebe damit um

$$\Delta T = \frac{SAR \cdot t}{c_{Zyl}} = 0{,}11\,mK \tag{4.11}$$

Die Erwärmung liegt weit unter dem Grenzwert von 1 K und kann, auch aufgrund der sehr konservativen Annahmen und der Vernachlässigung jeglicher Wärmeleitung, als unkritisch angesehen werden.

4.4.2. Aufbau einer Testumgebung zur Charakterisierung der induktiven Energieübertragung

Die im Abschnitt 3.4.2 ff. konzipierte und im Abschnitt 4.4.1 ausgelegte induktive Energieübertragung wurde im Rahmen der vorliegenden Arbeit aufgebaut und charakterisiert. Für den Primärspulentreiber wurde, wie in Abbildung 4.13 dargestellt, ein Klasse-B Verstärker mit vorgeschaltetem Quarzoszillator gewählt. Der Quarzoszillator weist eine hohe Frequenzstabilität unabhängig von der Umgebungstemperatur auf. Durch das dem Leistungstransistor nachgeschaltete Filter werden die im Klasse B Betrieb entstehenden Oberwellen reduziert. Gleichzeitig wird eine Anpassung an ein 50 Ω-Koaxialkabel ermöglicht.

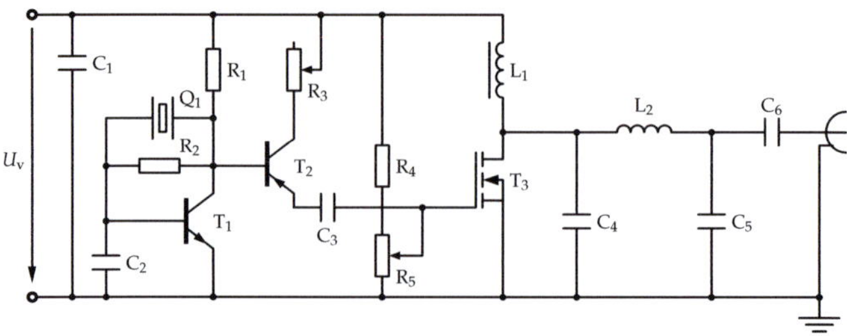

Abbildung 4.13.: Schaltung des Primärspulentreibers

Die Sekundärseite wurde, wie in Abbildung 4.6 dargestellt, aufgebaut. Als Energiespeicher dient eine Li-Ionen-Zelle. Wird der Primärspulentreiber in Betrieb genommen und die Sekundärspule ausreichend angenähert, geht die Schaltung, wie in Abbildung 4.14 dargestellt, geregelt in Betrieb. Nach Anlegen des Felds bei 0 s steigt die Spannung nach dem Gleichrichter zunächst an. Der DC/DC-Wandler erhöht nach einer Totzeit langsam den Ausgangsstrom, wodurch die Spannung nach dem DC/DC-Wandler und vor dem Laderegler ansteigt. Sobald die Spannung $U_{2,\mathrm{aus}}$ die für den Laderegler minimale Eingangsspannung überschreitet, beginnt der Laderegler die Sekundärzelle zu laden. Der Ladestrom wird durch den Laderegler auf den für die Sekundärzelle verträglichen Strom begrenzt. Damit wird ca. 45 ms nach Anlegen eines ausreichenden magnetischen Felds die Sekundärzelle mit dem vorgegebenen Ladestrom geladen.

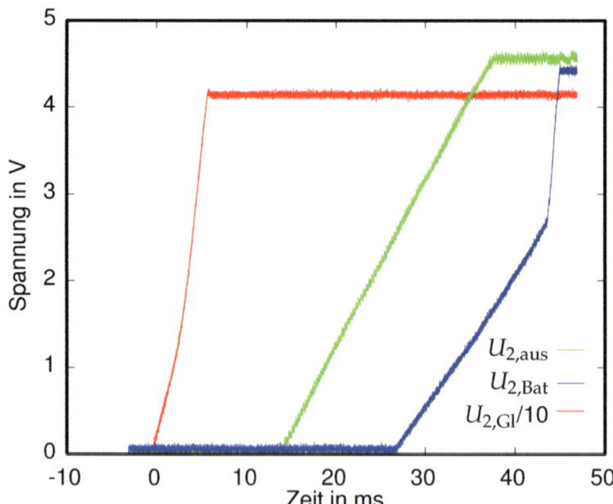

Abbildung 4.14.: Geregelter Start des Ladevorgangs

4.4.3. Charakterisierung der induktiven Übertragungsstrecke

Zur genauen Charakterisierung der Übertragungsstrecke wurde im Experiment die Last nach dem Längsregler entfernt und durch eine programmierbare Last ersetzt. Wie in Abbildung 4.15 dargestellt, ist die Sekundärspule im Versuchsaufbau kinematisch so befestigt, dass sie ähnlich der Augenbewegung relativ zur Primärspule ausgerichtet und verdreht werden kann.

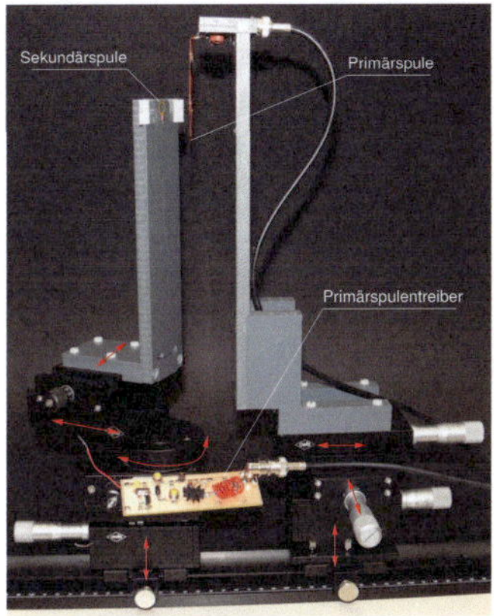

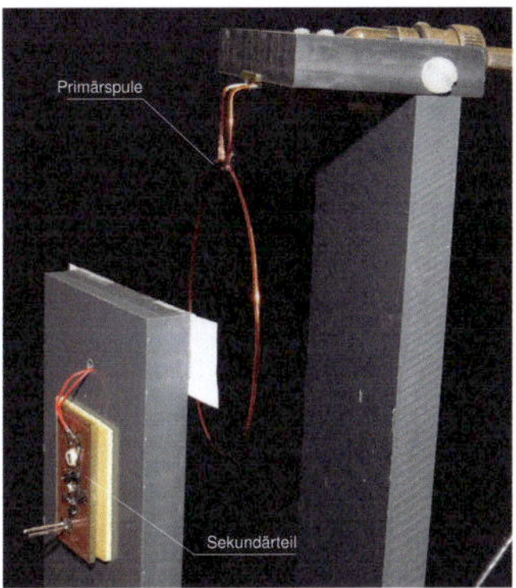

(a) Gesamtansicht   (b) Detail der Sekundärschaltung

Abbildung 4.15.: Versuchsaufbau zur Charakterisierung der induktiven Übertragungsstrecke

Die Verstärkerausgangsleistung ist über die Versorgungsspannung des Verstärkers regelbar. Die maximale Ausgangsleistung beträgt 1,2 W. Für eine optimale Anpassung der Last an die Übertragungsstrecke ergeben sich abhängig vom Abstand und vom Verkippungswinkel die in Abbildung 4.16 dargestellten maximalen Ausgangsleistungen der induktiven Übertragungsstrecke. In Abbildung 4.16(a) ist zu erkennen, dass erwartungsgemäß mit zunehmenden Abstand zwischen Primär- und Sekundärspule die Ausgangsleistung der Übertragungsstrecke zurückgeht. Abbildung 4.16(b) stellt den Leistungsverlauf über dem Verkippungswinkel dar. Auch hier zeigt sich, dass die übertragbare Leistung mit zunehmender Verkippung kleiner wird. Eine Übersicht der erzielbaren Übertragungsleistung in Abhängigkeit von Verkippungswinkel sowie Abstand zwischen Primär- und Sekundärspule, bei einer konstanten Verstärkerleistung von 1,2 W stellt der Höhenlinienplot in Abbildung 4.17(a) dar.

Bei der Anwendung im Künstlichen Akkommodationssystem wird von einer durch Augenbewegungen auftretenden maximalen Verkippung von ca. 30° ausgegangen. Beim maximal zulässigen Verkippungswinkel und einem minimalen Abstand von 16 mm kann die minimal benötigte sekundärseitige Leistung

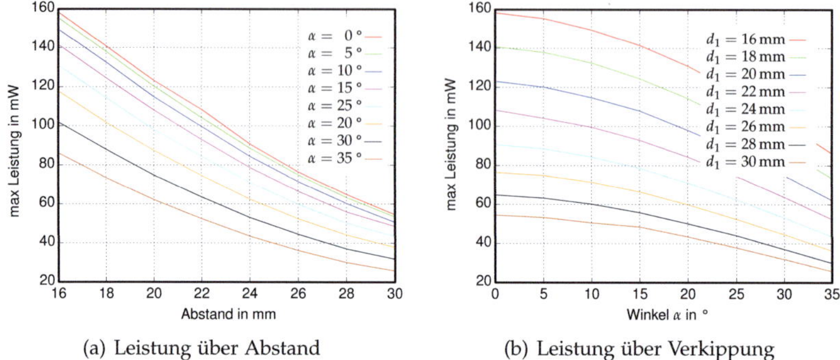

(a) Leistung über Abstand

(b) Leistung über Verkippung

Abbildung 4.16.: Maximal übertragene Leistung über dem Abstand von Primär- und Sekundärspule bei verschiedenen Abständen (a) und Verkippungswinkeln (b) der Sekundärspule, bei einer Verstärkerleistung von 1200 mW

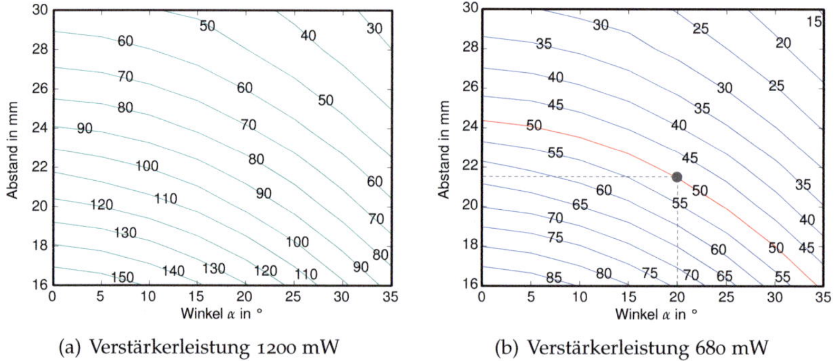

(a) Verstärkerleistung 1200 mW

(b) Verstärkerleistung 680 mW

Abbildung 4.17.: Maximal übertragene Leistung in mW bei verschiedenen Abständen und Verkippungswinkeln zwischen Primär- und Sekundärspule bei (a) einer Ausgangsleistung des Primärspulentreibers von 1200 mW und (b) einer auf das Minimum von 680 mW reduzierten Ausgangsleistung des Primärspulentreibers

von 50 mW bereits mit einer reduzierten, primärseitigen Verstärkerleistung von 680 mW erreicht werden. Die in Abbildung 4.17(b) dargestellten Messungen bei 680 mW zeigen, dass ein Laden des Energiespeichers ohne Verkippung bis zu einem Abstand von 24 mm und bei 20° Verkippung bis zu einem Abstand der Spulen von 21 mm möglich ist.

Durch die Charakterisierung der induktiven Übertragungsstrecke konnte gezeigt werden, dass die Integration einer induktiven Energieübertragung zur Ladung des Künstlichen Akkommodationssystems möglich ist. Die induktive Energieübertragung wurde derart ausgelegt, dass ein zuverlässiger Betrieb bei allen natürlich auftretenden Verkippungswinkeln zwischen Auge und Kopf gewährleistet ist. Die niedrige Verlustleistung der Schaltung gestattet einen sicheren Betrieb des Systems im Auge.

4.5. Zusammenfassung

In Kapitel 4 wurden folgende Funktionsmuster für die bedarfsgerechte Energieversorgung des Künstlichen Akkommodationssystems ausgearbeitet und bewertet:

- Entwicklung eines Simulationssystems zur Ermittlung der Leistungsaufnahme des Künstlichen Akkommodationssystems,
- Konzepte zur Reduktion der Leistungsaufnahme des Künstlichen Akkommodationssystems,
- Optimierter, energiesparender Algorithmus zur Berechnung des Akkommodationsbedarfs und
- Entwicklung einer induktiven Energieübertragung für das Künstliche Akkommodationssystem.

Zunächst konnte mit Hilfe der in Kapitel 3 beschriebenen Akkommodationsbedarfssimulation der Energiebedarf des Künstlichen Akkommodationssystems erstmals systematisch bestimmt werden.

Die erarbeiteten Energiemanagementstrategien wurden im ebenfalls im Rahmen der vorliegenden Arbeit erstellten Systemmodell des Künstlichen Akkommodationssystems abgebildet. Mit Hilfe des Systemmodells konnte erstmals schlüssig gezeigt werden, dass die vorgeschlagenen generischen Energiemanagementstrategien eine erhebliche Reduktion der Leistungsaufnahme der Teilsysteme des Künstlichen Akkommodationssystems ermöglichen. Der quantitative Vergleich zeigt, dass alle Teilsysteme von den Energiemanagementstrategien profitieren, wobei vor allem bei der Kommunikation und der Aktoransteuerung noch weitere Optimierungsmöglichkeiten bestehen. Einen Überblick, welche Teilsysteme im Rahmen des vorliegenden Kapitels optimiert wurden und an welchen Punkten zukünftiges Optimierungspotential besteht, ist in Abbildung

4.18 dargestellt. Grün markiert sind die Teilsysteme, welche durch die vorliegende Arbeit so weit optimiert werden konnten, dass ein Betrieb im Künstlichen Akkommodationssystem möglich ist. Rot markiert sind die Teilsysteme, die eine weitere Betrachtung erfordern.

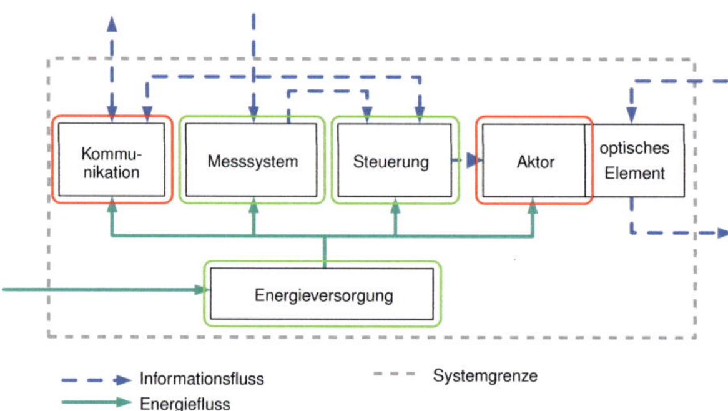

Abbildung 4.18.: Schematische Darstellung der Teilsysteme des Künstlichen Akkommodationssystems

Weiterhin wurde im vorliegenden Kapitel ein neuer spezialisierter Algorithmus zur Akkommodationsbedarfsberechnung ausgearbeitet, implementiert und charakterisiert. Dabei konnte gezeigt werden, dass der vorgeschlagene Algorithmus wesentliche Laufzeitvorteile gegenüber einer Standardimplementierung hat. Damit besteht durch Verwendung des neuen Algorithmus ein erhebliches Potential, die Leistungsaufnahme der Steuerung im Künstlichen Akkommodationssystem zu reduzieren.

Mit der Durchführung der neuen, generischen Methode zur Auslegung induktiver Energieübertragungen bei niedrigem Kopplungsfaktor, wurde die Vorstellung der im Rahmen der vorliegenden Arbeit realisierten Funktionsmuster abgeschlossen. Die Anwendung der Methode ist nicht auf das Künstliche Akkommodationssystem beschränkt. Außerdem bestehen in einigen Punkten Verbesserungsmöglichkeiten zur weiteren Steigerung der Effizienz der sekundärseitigen Schaltung, zur Reduktion des benötigten Bauraums und zur Steigerung des Nutzungskomforts bei der Handhabung des Systems. Nahezu alle weiteren Optimierungen erfordern jedoch die Entwicklung neuer integrierter Schaltkreise. Aufgrund der hohen Kosten war eine Realisierung der weiteren Optimierungen im Rahmen der vorliegenden Arbeit nicht umsetzbar. Deren Integration in ein Serienprodukt ist hingegen nahezu problemlos möglich. Vorgeschlagen werden folgende weitere Optimierungen:

Optimierte Schutzschaltung

Zur Wahrung der festen Grenzen für Verlustleistungen ist die im Rahmen der Realisierungen beschriebene Schaltung der Sekundärseite auf eine möglichst genaue Anpassung der Sendeleistung der Primärseite angewiesen. Wird zu viel Leistung in den Sekundärkreis eingekoppelt, kann die Spannung nach dem Gleichrichter durch die hohe Güte des Sekundärschwingkreises unkontrolliert ansteigen. Die Spannungsfestigkeit der Dioden im Gleichrichter kann nicht beliebig hoch gewählt werden. Die Folge einer zu hohen Sekundärkreisspannung ist ein Durchschlag in den Gleichrichterdioden oder dem Längsregler und damit ein Systemversagen. Abhilfe kann hier eine Schutzschaltung in Form einer Zener-Diode schaffen. Durch die Begrenzung der Spannung im Sekundärkreis auf die Zenerspannung der Diode werden dann zwar die elektronischen Komponenten des Systems geschützt, eine Begrenzung der Verlustleistung findet jedoch nicht statt. Im Gegenteil wird umso mehr Energie in der Diode in Wärme umgewandelt, je mehr in den Sekundärkreis eingekoppelt wird, was nicht mit den Anforderungen an die Gewebeverträglichkeit vereinbar ist.

Folglich muss verhindert werden, dass zu große Leistungen in den Sekundärteil eingekoppelt werden können. Eine Möglichkeit zur Realisierung eines derartigen Schutzmechanismus bietet eine Regelung der primärseitigen Verstärkerleistung. Hierzu ist jedoch eine Rückkopplung der sekundärseitigen Spannung an die Ladeeinrichtung nötig. Dabei ist es nicht gewährleistet, dass die Leistung im Sekundärkreis bei Einkopplung eines Fremdfelds, wie es beispielsweise von handelsüblichen Radio Frequency Identification (RFID)-Lesegeräten erzeugt wird, auf einem unkritischen Niveau bleibt.

Eine Möglichkeit zur sicheren Regelung der aufgenommenen Leistung aus einem beliebigen Feld existiert zur Zeit noch nicht.

Optimierte Gleichrichter

Die Verluste im Sekundärteil werden durch den Gleichrichter wesentlich mitbestimmt. Daher ist naheliegend, alternative Gleichrichter mit wesentlich höherer Effizienz als der gewöhnlicher Diodengleichrichter in die Schaltung zu integrieren. Beispiele hierfür sind die in der Literatur wohl bekannten aktiven Gleichrichter auf CMOS-Basis [CPM07, LM05, LKT06]. Durch die aktive Steuerung von im CMOS-Prozess produzierbaren Transistoren können auch bei niedrigen Spannungen, durch den niedrigen Innenwiderstand der Transistoren im leitenden Zustand, Wirkungsgrade von über 95 % erreicht werden. Die Realisierung derartiger Gleichrichter erfordert jedoch die Herstellung eines ASIC mit aktiver Substratregelung der integrierten Transistoren [CPM07]. Die Entwicklung eines solchen ASIC war im Rahmen der vorliegenden Arbeit nicht möglich. Bei dem aufgebauten Funktionsmuster wurde daher auf die Integration eines aktiven

Gleichrichters verzichtet. Für die Realisierung des Zielsystems ist ein derartiger Gleichrichter auf jeden Fall zu berücksichtigen.

Kombinierter DC/DC-Wandler und Laderegler

Ist die Einsparung des Ladereglers durch Verwendung einer entsprechenden Sekundärzellentechnologie wie LiPON nicht möglich, kann durch die Kombination von DC/DC-Wandler und Laderegler in eine Einheit Bauraum und ein Großteil der Verlustleistung eingespart werden. Theoretisch ist die Kombination durch Integration einer entsprechenden Ladestrategie in den effizienten DC/DC-Wandler problemlos möglich. Aktuell sind am Markt jedoch keine Laderegler mit derart niedrigen Ladeströmen vorhanden, wie sie für das Künstliche Akkommodationssystem benötigt werden. Die steigende Anzahl an hochintegrierten Implantaten und autonomen Sensornetzen kann entsprechende Produkte für Halbleiterhersteller in nächster Zeit interessant machen. Auch bei der Herstellung eines ASIC für das Künstliche Akkommodationssystem kann ein kombinierter Laderegler auf Basis des verwendeten DC/DC-Wandlers integriert werden.

5. Zusammenfassung und Ausblick

Das Ziel der vorliegenden Dissertationsschrift bestand in der Erstellung eines neuen Konzepts für die bedarfsgerechte Energieversorgung des Künstlichen Akkommodationssystems. Im Rahmen der Arbeit wurden erstmals neue Konzepte zur bedarfsgerechten Energieversorgung von Implantaten höchster Energiedichte systematisch analysiert und die zur Entwicklung einer bedarfsgerechten Energieversorgung benötigten mathematischen und methodischen Grundlagen geschaffen. Dazu wurden zur Umsetzung der Konzepte benötigte Algorithmen und Simulationen bereitgestellt sowie Funktionsmuster entsprechend der erarbeiteten Konzepte realisiert.

Nach der Darstellung der medizinischen Grundlagen und des bisherigen Entwicklungsstands des Künstlichen Akkommodationssystems sowie dem Entwicklungsstand von Implantatenergieversorgungen in Kapitel 1 wurde in Kapitel 2 nach der Identifikation aller Anforderungen an die Energieversorgung des Künstlichen Akkommodationssystems eine einheitliche Methodik zur Konzeption, Bewertung und zum Vergleich verschiedener Systemkonzepte zur bedarfsgerechten Energieversorgung des Künstlichen Akkommodationssystems vorgestellt. Die Methodik umfasst eine strukturierte Vorgehensweise zur Bestimmung des Energiebedarfs, zur Identifikation möglicher Energiequellen und zur Entwicklung neuer Strategien zur Reduktion der Leistungsaufnahme des Künstlichen Akkommodationssystems.

In Kapitel 3 wurde im Rahmen der methodischen Entwicklung einer bedarfsgerechten Energieversorgung für das Künstliche Akkommodationssystem ein modulares Simulationssystem entwickelt, um erstmalig den Energiebedarf des Künstlichen Akkommodationssystems abzuschätzen. Hierzu wurde auf verhaltenspsychologischen Erkenntnissen basierend, eine generische Simulation entwickelt, die beispielhafte Akkommodationsprofile für vier beschriebene Personengruppen liefert. Ferner fand eine detaillierte Untersuchung ausgewählter Energiequellen statt. Im Rahmen der durch die Methodik vorgegebenen generischen Systemkonzepte wurden alle weiteren zur Nutzung der jeweiligen Energiequellen benötigten zusätzlichen Komponenten ausgearbeitet. Der Vergleich zwischen den Konzepten zur Nutzung einzelner Energiequellen ergab, dass im Rahmen der gestellten Anforderungen an die Energieversorgung des Künstlichen Akkommodationssystems eine induktive Einkopplung von Energie in das System und die Zwischenspeicherung der übertragenen Energie in einem Energiespeicher den in naher Zukunft besten Weg zur Energieversorgung des Systems darstellt. Eine Energieversorgung des Künstlichen Akkommodationssystems über Energy-Harvesting-Konzepte ist unter Annahme einer entsprechenden Entwicklung der Mikroelektronik zukünftig ebenfalls denkbar. Neben Konzepten zur Energieversorgung wurden im Rahmen der beschriebenen Methodik hinzukommend Konzepte zur Steigerung der Energieeffizienz der Teilsysteme des Künstlichen Akkommodationssystems ohne Beeinflussung der Funktion des Implantats entwickelt. Insbesondere wurden Strategien zur Reduktion der Leistungsaufnahme, neue Konzepte für energieeffiziente Hardware und neue energieeffiziente Softwarelösungen erstellt. Kapitel 3 der vorliegenden Arbeit wurde mit der Beschreibung einer neuen, allgemeingültigen Vorgehensweise zur Auslegung von induktiven Energieübertragungsstrecken mit geringer Kopplung abgeschlossen.

Das folgende Kapitel beschreibt die Realisierung einzelner zuvor entworfener Konzepte für eine bedarfsgerechte Energieversorgung des Künstlichen Akkommodationssystems. Im Einzelnen umfasst Kapitel 4 die erstmalige systematische Abschätzung des unter realen Bedingungen zu erwartenden Energiebedarfs des Implantats sowie die erstmalige quantitative Bewertung der entwickelten Strategien zur Reduktion der Leistungsaufnahme des Künstlichen Akkommodationssystem. Hierzu wurde erstmals ein komplettes, modulares energetisches Modell des Gesamtsystems erstellt. Die Entwicklung eines neuen, energieoptimierten Algorithmus zur Berechnung des Akkommodationsbedarfs im Künstlichen Akkommodationssystem stellt einen weiteren Beitrag der vorliegenden Arbeit zur Reduktion der Leistungsaufnahme und damit zur Realisierbarkeit des Künstlichen Akkommodationssystems dar. Des Weiteren wurde in Kapitel 4 eine auf die Anforderungen des Künstlichen Akkommodationssystems hin optimierte induktive Energieübertragung entworfen und deren Realisierung in einem Labormuster beschrieben. Die Charakterisierung des aufgebauten Labormusters sowie der Nachweis der Gewebeverträglichkeit der induktiven Energieübertragung schließen Kapitel 4 ab.

Die in der vorliegenden Dissertationsschrift dargestellten Methoden und Konzepte wurden im Rahmen der Entwicklung des Künstlichen Akkommodationssystems erarbeitet, können jedoch aufgrund ihrer generischen Auslegung auch auf andere mikromechatronische Systeme angewandt werden. Durch Anpassung der Anforderungen können u.a. mit der beschriebenen Methodik Energieversorgungen für zukünftige Implantate mit hoher Energiedichte strukturiert konzipiert, ausgearbeitet und umgesetzt werden.

Die wesentlichen Ergebnisse der vorliegenden Arbeit sind:

1. Entwicklung einer einheitlichen Methodik zur Identifikation, Konzeption und Bewertung von Lösungen zur Energieversorgung des Künstlichen Akkommodationssystems.

2. Entwicklung einer neuartigen, generischen Vorgehensweise zur vollstän-

digen, analytischen und numerischen Modellbildung einer induktiven Energieversorgung.

3. Evaluierung von potentiellen Energiequellen zur Lebensdauerversorgung und von Energy-Harvesting-Technologien zur Nutzung von in der Implantatumgebung vorhandener Primärenergie zur Energieversorgung des Künstlichen Akkommodationssystems.

4. Evaluierung von Technologien zur Einkopplung von Energie in das Künstliche Akkommodationssystem.

5. Identifikation von potentiellen Energiespeichern zur Zwischenspeicherung von elektrischer Energie bei diskontinuierlicher Energieeinkopplung.

6. Analyse der Verwendbarkeit von Spannungswandlertechnologien zur effizienten Umwandlung und Nutzung der im Energiespeicher gespeicherten Energie.

7. Entwicklung einer energie- sowie sicherheitsorientierten Softwarearchitektur für das Künstliche Akkommodationssystem.

8. Entwurf und Umsetzung eines neuen energiesparenden Algorithmus zur Berechnung des Akkommodationsbedarfs.

9. Generische Simulation des Akkommodationsverlaufs von beispielhaften Personengruppen.

10. Erstmalige Abschätzung der Leistungsaufnahme der Teilsysteme und des gesamten Künstlichen Akkommodationssystems auf der Basis von simulierten Akkommodationsverläufen für vier verschiedene Personengruppen.

11. Neuentwicklung und quantitative Bewertung von Strategien zur Energieeinsparung in autonomen und teilautonomen Mikrosystemen wie dem Künstlichen Akkommodationssystem.

12. Auslegung und Aufbau einer induktiven Energieübertragung in Zielsystemgröße.

13. Aufbau einer modularen Testumgebung zur energetischen Charakterisierung von Teilsystemen und Systemlösungen zur Energieversorgung des Künstlichen Akkommodationssystems.

Weiterentwicklungen zur Realisierung des Künstlichen Akkommodationssystems sind aufbauend auf der vorliegenden Dissertationsschrift möglich. Ziel weiterer Arbeiten ist die Reduktion der Leistungsaufnahme des Gesamtsystems zur Verlängerung der autonomen Betriebszeit und zur eventuellen zukünftigen Nutzung von Energy-Harvesting-Technologien. Hierzu müssen vorrangig effiziente Technologien und Strategien zur Kommunikation zwischen den Implantaten, eine optimierte Ansteuerung für den geplanten Piezoaktor sowie energiesparende Sensorsysteme zur Erfassung des Akkommodationsbedarfs erarbeitet werden. Des Weiteren müssen die zukünftigen Fortschritte im Bereich der photovoltaischen Zellen und Biobrennstoffzellen zur unabhängigen Energieversorgung des Künstlichen Akkommodationssystems durch Energy-Harvesting weiter beobachtet werden.

Eine entscheidende Komponente zur Realisierung eines teilautonomen Betriebs mit lediglich zeitweiser Energieeinkopplung stellt der Energiespeicher dar. Mit der LiPON-Technologie existieren bereits die technologischen Grundlagen zur Herstellung eines geeigneten Energiespeichers. Dabei ist wichtig, ein für das Künstliche Akkommodationssystem geeignetes und in Serie produzierbares Zellendesign zu erstellen und zu evaluieren.

Weitere Schritte zur Miniaturisierung, Effizienzsteigerung und Steigerung des Benutzerkomforts stellen die Entwicklung eines spezialisierten Siliziumchips, welcher den gesamten Sekundärteil der induktiven Energieübertragung enthält, sowie das Design alternativer Spulenanordnungen für die induktive Energieübertragung dar.

Die weitere Miniaturisierung und Effizienzsteigerung sind essentiell für den Erfolg des Künstlichen Akkommodationssystems auf dem Weg zum serientauglichen Produkt.

6. Literaturverzeichnis

[AA01]   AUFFARTH, G. U.; APPLE, D. J.: Zur Entwicklungsgeschichte der Intraokularlinsen. In: *Ophthalmologe* 98 (2001), S. 1017–1028

[ABO10]   ALARCON, R.; BOHORQUEZ, V.; OSMA, I.: Functional vision in presbyopia correcting IOLs. Randomized Double Masked Clinical Trial comparing Dual optic accommodating IOL vs multifocal IOL. In: *WOC 2010 XXXII International Congress of Opthalmology*, 2010, S. P–TU–014

[AFP10]   ANDREUCCETTI, D.; FOSSI, R.; PETRUCCI, C.: *Dielectric Properties of Body Tissues*. 2010. – Onlinedatenbank. Letzter Zugriff 28.10.2010

[Ama95]   AMARA, E. H.: Numerical investigations on thermal effects of laser-ocular media interaction. In: *International Journal of Heat and Mass Transfer* 38 (1995), September, Nr. 13, S. 2479–2488

[AP02]   ADAIR, E. R.; PETERSEN, R. C.: Biological effects of radiofrequency/microwave radiation. In: *Microwave Theory and Techniques, IEEE Transactions on* 50 (2002), Nr. 3, S. 953–962

[Atc95]   ATCHISON, D. A.: Accommodation and presbyopia. In: *Ophthalmic and Physiological Optics* 15 (1995), Nr. 4, S. 255–272

[Aus09]   AUSTRIAMICROSYSTEMS: *AS1369 200mA Ultra-Compact Low Dropout Regulator*. 2009. – Datenblatt, Revision 1.04

[AZN90]   AKIN, T.; ZIAIE, B.; NAJAFI, K.: RF telemetry powering and control of hermetically sealed integrated sensors and actuators. In: *Solid-State Sensor and Actuator Workshop, 1990. 4th Technical Digest., IEEE*, 1990, S. 145–148

[Bah08]   BAHLKE, U.: *Aufbau eines biomechanischen Berechnungsmodells zur Ermittlung der dynamischen Belastungen an einem opthalmologischen Implantat*, Universität Rostock, Projektarbeit, 2008

[BALW06]   BULLEN, R. A.; ARNOT, T. C.; LAKEMAN, J. B.; WALSH, F. C.: Biofuel cells and their development. In: *Biosensors and Bioelectronics* 21 (2006), Mai, Nr. 11, S. 2015–2045

[BB06]   BERGEMANN, M.; BRETTHAUER, G.: Untersuchung der Eignung einer Electrowettinglinse zur Wiederherstellung der Akkommodationsfähigkeit. In: *Automed – 6. Workshop über automatisierungstechnische Methoden in der Medizin.* Rostock, 2006

[BBL+04]   BRODD, R. J.; BULLOCK, K. R.; LEISING, R. A.; MIDDAUGH, R. L.; MILLER, J. R.; TAKEUCHI, E.: Batteries, 1977 to 2002. In: *Journal of The Electrochemical Society* 151 (2004), März, Nr. 3, S. K1–K11

[BD98]   BRENNER, E.; DAMME, W. J. M.: Judging distance from ocular convergence. In: *Vision Research* 38 (1998), Februar, Nr. 4, S. 493–498

[BDM+00]   BURNY, F.; DONKERWOLCKE, M.; MOULART, F.; BOURGOIS, R.; PUERS, R.; VAN SCHUYLENBERGH, K.; BARBOSA, M.; PAIVA, O.; RODES, F.; BEGUERET, J. B.; LAWES, P.: Concept, design and fabrication of smart orthopedic implants. In: *Medical Engineering & Physics* 22 (2000), September, Nr. 7, S. 469–479

[Ben93]   BENNINGHOFF, A.; DRENCKHAHN, D. (Hrsg.); ZENKER, W. (Hrsg.): *Anatomie.* Urban und Schwarzenberg, 1993 (2)

[Ber07]   BERGEMANN, M.: *Neues mechatronisches System für die Wiederherstellung der Akkommodationsfähigkeit des menschlichen Auges*, Universität Karlsruhe (TH), Dissertation, 2007

[BGBG06]   BERGEMANN, M.; GENGENBACH, U.; BRETTHAUER, G.; GUTHOFF, R.F.: Artificial Accommodation System – a new approach to restore the accommodative ability of the human eye. In: *World Congress on Medical Physics and Biomedical Engineering.* Seoul, 2006, S. 262–265

[BGG10]   BRETTHAUER, G.; GENGENBACH, U.; GUTHOFF, R.F.: Mechatronic system to restore accommodation. In: *Nova Acta Leopoldina* Bd. 111, 2010, S. 167–175

[BJF99]   BURD, H. J.; JUDGE, S. J.; FLAVELL, M. J.: Mechanics of accommodation of the human eye. In: *Vision Research* 39 (1999), Mai, Nr. 9, S. 1591–1595

[BKM93]   BAJARD, J.-C.; KLA, S.; MULLER, J.-M.: BKM: A new hardware algorithm for complex elementary functions. In: *Computer Arithmetic, 1993. Proceedings., 11th Symposium on*, 1993, S. 146–153

[Bla06]   BLANCHARD, J.: *Bibliography of References Related to Radioisotope-Powered (Nuclear) Pacemakers.* Version: 2006. http://homepages.cae.wisc.edu/~blanchar/res/Pacemakers.html. – Internetquelle. Letzter Zugriff 26. November 2007

[BLH81]   BOUKAMP, B. A.; LESH, G. C.; HUGGINS, R. A.: All-Solid Lithium Electrodes with Mixed-Conductor Matrix. In: *J. Electrochem. Soc.* 128 (1981), April, Nr. 4, S. 725–729

[BMIB08]   BOERO, C.; MAZZA, M.; IONESCU, A. M.; BERTRAND, D.: Implantable brain stimulator for epilepsy seizure inhibition. In: *Smart Systems Integration 2008 - 2nd European Conference & Exhibition on Integration Issues of Miniaturized Systems - MOMS, MOEMS, ICS and Electronic Components,* 2008

[BNBG10]   BECK, C.; NAGEL, J.; BRETTHAUER, G.; GUTHOFF, R. F.: Conceptual Design of Wireless Communication Interfaces for the Artificial Accommodation System. In: *Biomedizinische Technik* Bd. 55 (Supl. 1), 2010, S. 36–38

[Bra05]   BRADLEY, Peter: The Ultra-Low-Power Wireless Medical Device Revolution / Medical Electronics Manufacturing. Version: 2005. http://www.devicelink.com/mem/archive/05/04/004.html. 2005. – Forschungsbericht

[BSALM89]   BULLARD, G. L.; SIERRA-ALCAZAR, H. B.; LEE, H. L.; MORRIS, J. L.: Operating principles of the ultracapacitor. In: *IEEE Transactions on Magnetics* 25 (1989), Nr. 1, S. 102–106

[BSBG07]   BERGEMANN, M.; SIEBER, I.; BRETTHAUER, G.; GUTHOFF, R. F.: Triple-Optic-Ansatz für das künstliche Akkommodationssystem. In: *Der Ophthalmologe* 4 (2007), S. 311–316

[BSMM05]   BRONSTEIN, I. N.; SEMENDJAJEW, K. A.; MUSIOL, G.; MÜHLIG, H.: *Taschenbuch der Mathematik.* 6. Auflage. Verlag Harri Deutsch, 2005

[BSN+10]   BECK, C.; SCHULZ, B.; NAGEL, J. A.; GUTH, H.; GENGENBACH, U.; BRETTHAUER, G.: Low Duty Cycle Inter-Implant Communication of the Artificial Accommodation System. In: *Applied Sciences in Biomedical and Communication Technologies (ISABEL), 3rd International Symposium on,* 2010, S. 1–5

[BTL+00]   BOOM, T. van d.; TESSMANN, D.; LERCH, R.; BOGEL, G. vom; HAMMERSCHMIDT, D.; AMELUNG, J.; HOSTICKA, B.; MAHDA-VI, P.: Remote CMOS pressure sensor chip with wireless power and data transmission. In: *Solid-State Circuits Conference, 2000. Digest of Technical Papers. ISSCC. 2000 IEEE International*, 2000, S. 186–187, 456

[BU02]   BOLZ, A.; URBASZEK, W.; BOLZ, A. (Hrsg.): *Technik in der Kardiologie*. Berlin, Heidelberg: Springer Verlag, 2002

[Bun08]   BUNDESNETZAGENTUR: *Frequenznutzungsplan*. 2008

[Bur00]   BURKE, A.: Ultracapacitors: Why, How, and Where is the Technology. In: *Journal of Power Sources* 91 (2000), S. 37–50

[Bus02]   BUSS, R.: *Einsatz optoelektronischer Technologien in implantierbaren Mikrosystemen*, Gerhard-Mercator-Universität - Gesamthochschule Duisburg, Dissertation, Mai 2002

[BW62]   BOETTNER, E. A.; WOLTER, J. R.: Transmission of the Ocular Media. In: *Invest. Ophthalmol. Vis. Sci.* 1 (1962), Nr. 6, S. 776–783

[CCS92]   COMBS, B. S.; CARPER, W. R.; STEWARD, J. J. P.: The hydrolysis of 1,5-gluconolactone: semi-empirical methods and 13C NMR confirmation. In: *Journal of Molecular Structure: THEOCHEM* 258 (1992), Juni, Nr. 3-4, S. 235–241

[CES88]   COLLEWIJN, H.; ERKELENS, C. J.; STEINMAN, R. M.: Binocular Co-Ordination of Human Horizontal Saccadic Eye Movements. In: *Journal of Physiology* 404 (1988), S. 157–182

[CES95]   COLLEWIJN, H.; ERKELENS, C. J.; STEINMAN, R. M.: Voluntary binocular gaze-shifts in the plane of regard: Dynamics of version and vergence. In: *Vision Research* 35 (1995), Dezember, Nr. 23-24, S. 3335–3358

[CMH+06]   CHEN, K.; MERRITT, D. R.; HOWARD, W. G.; SCHMIDT, C. L.; SKARSTAD, P. M.: Hybrid cathode lithium batteries for implantable medical applications. In: *Journal of Power Sources* 162 (2006), November, Nr. 2, S. 837–840

[Con99]   CONWAY, B. E. (Hrsg.): *Electrochemical Supercapacitors, Scientific Fundamentals and Technological Applications*. Kluwer Academic / Plenum Publishers, 1999

[CP05]   COOSEMANS, J.; PUERS, R.: An autonomous bladder pressure monitoring system. In: *Sensors and Actuators A: Physical* 123-124 (2005), September, S. 155–161

[CPL⁺08]   CHAN, C. K.; PENG, H.; LIU, G.; MCILWRATH, K.; ZHANG, X. F.; HUGGINS, R. A.; CUI, Y.: High-performance lithium battery anodes using silicon nanowires. In: *Nat Nano* 3 (2008), Januar, Nr. 1, S. 31–35

[CPM07]   C. PETERS, M. O.; MANOLI, Y.: Low Power High Performance Voltage Rectifier for Autonomous Microsystems. In: *Technical Digest PowerMEMS 2007*. Freiburg, November 2007, S. 217–20

[Dem04]   DEMTRÖDER, W.: *Experimentalphysik 2.* 3. Auflage. Springer Verlag, 2004

[DIN78]   *DIN 33402-1 Körpermaße des Menschen.* Januar 1978. – Normschrift

[DIN95]   *DIN EN 60904-3 Photovoltaische Einrichtungen.* April 1995. – Normschrift

[DIN98]   *DIN EN 45502-1 Aktive implantierbare medizinische Geräte, Teil 1.* Juli 1998. – Normschrift

[DIN00]   *DIN EN ISO 11979-2 Intraokularlinsen Teil 2: Optische Eigenschaften und Prüfverfahren.* Juli 2000. – Normschrift

[DIN07]   *DIN EN ISO 62304 Medizingeräte-Software – Software-Lebenszyklus-Prozesse.* März 2007. – Normschrift

[DKM⁺94]   DUDAICEVS, H.; KANDLER, M.; MANOLI, Y.; MOKWA, W.; SPIEGEL, E.: Surface micromachined pressure sensors with integrated CMOS read-out electronics. In: *Sensors and Actuators A: Physical* 43 (1994), Mai, Nr. 1-3, S. 157–163

[DTL07]   DUGGIRALA, R.; TIN, S.; LAI, A.: 3D Silicon Betavoltaics Microfabricated using a Self-Aligned Process for 5 Milliwatt/CC Average, 5 Year Lifetime Microbatteries. In: ATOMIC (Hrsg.): *Solid-State Sensors, Actuators and Microsystems Conference, 2007. TRANSDUCERS 2007. International*, 2007, S. 279–282

[Dua12]   DUANE, A.: Normal Values of the Accommodation at All Ages. In: *Journal of the American Medical Association* 59 (1912), Nr. 12, S. 1010–1013

[Dud05] DUDNEY, N. J.: Solid-state thin-film rechargeable batteries. In: *Materials Science and Engineering B* 116 (2005), Februar, Nr. 3, S. 245–249

[DWG+07] DOLL, A. F.; WISCHKE, M.; GEIPEL, A.; GOLDSCHMIDTBOE-ING, F.; RUTHMANN, O.; HOPT, U. T.; SCHRAG, H.-J.; WOIAS, P.: A novel artificial sphincter prosthesis driven by a four-membrane silicon micropump. In: *Sensors and Actuators A* 139 (2007), September, S. 203–209

[EDH+00] EGGERS, T.; DRAEGER, J.; HILLE, K.; MARSCHNER, C.; STEG-MAIER, P.; BINDER, J.; LAUR, R.: Wireless intra-ocular pressure monitoring system integrated into an artificial lens. In: DRAE-GER, J. (Hrsg.): *Microtechnologies in Medicine and Biology, 1st Annual International, Conference On*, 2000, S. 466–469

[EM01] ERICKSON, R. W.; MAKSIMOVIC, D.: *Fundamentals of Power Electronics*. 2. Springer, 2001

[EMM+00] EGGERS, T.; MARSCHNER, C.; MARSCHNER, U.; CLASBRUM-MEL, B.; LAUR, R.; BINDER, J.: Advanced Hybrid Integrated Low-Power Telemetric Pressure Monitoring System for Biomedi-cal Applications. In: *MEMS2000*. Miyazaki, Japan, 2000, S. 329–334

[ESC89] ERKELENS, C. J.; STEINMAN, R. M.; COLLEWIJN, H.: Ocular vergence under natural conditions. II. Gaze shifts between real targets differing in distance and direction. In: *Proceedings of the Royal Society London* 236 (1989), S. 441–465

[Exc09] EXCELLATRON: *Advantage of Thin Film Batteries*. http://www.excellatron.com/advantage.htm. Version: 2009. – Internetquelle. Letzter Zugriff: 22. Juli 2009

[FBS00] FISHER, K.; BAUMAN, E.; SCHWALLIE, J.: Evaluation of two new soft contact lenses for correction of presbyopia: the Focus Progressives multifocal and the Acuvue Bifocal. In: *International Contact Lens Clinic* 26 (2000), Juli, Nr. 4, S. 92–103

[Fea87] FEASTER, T.: *DE 32 46 677 C2 Künstliche intraokulare Augenlinse*. 2. Jan. 1987. – Schutzrecht

[FF07] FOTOPOULOU, K.; FLYNN, B.W.: Optimum antenna coil structure for inductive powering of passive rfid tags. In: *RFID, 2007. IEEE International Conference on*, 2007, S. 71–77

[Fin10] FINDL, O.: Shift IOL: They don't work. In: *WOC 2010 XXXII International Congress of Opthalmology*, 2010

[FL74]   FRIEDBERG, D.; LILLEHEI, R. C.: Progress in pacemaker longevity. In: *Journal of Electrocardiology* 7 (1974), Nr. 1, S. 97–100

[FRL06]   FLYCKT, V. M. M.; RAAYMAKERS, B. W.; LAGENDIJK, J. J. W.: Modelling the impact of blood flow on the temperature distribution in the human eye and the orbit: fixed heat transfer coefficients versus the Pennes bioheat model versus discrete blood vessels. In: *Physics in Medicine and Biology* 51 (2006), Nr. 19, S. 5007–5021

[Fro09]   FRONT EDGE TECHNOLOGY: *NanoEnergy Datasheet*. 2009

[GBG05]   GENGENBACH, U.; BRETTHAUER, G.; GUTHOFF, R.: Künstliches Akkommodationssystem auf der Basis von Mikro und Nanotechnologie. In: *Mikrosystemtechnik Kongress 2005* GMM/VDI/VDE/IT, VDE Verlag GmbH, Oktober 2005, S. 411–414

[GBSS09]   GOMADAM, P. M.; BROWN, J. R.; SCOTT, E. R.; SCHMIDT, C. L.: Predicting charge-times of implantable cardioverter defibrillators. In: *Engineering in Medicine and Biology Society, 2009. EMBC 2009. Annual International Conference of the IEEE*, 2009, S. 3020–3023

[GG52]   GROOT, S. D.; GEBHARD, J.: Pupil size as determined by adapting luminance. In: *Journal of the Optical Society of America* 7 (1952), S. 492–495

[GK03]   GUTHOFF, R. (Hrsg.); K., Ludwig (Hrsg.): *Current Aspects of Human Accommodation II*. Kaden Verlag Heidelberg, 2003

[GKOB98]   GERLACH, H.; KAMMERL, F.; OSTERTAG, T.; BULST, W.-E.: *WO98/36395 Anordnung und Verfahren zur Erzeugung kodierter Hochfrequenzsignale*. Februar 1998. – Patentschrift

[Gla10]   GLASSER, A.: Surgical Restoration of Accommodation: Fact or Fiction? In: *Nova Acta Leopoldina* Bd. 111, 2010, S. 107–114

[GLM+71]   GREATBATCH, W.; LEE, J. H.; MATHIAS, W.; ELDRIDGE, M.; MOSER, J. R.; SCHNEIDER, A. A.: The Solid-State Lithium Battery: A New Improved Chemical Power Source for Implantable Cardiac Pacemakers. In: *Biomedical Engineering, IEEE Transactions on* BME-18 (1971), Nr. 5, S. 317–324

[GNY+06]   GOLODNITSKY, D.; NATHAN, M.; YUFIT, V.; STRAUSS, E.; FREEDMAN, K.; BURSTEIN, L.; GLADKICH, A.; PELED, E.: Progress in three-dimensional (3D) Li-ion microbatteries. In: *Solid State Ionics* 177 (2006), Oktober, Nr. 26-32, S. 2811–2819

[God10]   GODARD, L.: *Evaluierung von mechanischen Schwingungswandlern zur Versorgung des Künstlichen Akkommodationssystems*, Karlsruher Institut für Technologie (KIT), Institut für Angewandte Informatik (IAI), Diplomarbeit, 2010

[Gre03]   GREHN, F.: *Augenheilkunde.* Springer, 2003

[Har10]   HARMS, H.: *Konzeption einer Softwarearchitektur für das Künstliche Akkommodationssystem*, Karlsruher Institut für Technologie (KIT) Institut für Angewandte Informatik (IAI), Diplomarbeit, 2010

[Hay00]   HAYHOE, M.: Vision Using Routines: A Functional Account of Vision. In: *Visual Cognition* 7 (2000), Nr. 1, S. 43–64

[Hea10]   HEAEFLIGER, E.: Lens Refilling: how close to nature can we get. In: *WOC 2010 XXXII International Congress of Opthalmology*, 2010

[Hee88]   HEETDERKS, W. J.: RF powering of millimeter- and submillimeter-sized neural prosthetic implants. In: *Biomedical Engineering, IEEE Transactions on* 35 (1988), Nr. 5, S. 323–327

[Hen03]   HENDERSON, J. M.: Human gaze control during real-world scene perception. In: *Trends in Cognitive Sciences* 7 (2003), November, Nr. 11, S. 498–504

[HFH^{+}08]   HOLDEN, B.; FRICKE, T. R.; HO, S. M.; WONG, R.; SCHLENTHER, G.; CRONJE, S.; BURNETT, A.; PAPAS, E.; NAIDOO, K. S.; FRICK, K. D.: Global Vision Impairment Due to Uncorrected Presbyopia. In: *Archives of Ophthalmology* 126 (2008), Nr. 12, S. 1731–1739

[HGK09]   HELMHOLTZ, H. von; GULLSTRAND, A.; KRIES, J. von; NAGEL, W. (Hrsg.); GULLSTRAND, A. (Hrsg.): *Handbuch der physiologischen Optik.* Bd. 3. Leopold Voss, 1909

[HH99]   HENDERSON, J. M.; HOLLINGWORTH, A.: High level scene perception. In: *Annual Review of Psychology* 50 (1999), S. 243–271

[HKL^{+}10]   HEISTERKAMP, A.; KRÜGER, A.; LORBEER, R. A.; SCHUMACHER, S.; STACHS, O.; GUTHOFF, R. F.; LUBATSCHOWSKI, H.: Ultrashort Laserpulses and Laser Microscopy in Presbyopia Therapy. In: *Nova Acta Leopoldina* Bd. 111, 2010, S. 161–166

[HKS87]   HARTSGROVE, G.; KRASZEWSKI, A.; SUROWIEC, A.: Simulated biological materials for electromagnetic radiation absorption studies. In: *Bioelectromagnetics* 8 (1987), Nr. 1, S. 29–36

[HLG+04]   HSU, K. F.; LOO, S.; GUO, F.; CHEN, W.; DYCK, J. S.; UHER, C.; HOGAN, T.; POLYCHRONIADIS, E. K.; KANATZIDIS, M. G.: Cubic $AgPb_mSbTe_{2+m}$: Bulk Thermoelectric Materials with High Figure of Merit. In: *Science* 303 (2004), Nr. 5659, S. 818–821

[HLR06]   HAHN, R.; LUGER, T.; REICHL, H.: Assembly and Hermetic Encapsulation of Wafer Level Secondary Batteries. In: *Micro Electro Mechanical Systems, 2006. MEMS 2006 Istanbul. 19th IEEE International Conference on*, 2006, S. 954–957

[HRFP07]   HAM, J. van; REYNDERS-FREDERIX, P.; PUERS, R.: An Autonomous Implantable Distraction Nail Controlled by an Inductive Power and Data Link. In: *Solid-State Sensors, Actuators and Microsystems Conference, 2007. TRANSDUCERS 2007.*, 2007, S. 427–430

[HTT06]   HARB, E.; THORN, F.; TROILO, D.: Characteristics of accommodative behavior during sustained reading in emmetropes and myopes. In: *Vision Research* 46 (2006), August, Nr. 16, S. 2581–2592

[HTWL02]   HARMAN, T. C.; TAYLOR, P. J.; WALSH, M. P.; LaFORGE, B. E.: Quantum Dot Superlattice Thermoelectric Materials and Devices. In: *Science* 297 (2002), Nr. 5590, S. 2229–2232

[Hu88]   HU, Y. H.: The quantization effects of the CORDIC algorithm. In: *Acoustics, Speech, and Signal Processing, 1988. ICASSP-88., 1988 International Conference on*, 1988, S. 1822–1825 vol.3

[HYP+08]   HOLLEMAN, J.; YEAGER, D.; PRASAD, R.; SMITH, J. R.; OTIS, B.: NeuralWISP: An energy-harvesting wireless neural interface with 1-m range. In: *Biomedical Circuits and Systems Conference, 2008. BioCAS 2008. IEEE*, 2008, S. 37–40

[IEE05]   IEEE: *Std C95.1 - IEEE Standard for Safety Levels with Respect to Human Exposure to Radio Frequency Electromagnetic Fields, 3 kHz to 300 GHz.* Normschrift, 2005. – Revision of IEEE Std C95.1-1991

[Ilg97]   ILG, Uwe J.: Slow eye movements. In: *Progress in Neurobiology* 53 (1997), Oktober, Nr. 3, S. 293–329

[ISO02]   *ISO 11979-7:2001 Ophthalmische Implantate Intraokularlinsen.* März 2002. – Normschrift

[ISO07]   *ISO 14971 Medizinprodukte – Anwendung des Risikomanagements auf Medizinprodukte.* 2007. – Normschrift

[JAP07]   JONES, C. E.; ATCHISON, D. A.; POPE, J. M.: Changes in Lens Dimensions and Refractive Index with Age and Accommodation. In: *Optometry and Vision Science* 84 (2007), Nr. 10, S. 990 – 995

[JG72]   JOHNSON, C. C.; GUY, A. W.: Nonionizing electromagnetic wave effects in biological materials and systems. In: *Proceedings of the IEEE* 60 (1972), Nr. 6, S. 692–718

[Jia96]   JIANG, B. C.: Accommodative vergence is driven by the phasic component of the accommodative controller. In: *Vision Research* 36 (1996), Januar, Nr. 1, S. 97–102

[KBG07]   KLINK, S.; BRETTHAUER, G.; GUTHOFF, R.: Eignung des Pupillennahreflexes zur Bestimmung des Akkommodationsbedarfes. In: *Automed Workshop*, 2007

[KBK$^+$09]   KOHNEN, T.; BAUMEISTER, M.; KOOK, D.; KLAPROTH, O. K.; OHRLOFF, C.: Kataraktchirurgie mit Implantation einer Kunstlinse. In: *Deutsches Ärzteblatt Int.* 106(43) (2009), S. 695–702

[KC00]   KOTZ, R.; CARLEN, M.: Principles and applications of electrochemical capacitors. In: *Electrochimica Acta* 45 (2000), Mai, Nr. 15-16, S. 2483–2498

[KDS09]   KJEANG, E.; DJILALI, N.; SINTON, D.: Microfluidic fuel cells: A review. In: *Journal of Power Sources* 186 (2009), Januar, Nr. 2, S. 353–369

[KDZS08]   KERZENMACHER, S.; DUCRÉE, J.; ZENGERLE, R.; STETTEN, F. von: An abiotically catalyzed glucose fuel cell for powering medical implants: Reconstructed manufacturing protocol and analysis of performance. In: *Journal of Power Sources* 182 (2008), Juli, Nr. 1, S. 66–75

[KGB07]   KLINK, S.; GENGENBACH, U.; BRETTHAUER, G.: Approximation of the Accommodation Demand for an Artificial Accommodation System by Means of the Terrestrial Magnetic Field and Eyeball Movements. In: *WACBE World Congress on Bioengineering*. Bankok, Thailand, 2007

[Ki009]   KIONIX: *KXTF9-4100 Tri-axis Digital Accelerometer Specifications.* Dezember 2009. – Datenblatt

[KKB09]   KIMBALL, J. W.; KUHN, B. T.; BALOG, R. S.: A System Design Approach for Unattended Solar Energy Harvesting Supply. In: *Power Electronics, IEEE Transactions on* 24 (2009), Nr. 4, S. 952–962

[KKW08]   KRATT, K.; KORVINK, J. G.; WALLRABE, U.: Micro Coil Manufacturing. In: *Proceedings of the 11th International Conference on New
Actuators*. Bremen, Germany, June 2008, S. 311–316

[KLB⁺04]   KENDIR, G. A.; LIU, W.; BASHIRULLAH, R.; WANG, G.; HU-
MAYUN, M.; WEILAND, J.: An efficient inductive power link
design for retinal prosthesis. In: *Circuits and Systems, 2004. ISCAS
'04. Proceedings of the 2004 International Symposium on* Bd. 4, 2004, S.
41–44

[Kli05]   KLINK, S.: *Theoretische Untersuchung eines Verfahrens zur Approximation des Akkommodationsbedarfes auf Basis der Bewegung des Au-
genpaares*, Universität Karlsruhe (TH), Diplomarbeit, 2005

[Kli08]   KLINK, S.: *Neues System zur Erfassung des Akkommodationsbedarfs
im menschlichen Auge*, Universität Karlsruhe, Dissertation, 2008

[KNPRG67] KELMAN, G. R.; NUNN, J. F.; PRYS-ROBERTS, C.; GREENBAUM,
R.: The Influence of Cardiac Output on Arterial Oxygenation: A
Theoretical Study. In: *British Journal of Anaesthesia* 39 (1967), Nr. 6,
S. 450–458

[Koh07]   KOHNEN, T.: Multifokale ReSTOR IOL nach Kataraktchirurgie.
In: *105th DOG Congress*, 2007, S. SA.15.07

[Kok06]   KOKER, T.: *Konzeption und Realisierung einer neuen Prozesskette zur
Integration von Kohlenstoff-Nanoröhren über Handhabung in technische
Anwendung*, Universität Karlsruhe (TH), Dissertation, 2006

[Kru10]   KRUG, M.: *Konzeption und Aufbau einer induktiven Energieübertragung für das Künstliche Akkommodationssystem*. 2010. – Bachelorar-
beit Hochschule Karlsruhe - Technik und Wirtschaft Fakultät für
Elektro- und Informationstechnik

[KSDZ07]   KERZENMACHER, S.; STETTEN, F. v.; DUCRÉE, J.; ZENGERLE,
R.: Glukose-Brennstoffzellen als autarke Energieversorgung für
medizinische Mikro-Implantate: Stand der Technik und aktuelle
Entwicklungen. In: *Mikrosystemtechnik Kongress 2007* Bd. 52. Berlin-
Offenbach: VDE VERLAG GMBH, 15. - 17. Okt. 2007

[KSG⁺07]   KLINK, S.; SIEBER, I.; GENGENBACH, U.; BRETTHAUER, G.;
GUTHOFF, R.: Kontaktlose Erfassung des Akkommodationsbedarfes durch Nutzung des Pupillennahreflexes. In: *41. Jahrestagung
der Deutschen Gesellschaft für Biomedizinische Technik*. Aachen, 2007

[Kui03]   KUIPERS, R. J.: *Engineering a human powered mp3 player*, Delft
University of Technology, Graduation report, Mai 2003

[LAA93]   LEGLER, U. F.; ASSIA, E. I.; APPLE, D. J.: Configuration of the capsular sack after implantation of posterior chamber lenses. In: *Ophthalmologe* 90 (1993), Nr. 4, S. 339–42

[Lag82]   LAGENDIJK, J. J. W.: A mathematical model to calculate temperature distributions in human and rabbit eyes during hyperthermic treatment. In: *Physics in Medicine and Biology* 27 (1982), Nr. 11, S. 1301–1311

[Lan06]   LAND, M. F.: Eye movements and the control of actions in everyday life. In: *Progress in Retinal and Eye Research* 25 (2006), Mai, Nr. 3, S. 296–324

[Leu05]   LEUWER, R.: Die apparative Versorgung der Schwerhörigkeit: Konventionelle und implantierbare Hörgeräte. In: *Gestörtes Hören* (2005), S. 51–59

[LH01]   LAND, M. F.; HAYHOE, M.: In what ways do eye movements contribute to everyday activities? In: *Vision Research* 41 (2001), November, Nr. 25–26, S. 3559–3565

[Lin09]   LINEAR TECHNOLOGY: *LTC3652 High Efficiency, High Voltage 20mA Synchronous Step-Down Converter*. 2009. – Datenblatt

[Lin10]   LINEAR TECHNOLOGY: *LTC3588-1 Piezoelectric Energy Harvesting Power Supply*. 2010. – Datenblatt

[LKT06]   LAM, Y.-H.; KI, W.-H.; TSUI, C.-Y.: Integrated Low-Loss CMOS Active Rectifier for Wirelessly Powered Devices. In: *Circuits and Systems II: Express Briefs, IEEE Transactions on* 53 (2006), Nr. 12, S. 1378–1382

[LM05]   LEHMANN, T.; MOGHE, Y.: On-chip active power rectifiers for biomedical applications. In: MOGHE, Y. (Hrsg.): *Circuits and Systems, 2005. ISCAS 2005. IEEE International Symposium on*, 2005, S. 732–735 Vol. 1

[LMR99]   LAND, M.; MENNIE, N.; RUSTED, J.: The roles of vision and eye movements in the control of activities of daily living. In: *Perception* 28 (1999), S. 1311–1328

[LPMH01]   LOEB, G. E.; PECK, R. A.; MOORE, W. H.; HOOD, K.: BION(TM) system for distributed neural prosthetic interfaces. In: *Medical Engineering & Physics* 23 (2001), Januar, Nr. 1, S. 9–18

[LR02]   LINDEN, D. (Hrsg.); REDDY, T. B. (Hrsg.): *Handbook of batteries*. 3. McGraw-Hill, 2002

[LSGB09]   L. RHEINSCHMITT; SIEBER, I.; GENGENBACH, U.; BRETTHAU-ER, G.: Comparison of different approaches for the packaging of the Artificial Accommodation System. In: *Smart Systems Integration*, 2009

[Mad01]   MADOU, M. J. (Hrsg.): *Fundamentals of Microfabrication*. 2nd ed. CRC Press, 2001

[Mah05]   *Kapitel* Strahlungsphysikalische und lichttechnische Messgrößen. In: MAHLER, G.: *Die Grundlagen der Fernsehtechnik*. Springer Berlin Heidelberg, 2005, S. 4–15

[Mar07]   MARTIN, H.: *Biomechanische Untersuchungen von akkommodations-fähigen Linsenimplantaten im humanen Auge*, Universität Rostock, Habilitationsschrift, 2007

[MAS01]   MASTRAGOSTINO, M.; ARBIZZANI, C.; SOAVI, F.: Polymer-based supercapacitors. In: *Journal of Power Sources* 97-98 (2001), Juli, S. 812–815

[MBM07]   MONDAL, S. K.; BARAI, K.; MUNICHANDRAIAH, N.: High capacitance properties of polyaniline by electrochemical deposition on a porous carbon substrate. In: *Electrochimica Acta* 52 (2007), Februar, Nr. 9, S. 3258–3264

[MC04]   MORDI, J. A.; CIUFFREDA, K. J.: Dynamic aspects of accommodation: age and presbyopia. In: *Vision Research* 44 (2004), März, Nr. 6, S. 591–601

[MC06]   MARTINEZ-CONDE, S.: Fixational eye movements in normal and pathological vision. In: MARTINEZ-CONDE, S. (Hrsg.); MACK-NIK, S. L. (Hrsg.); MARTINEZ, L. M. (Hrsg.); ALONSO, J.-M. (Hrsg.); TSE, P. U. (Hrsg.): *Visual Perception - Fundamentals of Vision: Low and Mid-Level Processes in Perception* Bd. Volume 154, Part 1. Elsevier, 2006, S. 151–176

[MCMH04]   MARTINEZ-CONDE, S.; MACKNIK, S. L.; HUBEL, D. H.: The Role of Fixational Eye Movements in Visual Perception. In: *Nature Reviews, Neuroscience* 5 (2004), März, S. 229–240

[MEHS00]   MALINOV, I. V.; EPELBOIM, J.; HERST, A. N.; STEINMAN, R. M.: Characteristics of saccades and vergence in two kinds of sequential looking tasks. In: *Vision Research* 40 (2000), Juli, Nr. 16, S. 2083–2090

[Mer58]   MERKULOV, V. S.: Atomic Batteries. In: *Measurement Techniques* 1 (1958), Nr. 2, S. 242–246

[MGBG10]   MARTIN, Th.; GENGENBACH, U.; BRETTHAUER, G.; GUTHOFF, R.: Which physical actuation principles are suitable for driving the optics of an implantable mechatronic accommodation system? In: *World Ophthalmology Congress 2010*, 2010, S. 319, P–SU–190

[MGR⁺10]   MARTIN, Th.; GENGENBACH, U.; RUTHER, P.; PAUL, O.; BRETTHAUER, G.: Actuation of a Triple-optics for an Intraocular Implant Based on a Piezoelectric Bender and a Compliant Silicon Mechanism. In: BORGMANN, H. (Hrsg.): *ACTUATOR, 12th International Conference on New Actuators*. Bremen, Germany, 14–16 June 2010, S. 81–84

[MHLR05]   MARQUARDT, K.; HAHN, R.; LUGER, T.; REICHL, H.: Aufbau und Hermetisierung einer ultraflachen aufladbaren Mikrobatterie. In: VDE (Hrsg.); GMM/VDI/VDE/IT (Veranst.): *Mikrosystemtechnik Kongress 2005* GMM/VDI/VDE/IT, VDE Verlag GmbH, Oktober 2005, S. 33–36

[MMHBL99]   MOHAN, S. S.; MAR HERSHENSON, M. del; BOYD, S. P.; LEE, T. H.: Simple Accurate Expressions for Planar Spiral Inductances. In: *IEEE Journal of Solid-State Circuits* 34 (1999), Nr. 10, S. 1419–1424

[MNS⁺07]   MÖHRING, U.; NEUDECK, A.; SCHEIBNER, W.; THURNER, F.; ZIMMERMANN, Y.: Textile Mikrosysteme zur Energieumwandlung und -speicherung. In: *Mikrosystemtechnik Kongress 2007*. Berlin-Offenbach: VDE VERLAG GMBH, 15. - 17. Okt. 2007

[Mok07]   MOKWA, W.: Medical implants based on microsystems. In: *Measurement Science and Technology* 18 (2007), Nr. 5, S. R47–R57

[MPG10]   *Medizinproduktegesetz.* 2010. – in der Fassung der Bekanntmachung vom 7. August 2002

[MPM⁺10]   MAZZILLI, F.; PEISINO, M.; MITOUASSIWOU, R.; COTTE, B.; THOPPAY, P.; LAFON, C.; FAVRE, P.; MEURVILLE, E.; DEHOLLAIN, C.: In-vitro platform to study ultrasound as source for wireless energy transfer and communication for implanted medical devices. In: *Engineering in Medicine and Biology Society (EMBC), 2010 Annual International Conference of the IEEE*, 2010, S. 3751–3754

[MS07]   MILLARD, R. E.; SHEPHERD, R. K.: A fully implantable stimulator for use in small laboratory animals. In: *Journal of Neuroscience Methods* 166 (2007), November, Nr. 2, S. 168–177

[Mü05]   MÜLLER, J.: Cohlea-Implantate und Hirnstammimplantate: Aktuelle Entwicklungen der letzten 10 Jahre. In: *Gestörtes Hören* (2005), S. 61–69

[NBH+10] NAGEL, J. A.; BECK, C.; HARMS, H.; STILLER, P.; GUTH, H.; BRETTHAUER, G.: Energie- und Speichereffiziente Berechnung des Akkommodationsbedarfs im Künstlichen Akkommodationssystem. In: *Klinische Monatsblätter der Augenheilkunde* 227 (2010), Nr. 12, S. 930–934

[NGG+09] NAGEL, J.; GENGENBACH, U.; GUTH, H.; MARTIN, T.; RHEINSCHMITT, L.; BRETTHAUER, G.; GUTHOFF, R. F.: Fortschritte bei der Entwicklung eines künstlichen Akkommodationssystems. In: *107. DOG-Jahrestagung*, 2009

[NGG+10] NAGEL, J.; GENGENBACH, U.; GUTH, H.; BRETTHAUER, G.; GUTHOFF, R. F.: Simulation of the Accommodation Demand to Estimate the Power Consumption of the Artificial Accommodation System. In: *World Ophthalmology Congress (WOC 2010), 32nd Internat.Congress of Ophthalmology, 108th DOG Congress.* Berlin, June 5-9 2010, S. 132

[NHL+06] NIU, C.; HAO, H.; LI, L.; MA, B.; WU, M.: The Transcutaneous Charger for Implanted Nerve Stimulation Device. In: HAO, Hongwei (Hrsg.): *Engineering in Medicine and Biology Society, 2006. EMBS '06. 28th Annual International Conference of the IEEE*, 2006, S. 4941–4944

[NHS+10] NAGEL, J. A.; HARMS, H.; STILLER, P.; GUTH, H.; BRETTHAUER, G.; GUTHOFF, R. F.: Energy Efficient Algorithm for the Calculation of the Demand of Accommodation in the Artificial Accommodation System. In: *Biomedizinische Technik* Bd. 55 (Supl. 1), 2010, S. 126–128

[NJS+97] NEAGU, C. R.; JANSEN, H. V.; SMITH, A.; GARDENIERS, J. G. E.; ELWENSPOEK, M. C.: Characterization of a planar microcoil for implantable microsystems. In: *Sensors and Actuators A: Physical* 62 (1997), Juli, Nr. 1-3, S. 599–611

[NMR+08] NAGEL, J. A.; MARTIN, T.; RHEINSCHMITT, L.; GENGENBACH, U.; BRETTHAUER, G.; GUTHOFF, R. F.: Progress in the Development of the Artificial Accommodation System. In: *IFMBE Proceedings, 4th European Conference of the International Federation for Medical and Biological Engineering* Bd. 22, 2008 (IFMBE Proceedings), S. 2405–2408

[NSG+10]   NAGEL, J.; SIEBER, I.; GENGENBACH, U.; GUTH, H.; BRETT-HAUER, G.; GUTHOFF, R. F.: Investigation of a Thermoelectric Power Supply for the Artificial Accommodation System. In: *Applied Sciences in Biomedical and Communication Technologies (ISABEL), 3rd International Symposium on*, 2010, S. 1–5

[OAN07]   OOI, E. H.; ANG, W. T.; NG, E. Y.-K.: Bioheat transfer in the human eye: A boundary element approach. In: *Engineering Analysis with Boundary Elements* 31 (2007), S. 494–500

[ON08]   OOI, E.-H.; NG, E. Y.-K.: Simulation of aqueous humor hydrodynamics in human eye heat transfer. In: *Computers in Biology and Medicine* 38 (2008), Februar, Nr. 2, S. 252–262

[OSBT07]   O'DONNELL, T.; SAHA, C.; BEEBY, S. P.; TUDOR, M.-J.: Scaling Effects for Electromagnetic Vibrational Power Generators. In: *DTIP of MEMS & MOEMS*, 2007

[Par72]   PARSONNET, V.: Power Sources for Implantable Cardiac Pacemakers. In: *CHEST* 61 (1972), S. 165–173

[PCV+00]   PUERS, R.; CATRYSSE, M.; VANDEVOORDE, G.; COLLIER, R. J.; LOURIDAS, E.; BURNY, F.; DONKERWOLCKE, M.; MOULART, F.: A telemetry system for the detection of hip prosthesis loosening by vibration analysis. In: *Sensors and Actuators A: Physical* 85 (2000), August, Nr. 1-3, S. 42–47

[PFGH05]   PLATT, S. R.; FARRITOR, S.; GARVIN, K.; HAIDER, H.: The use of piezoelectric ceramics for electric power generation within orthopedic implants. In: *Mechatronics, IEEE/ASME Transactions on* 10 (2005), Nr. 4, S. 455–461

[PFH05]   PLATT, S. R.; FARRITOR, S.; HAIDER, H.: On low-frequency electric power generation with PZT ceramics. In: *Mechatronics, IEEE/ASME Transactions on* 10 (2005), Nr. 2, S. 240–252

[PHM+08]   POUDEL, B.; HAO, Q.; MA, Y.; LAN, Y.; MINNICH, A.; YU, B.; YAN, X.; WANG, D.; MUTO, A.; VASHAEE, D.; CHEN, X.; LIU, J.; DRESSELHAUS, M. S.; CHEN, G.; REN, Z.: High-Thermoelectric Performance of Nanostructured Bismuth Antimony Telluride Bulk Alloys. In: *Science* 320 (2008), Nr. 5876, S. 634–638

[POM+07]   PERNIA, A. M.; ORILLE, I. C.; MARTINEZ, J. A.; MARTIN-RAMOS, J.; CANAL, J. A.; ZACOUTO, F.: Transcutaneous microvalve activation system using a coreless transformer. In: *Sensors and Actuators A: Physical* 136 (2007), Mai, Nr. 1, S. 313–320

[Pow94]   POWERS, R. A.: Advances and trends in primary and small secondary batteries. In: *Aerospace and Electronic Systems Magazine, IEEE* 9 (1994), Nr. 4, S. 32–36

[Pre02]   PREUSS, P.: An unexpected discovery could yield a full spectrum solar cell / Lawrence Berkeley National Laboratory. 2002. – Forschungsbericht

[PS05]   PARADISO, J. A.; STARNER, T.: Energy scavenging for mobile and wireless electronics. In: *Pervasive Computing, IEEE* 4 (2005), Nr. 1, S. 18–27

[PS06]   PAN, F.; SAMADDAR, T.; RINALDI, W. (Hrsg.): *Charge Pump Circuit Design.* McGraw-Hill, 2006

[Ray98]   RAYNER, K.: Eye Movements in Reading and Information Processing: 20 Years of Research. In: *Psychological Bulletin* 124 (1998), Nr. 3, S. 372–422

[RGB10]   RHEINSCHMITT, L.; GENGENBACH, U.; BRETTHAUER, G.: System Integration of an Active Lens Implant. In: *Smart Systems Integration,* 2010

[RK68]   RECHTSCHAFFEN, A.; KALES, A.: *A manual of standardized terminology, techniques and scoring system for sleep stages of human subjects.* Washington DC: US Government Printing Office, US Public Health Service, 1968

[RKN05]   RAMANATHAN, K.; KEANE, J.; NOUFI, R.: Properties of high-efficiency CIGS thin-film solar cells. In: *Photovoltaic Specialists Conference, 2005. Conference Record of the Thirty-first IEEE,* 2005, S. 195–198

[Row94]   ROWE, D. M. (Hrsg.): *CRC Handbook of Thermoelectrics.* CRC Press LCC, 1994

[RRGF94]   RUDGE, A.; RAISTRICK, I.; GOTTESFELD, S.; FERRARIS, J. P.: A study of the electrochemical properties of conducting polymers for application in electrochemical capacitors. In: *Electrochimica Acta* 39 (1994), Februar, Nr. 2, S. 273–287

[RRN+09]   RHEINSCHMITT, L.; RITTER, F.; NAGEL, J. A.; GENGENBACH, U.; GUTH, H.; MARTIN, T.; BRETTHAUER, G.; GUTHOFF, R.: *Optimiertes Sensorkonzept für das Künstliche Akkommodationssystem.* 2009. – Patentanmeldung

[RRN+10]   RHEINSCHMITT, L.; RITTER, F.; NAGEL, J.; GENGENBACH, U.; GUTH, H.; BRETTHAUER, G.; GUTHOFF, R. F.: Optimized sensor concept for the artificial accommodation system. In: *World Ophthalmology Congress (WOC 2010), 32nd Internat.Congress of Ophthalmology, 108th DOG Congress*. Berlin, June 5-9 2010, S. 132

[RWR03]   ROUNDY, S.; WRIGHT, P. K.; RABAEY, J.: A study of low level vibrations as a power source for wireless sensor nodes. In: *Computer Communications* 26 (2003), Juli, Nr. 11, S. 1131–1144

[RZ94]   *Kapitel* Auge. In: RAGER, G.; ZYPEN, E. van d.: *Anatomie*. Bd. 2. 15. Benninghoff, 1994, S. 701–753

[Rü09]   RÜCKERT, W.: *Beitrag zur Entwicklung einer elastischen Linse variabler Fokuslänge*, Universität Karlsruhe, Dissertation, 2009

[Saw06]   SAWAN, M.: Implantable Smart Medical Microsystems: Limits and Challenges. In: *Electronics, Circuits and Systems, 2006. ICECS '06. 13th IEEE International Conference on*, 2006, S. 522–524

[Sch05]   SCHMUTZER, E.: *Grundlagen der Theoretischen Physik*. Bd. 1. Wiley-VCH, 2005

[Sch07]   SCHISCHKE, K.: Chancen und Risiken autonomer verteilter Mikrosysteme. In: *Mikrosystemtechnik Kongress 2007*. Berlin-Offenbach: VDE Verlag GmbH, 15. - 17. Okt. 2007

[Sco88]   SCOTT, J. A.: A finite element model of heat transport in the human eye. In: *Physics in Medicine and Biology* 33 (1988), Nr. 2, S. 227

[SEEP87]   SCHLEIDT, M.; EIBL-EIBESFELDT, I.; PÖPPEL, E.: A universal constant in temporal segmentation of human short-term behavior. In: *Naturwissenschaften* 74 (1987), Juni, Nr. 6, S. 289–290

[SF62]   SCHWARTZ, B.; FELLER, M. R.: Temperature gradients in the rabbit eye. In: *Investigative Ophthalmology* 1 (1962), Nr. 4, S. 513–521

[SFG+06]   SHUI, Y.-B.; FU, J.-J.; GARCIA, C.; DATTILO, L. K.; RAJAGOPAL, R.; MCMILLAN, S.; MAK, G.; HOLEKAMP, N. M.; LEWIS, A.; BEEBE, D. C.: Oxygen Distribution in the Rabbit Eye and Oxygen Consumption by the Lens. In: *Investigative Ophthalmology & Vision Science* 47 (2006), Nr. 4, S. 1571–1580

[SHLW99]   SCHUBERT, M. B.; HIERZENBERGER, A.; LEHNER, H. J.; WER-
             NER, J. H.: Optimizing photodiode arrays for the use as retinal
             implants. In: *Sensors and Actuators A: Physical* 74 (1999), April, Nr.
             1-3, S. 193–197

[SHMB08]   SI, P.; HU, A. P.; MALPAS, S.; BUDGETT, D.: A Frequency Control
             Method for Regulating Wireless Power to Implantable Devices. In:
             Biomedical Circuits and Systems, IEEE Transactions on 2 (2008), Nr. 1,
             S. 22–29

[Sit10]   SITZMANN, H.: *Römpp Online*. Thieme, 2010 www.roempp.com. –
             Letzter Zugriff: 20. Dezember 2010

[Ska97]   SKARSTAD, P. M.: Lithium/silver vanadium oxide batteries for
             implantable cardioverter-defibrillators. In: *Battery Conference on
             Applications and Advances, 1997., Twelfth Annual*, 1997, S. 151–155

[SKH⁺00]   STANGEL, K.; KOLNSBERG, S.; HAMMERSCHMIDT, D.; HO-
             STICKA, B. J.; TRIEU, H. K.; MOKWA, W.: A programmable
             intraocular CMOS pressure sensor system implant. In: *Solid-State
             Circuits Conference, 2000. ESSCIRC '00. Proceedings of the 26th Euro-
             pean*, 2000, S. 381–384

[SKH⁺01]   STANGEL, K.; KOLNSBERG, S.; HAMMERSCHMIDT, D.; HO-
             STICKA, B. J.; TRIEU, H. K.; MOKWA, W.: A programmable
             intraocular CMOS pressure sensor system implant. In: *Solid-State
             Circuits, IEEE Journal of* 36 (2001), Nr. 7, S. 1094–1100

[SKL⁺06]   STETTEN, F. von; KERZENMACHER, S.; LORENZ, A.; CHOKKA-
             LINGAM, V.; MIYAKAWA, N.; ZENGERLE, R.; DUCREE, J.: A
             One-Compartment, Direct Glucose Fuel Cell for Powering Long-
             Term Medical Implants. In: *Micro Electro Mechanical Systems, 2006.
             MEMS 2006 Istanbul. 19th IEEE International Conference on*, 2006, S.
             934–937

[SN98]   SPYKER, R. L.; NELMS, R. M.: Predicting capacitor run time
             for a battery/capacitor hybrid source. In: *Power Electronic Drives
             and Energy Systems for Industrial Growth, 1998. Proceedings. 1998
             International Conference on* Bd. 2, 1998, S. 809–814 Vol. 2

[SP96]   SCHUYLENBERGH, K. van; PUERS, R.: Self-tuning inductive po-
             wering for implantable telemetric monitoring systems. In: *Sensors
             and Actuators A: Physical* 52 (1996), Nr. 1-3, S. 1–7

[SP06]   SCHERSON, D. A.; PALENCSÁR, A.: Batteries and Electrochemical
             Capacitors. In: *The Electrochemical Society Interface* 15 (2006), Nr. 1,
             S. 17–22

[SPR07]   SPIES, P.; POLLAK, M.; ROHMER, G.: Energy harvesting for mobile communication devices. In: *Telecommunications Energy Conference (INTELEC), 29th International*, 2007, S. 481–488

[SSL+10]   STACHS, O.; STERNBERG, K.; LANGNER, S.; TERWEE, T.; MARTIN, H.; SCHMITZ, K.-P.; HOSTEN, N.; GUTHOFF, R. F.: Rostock Animal Studies on Restoring Accommodation. In: *Nova Acta Leopoldina* Bd. 111, 2010, S. 143–151

[SSV00]   SHUKLA, A. K.; SAMPATH, S.; VIJAYAMOHANAN, K.: Electrochemical supercapacitors: Energy storage beyond batteries. In: *Current Science* 79 (2000), 25. Dezember, Nr. 12, S. 1656–1661

[Sta07]   STACHS, O.: *Ex-vivo and In-vivo Characterization of Human Accommodation*, Universität Rostock, Habilitationsschrift, 2007

[Sti05]   STIEGLITZ, T.: Biomedizinische Mikrosysteme in Neuroprothesen und Human-Computer-Interfaces. In: *Mikrosystemtechnik Kongress 2005* GMM/VDI/VDE/IT, VDE Verlag GmbH, Oktober 2005, S. 261–266

[STS93]   SAITO, S.; TAPTAGAPORN, S.; SALVENDY, G.: Visual comfort in using different VDT screens. In: *International Journal of Human-Computer Interaction* 5 (1993), S. 313–323

[SWE98]   SPECKMANN, E.-J.; WITTKOWSKI, W.; ENKE, A.: *Bau und Funktionen des menschlichen Körpers*. Urban und Schwarzenberg, 1998

[SWT+09]   SAILE, V. (Hrsg.); WALLRABE, U. (Hrsg.); TABATA, O. (Hrsg.); KORVINK, J. G. (Hrsg.); BRAND, O. (Hrsg.); FEDDER, G. K. (Hrsg.); HIEROLD, C. (Hrsg.): *LIGA and its Applications: 7 (Advanced Micro & Nanosystems)*. Wiley-VCH Verlag, 2009

[SZM98]   SARJEANT, W. J.; ZIRNHELD, J.; MacDOUGALL, F. W.: Capacitors. In: *Plasma Science, IEEE Transactions on* 26 (1998), Nr. 5, S. 1368 – 1392

[TE07]   TRUKENBROD, H. A.; ENGBERT, R.: Oculomotor control in a sequential search task. In: *Vision Research* 47 (2007), August, Nr. 18, S. 2426–2443

[Ter10]   TERWEE, T.: Lens Refilling – The State of the Art. In: *Nova Acta Leopoldina* Bd. 111, 2010, S. 153–160

[Tex07]   TEXAS INSTRUMENTS: *CC1101 Low-Power Sub-1 GHz RF Transceiver*. Juni 2007. – Datenblatt

[TGB03]   TURANO, K. A.; GERUSCHAT, D. R.; BAKER, F. H.: Oculomotor strategies for the direction of gaze tested with a real-world activity. In: *Vision Research* 43 (2003), Februar, Nr. 3, S. 333–346

[TJ08]   TALOS; JAKOV: *Anatomie des Auges.* Creative Commons. http://upload.wikimedia.org/wikipedia/commons/a/a5/Eye_scheme.svg. Version: 2008

[TKH06]   TRIPATHI, S. K.; KUMAR, A.; HASHMI, S. A.: Electrochemical redox supercapacitors using PVdF-HFP based gel electrolytes and polypyrrole as conducting polymer electrode. In: *Solid State Ionics* 177 (2006), November, Nr. 33-34, S. 2979–2985

[TR09]   TROYK, P. R.; RUSH, A. D.: Inductive link design for miniature implants. In: *Engineering in Medicine and Biology Society. EMBC 2009. Annual International Conference of the IEEE*, 2009, S. 204–209

[UMBS00]   ULLERICH, S.; MOKWA, W.; BOGEL, G. vom; SCHNAKENBERG, U.: Micro coils for an advanced system for measuring intraocular pressure. In: *Microtechnologies in Medicine and Biology, 1st Annual International, Conference On. 2000*, 2000, S. 470–474

[VB04]   VLAARDINGERBROEK, M.T.; BOER, J. A.: *Magnetic resonance imaging : theory and practice.* 3. Berlin: Springer, 2004 (Physics and astronomy online library)

[VDHS97]   VAILLANCOURT, P.; DJEMOUAI, A.; HARVEY, J. F.; SAWAN, M.: EM radiation behavior upon biological tissues in a radio-frequency power transfer link for a cortical visual implant. In: *Engineering in Medicine and Biology Society, 1997. Proceedings of the 19th Annual International Conference of the IEEE* Bd. 6, 1997, S. 2499–2502

[VDLL97]   VANHEEGHE, P.; DUFLOS, E.; LE LETTY, R.: Control of an ultrasonic motor with a digital signal processor. In: *Systems, Man, and Cybernetics, 1997. 'Computational Cybernetics and Simulation'., IEEE International Conference on* Bd. 4, 1997, S. 3626–3629

[Vej10]   VEJARANO, L. F.: Different ways to treat Presbiopia, including the new PresbV (Vejarano Method). In: *WOC 2010 XXXII International Congress of Opthalmology*, 2010, S. SU–38–03

[VLN03]   VDOVIN, G.; LOKTEV, M.; NAUMOV, A.: On the possibility of intraocular adaptive optics. In: *Optics Express* 11 (2003), Nr. 7, S. 810–817

[Vog07]   VOGT, H.: *Implantatverkapselung IMKA.* 2007

[Vol59]   VOLDER, J. E.: The CORDIC Trigonometric Computing Technique. In: *IRE Transactions on Electronic Computers* 8 (1959), S. 330–334

[VP01]   VANDEVOORDE, G.; PUERS, R.: Wireless energy transfer for stand-alone systems: a comparison between low and high power applicability. In: *Sensors and Actuators A: Physical* 92 (2001), August, Nr. 1-3, S. 305–311

[VRM07]   VALE, P.; RUA, T.; MENDES, P. M.: Implantable Wireless Microsystem for Physiological Functions Control. In: RUA, T. (Hrsg.): *Industrial Electronics, 2007 (ISIE), IEEE International Symposium on*, 2007, S. 1491–1495

[VSCO01]   VENKATASUBRAMANIAN, R.; SIIVOLA, E.; COLPITTS, T.; O'QUINN, B.: Thin-film thermoelectric devices with high room-temperature figures of merit. In: *Nature* 413 (2001), Oktober, Nr. 6856, S. 597–602

[WBB99]   WIEDERHOLT, M.; BRÄUER, H.; BRÄUER, B.: *Excerpta ophthalmologica: Bildatlas zur Physiologie und Pathophysiologie der Mikrozirkulation des Auges*. Med. Service, 1999

[WE05]   WENZEL, M.; EGGERS, T.: Wireless Implantable Micro Sensors and Systems for Ambulatory Monitoring and Control of Therapeutic Procedures. In: *Body sensor networks workshop 2005*. Bremen, Germany, 2005

[WHK98]   WINTER, K.-F.; HARTMANN, R.; KLINKE, R.: A stimulator with wireless power and signal transmission for implantation in animal experiments and other applications. In: *Journal of Neuroscience Methods* 79 (1998), Januar, Nr. 1, S. 79–85

[WHO09]   WHO MEDIA CENTRE: *Visual impairment and blindness – Fact Sheet*. Version: Mai 2009. http://www.who.int/mediacentre/factsheets/fs282/en/print.html. – Internetquelle. Letzter Zugriff: 03. August 2010

[WJF99]   WANG, J.; JOUKOU, T.; FUJIWARA, O.: Dependence on antenna output power of temperature rise in human head for portable telephones. In: *Microwave Conference, 1999*, S. 481–484

[WLB⁺04]   WANG, G.; LIU, W.; BASHIRULLAH, R.; SIVAPRAKASAM, M.; KENDIR, G. A.; JI, Y.; HUMAYUN, M. S.; WEILAND, J. D.: A closed loop transcutaneous power transfer system for implantable devices with enhanced stability. In: *Circuits and Systems, 2004 (ISCAS '04) Proceedings of the 2004 International Symposium on* Bd. 4, 2004, S. IV–17–20

[Woi05]   WOIAS, P.: Micro energy harvesting - a novel supply concept for distributed and embedded microsystems. In: *Mikrosystemtechnik Kongress 2005* GMM/VDI/VDE/IT, VDE Verlag GmbH, Oktober 2005, S. 405–409

[WRS⁺76]   WEIDLICH, E.; RICHTER, G.; STURM, F. von; RAO, J. R.; THORÉN, A.; LAGERGREN, H.67: Animal Experiments with Bio-galvanic and Biofuel Cells. 4 (1976), Nr. 3, S. 277–306

[WS02]   WEISS, C.; STREUFERT, D.: Sensor im Auge. In: *Mechatronik F&M* 110 (2002), Nr. 10, S. 14–17

[WSB06]   WERBER, D.; SCHWENTNER, A.; BIEBL, E. M.: Investigation of RF transmission properties of human tissues. In: *Advances in Radio Science* 4 (2006), S. 357–360

[WWL04]   WEST, W. C.; WHITACRE, J. F.; LIM, J. R.: Chemical stability enhancement of lithium conducting solid electrolyte plates using sputtered LiPON thin films. In: *Journal of Power Sources* 126 (2004), Februar, Nr. 1-2, S. 134–138

[XFa10]   XFAB: *0.18 µm CMOS Process Family*. September 2010. – Datenblatt

[Zre10]   ZRENNER, E.: Seeing with subretinal electronic implants. In: *WOC 2010 XXXII International Congress of Opthalmology*, 2010, S. WE–14–02

A. Anhang

A.1. Thermoelektrische Grundlagen

Im Folgenden werden kurz die thermoelektrischen Grundlagen zur Abschätzung der mit thermoelektrischem EH und mit thermoionischen Nuklearbatterien erzielbaren Ausgangsleistungen beschrieben.

A.1.1. Wärmeleistung

Zunächst wird der Wärmefluss sowie dessen Wärmeleistung durch einen Körper mit parallelen Wänden, wie beispielsweise ein Thermoelement, betrachtet. Sie ist definiert durch:

$$\dot{Q} = \frac{\lambda}{\delta_{\mathrm{te}}} A_{\mathrm{te}} (T_{\mathrm{w}} - T_{\mathrm{k}}) \tag{A.1}$$

Hierbei stehen die einzelnen Formelzeichen für folgende physikalische Größen: T_{k} für die Temperatur der kälteren Wandoberfläche, T_{w} für die Temperatur der wärmeren Wandoberfläche, A_{te} für die Fläche, durch die die Wärme strömt, λ für die Wärmeleitfähigkeit, eine meist temperaturabhängige Stoffgröße, und δ_{te} für die Dicke der Wand.

A.1.2. Thermoelektrische Effekte

In der Literatur sind drei thermoelektrische Effekte, der Seebeck-Effekt, der Peltier-Effekt sowie der Thomson-Effekt, bekannt.

A.1.2.1. Seebeck-Effekt

Der Seebeck-Effekt [Row94] beschreibt die Entstehung von Potentialdifferenzen in Materialien durch Temperaturgradienten.

Dabei beschreibt der absolute Seebeck-Effekt die Entstehung einer Potentialdifferenz in einem einzelnen, isolierten Leiter, wenn eine Temperaturdifferenz zwischen den Enden des Leiters vorherrscht. Beschrieben werden kann die sich einstellende Temperaturdifferenz durch den Seebeckkoeffizienten.

Der relative Seebeckkoeffizient zwischen zwei Thermomaterialien ist definiert als die Differenz der absoluten Seebeckkoeffizienten der Materialien $\alpha_{AB} = \alpha_A - \alpha_B$. Er beschreibt die Potentialdifferenz zweier elektrisch in Reihe und thermisch parallel geschalteter Leiter über denen eine Temperaturdifferenz vorherrscht (verdeutlicht in Abbildung A.1). Eine thermische Parallelschaltung beschreibt dabei, dass sich der Wärmestrom $\dot{Q}$ vom wärmeren Punkt bei $T + \Delta T$ gleichermaßen durch beide Leiter zum kälteren Punkt T ausbreitet. Die elektrische Reihenschaltung beschreibt einen geschlossenen Stromfluss durch beide Leiter.

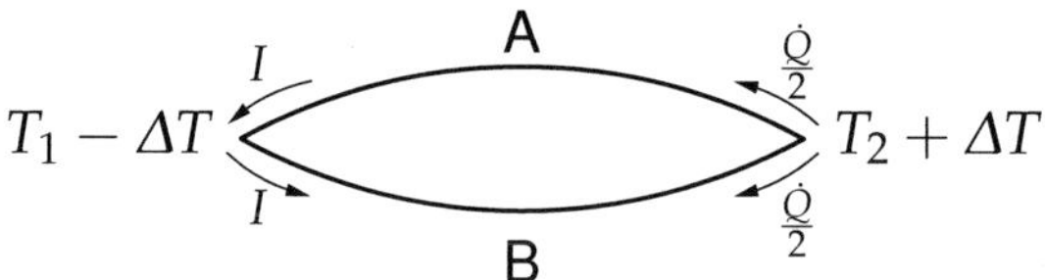

Abbildung A.1.: Veranschaulichung des relativen Seebeck-Effekts.

A.1.2.2. Peltier-Effekt

Peltier zeigte, dass an Berührungsflächen von unterschiedlichen Leitern Wärme aufgenommen oder abgegeben wird, wenn durch die Leiter ein Strom fließt (siehe Abb. A.2).

Der Peltierkoeffizient π_{AB} [Row94] beschreibt die Änderung der reversiblen Wärme an einem Übergang zwischen Leiter A und Leiter B, wenn durch die Leiter der Einheitsstrom in der Einheitszeit fließt. Dabei gilt $\pi_{AB} = \pi_A + \pi_B$. Die Richtung, in welche der Strom fließt, beschreibt dabei, an welchem Übergang Wärme freigesetzt wird und wo Wärme aufgenommen wird. Der Peltier-Effekt ist ebenso wie der Seebeck-Effekt unabhängig von den Kontaktpotentialen.

Für konstanten Strom ist der Peltier-Effekt proportional zum relativen Seebeckkoeffizienten und bei beliebiger, konstanter Kontakttemperatur ist er proportional zum Strom.

Beide Effekte sind unabhängig von der Geometrie der Übergänge. Ganz im Gegensatz zur Jouleerwärmung, die von der Oberflächengeometrie abhängt, keine Kontaktstelle benötigt und irreversibel ist.

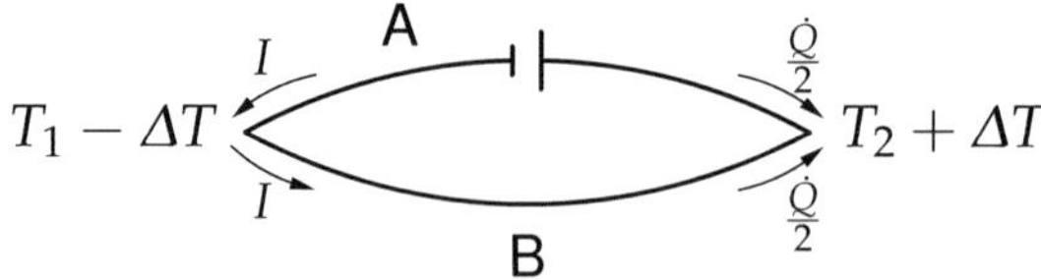

Abbildung A.2.: Veranschaulichung des Peltier-Effekts

A.1.2.3. Thomson-Effekt

Der Thomson-Effekt [Row94] beschreibt den reversiblen Wärmeinhalt eines Leiters in einem Wärmegradienten, durch welchen ein Strom geleitet wird. Praktisch hat dieser Effekt keine Anwendung. Er ist lediglich aus Gründen der Vollständigkeit aufgeführt, wird jedoch für die hier beschriebene Anwendung nicht benötigt.

A.1.3. Thermoelektrische Grundgesetze

Werden zwei gleiche, homogene, thermoelektrische Materialien zu einem Thermoelement zusammengefügt, wird keine thermoelektrische Spannung (emf) produziert, da die Koeffizienten α_1 und α_2 identisch sind.

Liegt über die Enden eines homogenen, thermoelektrischen Materials keine Temperaturdifferenz an, ist die entstehende Thermospannung E auch dann Null, wenn über dem Leiter Temperaturgradienten vorherrschen.

Werden zwei Thermoelemente mit einem gemeinsamen Thermomaterial in Reihe geschaltet, verhalten sich die Seebeckkoeffizienten wie [Row94]:

$$\frac{dE}{dT} = \alpha_A - \alpha_C + \alpha_C - \alpha_B = \alpha_A - \alpha_B \tag{A.2}$$

Wird Gleichung A.2 über mehrere Temperaturen integriert, verhält sich E wie:

$$E = \int_{T_0}^{T_1} (\alpha_A - \alpha_B)dT + \int_{T_1}^{T_2} (\alpha_A - \alpha_B)dT + \int_{T_2}^{T_3} (\alpha_A - \alpha_B)dT = \int_{T_0}^{T_3} (\alpha_A - \alpha_B)dT \tag{A.3}$$

A.1.4. Konvertierungseffizienz

Obwohl Thermoelemente die transportierte Wärme an Kontaktflächen abgeben, ist der Wärmetransport in thermoelektrischen Materialien ein Volumenphänomen. Dies resultiert daraus, dass das gesamte thermoelektrische Material die Wärme transportiert, die Wärme jedoch nur an einer Kontaktfläche zu einem anderen Leiter mit vom ersten unterschiedlichen Seebeckkoeffizienten freigegeben wird. Es folgt daraus der in Abbildung A.3 dargestellte Aufbau eines Thermoelements mit thermisch parallel und elektrisch in Reihe geschalteten Thermopaaren.

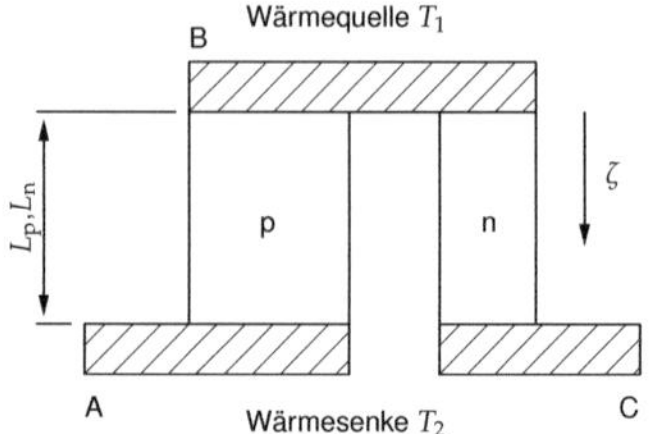

Abbildung A.3.: Thermoelement zum Kühlen und für Generatorbetrieb. L_p und L_n beschreiben die Länge der thermoelektrischen Materialien in Richtung der Wärmeausbreitung ζ.

A.1.4.1. Wärmetransport

Wird angenommen, dass der Seebeckkoeffizient temperaturunabhängig ist, verliert der Thomson-Effekt seinen Einfluss. Bei einem Thermoelement, bei dem die Längen der thermoelektrischen Materialien in Richtung des Wärmestroms gleich sind ($L_p = L_n$) werden die Randbedingungen so gesetzt, dass $T = T_1$ bei $x = 0$ und $T = T_2$ bei $x = L_p = L_n$ sind, ergibt sich die an den Grenzflächen aufgenommene und freigegebene Wärme nach [Row94] zu:

$$\dot{Q}_\mathrm{p}(\zeta = 0) = \alpha_\mathrm{p}\, I T_\mathrm{k} - \frac{\lambda_\mathrm{p} A_\mathrm{p}(T_\mathrm{w} - T_\mathrm{k})}{L_\mathrm{p}} - \frac{I^2 \rho_\mathrm{p} L_\mathrm{p}}{2 A_\mathrm{p}} \tag{A.4}$$

$$\dot{Q}_\mathrm{n}(\zeta = 0) = -\alpha_\mathrm{n}\, I T_\mathrm{k} - \frac{\lambda_\mathrm{n} A_\mathrm{n}(T_\mathrm{w} - T_\mathrm{k})}{L_\mathrm{n}} - \frac{I^2 \rho_\mathrm{n} L_\mathrm{n}}{2 A_\mathrm{n}}, \tag{A.5}$$

wobei $\dot{Q}_\mathrm{p}$ und $\dot{Q}_\mathrm{n}$ die Wärme des Thermoelements, I den Strom, T_k und T_w die absoluten Temperaturen der kalten und warmen Seite, λ_p und λ_n die thermischen Leitfähigkeiten des jeweiligen Thermomaterials, A_p und A_n die Querschnitte des jeweiligen Thermomaterials sowie ρ_p und ρ_n die spezifischen Widerstände des jeweiligen Thermomaterials darstellen.

A.1.4.2. Kühlleistung

Das Gütekriterium für Thermomaterialien ist über ihre Kühlleistung definiert [Row94]. Daher wird im Folgenden eine kurze Herleitung zum Kühlbetrieb eines Thermoelements gegeben.

Werden Gleichung A.5 und A.4 addiert, ergibt sich die Kühlleistung q_c bei $x = 0$ zu:

$$\dot{Q}_\mathrm{c} = (\alpha_\mathrm{p} - \alpha_\mathrm{n}) I T_\mathrm{k} - K(T_\mathrm{w} - T_\mathrm{k}) - \frac{I^2 R_\mathrm{te}}{2}, \tag{A.6}$$

wobei der thermische Leitwert K der beiden parallelen Thermomaterialien sich zu

$$K = \frac{\lambda_p A_p}{L_p} + \frac{\lambda_n A_n}{L_n} \tag{A.7}$$

ergibt und der Ohmsche Widerstand zu:

$$R_{te} = \frac{L_p \rho_p}{A_p} + \frac{L_n \rho_n}{A_n} \tag{A.8}$$

Gleichung A.6 enthält dabei die Annahme, dass eine Hälfte der generierten Joulewärme an der Wärmequelle und die andere Hälfte an der Wärmesenke auftreten.

Wird Gleichung A.6 näher betrachtet, skaliert die Peltier-Kühlleistung $(\alpha_p - \alpha_n)IT_k$ linear mit dem Strom I, wohingegen die Jouleerwärmung $I^2 R_{te}/2$ quadratisch mit dem Strom skaliert. Demnach gibt es ein Optimum, bei dem die Kühlleistung $\dot{Q}_c$ ihr Maximum erreicht.

Der Strom im Maximum der Kühlleistung ergibt sich durch $d\dot{Q}_c/dI = 0$ zu

$$I = \frac{(\alpha_p - \alpha_n)T_k}{R_{te}}, \tag{A.9}$$

woraus die maximale Kühlleistung von

$$(\dot{Q}_c)_{max} = \frac{(\alpha_p - \alpha_n)^2 T_k^2}{2R_{te}} - K(T_w - T_k) \tag{A.10}$$

resultiert. Wird $(\dot{Q}_c)_{max} = 0$ gesetzt, ergibt sich daraus die maximale Temperaturdifferenz, bei welcher kein Wärmetransport mehr stattfindet.

$$(T_w - T_k)_{max} = \frac{(\alpha_p - \alpha_n)^2 T_k^2}{2\,K\,R_{te}} \tag{A.11}$$

A.1.4.3. Optimierungskriterium (Figure-of-Merit)

Aus der maximalen, im Kühlbetrieb erreichbaren Temperaturdifferenz lässt sich die Leistungsfähigkeit von Thermomaterialien ableiten [Row94].

$$Z = \frac{(\alpha_p - \alpha_n)^2}{K\,R_{te}} \tag{A.12}$$

Damit ergibt sich die maximal erreichbare Temperaturdifferenz aus Gleichung A.11 zu

$$(T_w - T_k)_{max} = \frac{1}{2}\,Z\,T_k^2. \tag{A.13}$$

Stand der Technik um 1950 waren Werte von $Z \approx 0{,}8 \cdot 10^{-3}$ 1/K. Dies wurde in den letzten Jahren bis auf $Z \approx 8 \cdot 10^{-3}$ 1/K optimiert, wodurch Temperaturdifferenzen von bis zu 80 K erreicht werden können.

Z ist durch den Einfluss von K und R_{te} nicht nur eine Eigenschaft des Thermomaterials bzw. der Kombination aus Thermomaterialien sondern enthält mit K und R_{te} auch geometrische Einflüsse. Durch Umformung kann gezeigt werden, dass der Nenner von Gleichung A.12 minimal wird für

$$\frac{L_{\text{n}} A_{\text{p}}}{L_{\text{p}} A_{\text{n}}} = \sqrt{\frac{\rho_{\text{p}} \lambda_{\text{n}}}{\rho_{\text{n}} \lambda_{\text{p}}}}. \tag{A.14}$$

Daraus kann eine vom geometrischen Aufbau unabhängige Form von Z für eine Kombination aus thermoelektrischen Materialien gebildet werden:

$$Z = \frac{(\alpha_{\text{p}} - \alpha_{\text{n}})^2}{[\sqrt{\lambda_{\text{p}} \rho_{\text{p}}} + \sqrt{\lambda_{\text{n}} \rho_{\text{n}}}]^2} \tag{A.15}$$

Als dimensionsloses Gütekriterium für Thermomaterialien ergibt sich damit [Row94]:

$$ZT = \frac{\alpha^2 \cdot T}{\rho \cdot \lambda} \tag{A.16}$$

A.1.5. Thermoelektrische Generatoren

Wird ein Lastwiderstand an ein Thermoelement angeschlossen, kann das Thermoelement bei vorherrschendem Temperaturgradienten über das Thermoelement und den Wärmestrom zur Aufrechterhaltung des Wärmegradienten als Generator genutzt werden.

A.1.5.1. Elektrische Leistung

Die Spannung im unbelasteten Zustand ergibt sich aus Gleichung A.2 zu

$$U_0 = (\alpha_{\text{p}} - \alpha_{\text{n}})(T_{\text{w}} - T_{\text{k}}) \tag{A.17}$$

und die an einem an das Thermoelement angeschlossenen Lastwiderstand umgesetzte Leistung beträgt

$$P_{\text{el}} = I^2 R_{\text{L}} = \left[\frac{U_0}{R_{\text{te}} + R_{\text{L}}} \right]^2 R_{\text{L}} = \left[\frac{(\alpha_{\text{p}} - \alpha_{\text{n}})(T_{\text{w}} - T_{\text{k}})}{R_{\text{L}} + R_{\text{te}}} \right]^2 R_{\text{L}} \tag{A.18}$$

A.1.5.2. Wärmebilanz

Der gesamte Wärmefluss durch das Thermoelement besteht aus der thermischen Wärmeleitung, dem Peltier-Effekt, welcher aus dem Stromfluss resultiert, und der Joul'schen Erwärmung durch den fließenden Strom. Hierfür gilt:

$$\dot{Q} = K(T_\mathrm{w} - T_\mathrm{k}) + (\alpha_\mathrm{p} - \alpha_\mathrm{n})IT_\mathrm{k} - \frac{I^2 R_\mathrm{te}}{2}, \qquad (\text{A.19})$$

wobei

$$I = \frac{(\alpha_\mathrm{p} - \alpha_\mathrm{n})(T_\mathrm{w} - T_\mathrm{k})}{R_\mathrm{L} + R} \qquad (\text{A.20})$$

ist.

A.1.5.3. Wirkungsgrad

Der Wirkungsgrad ist definiert als $\eta_\mathrm{te} = \frac{P_\mathrm{el}}{\dot{Q}}$. Der Wirkungsgrad hängt von der Impedanzanpassung der Last an den Generator ab. Es werden zwei Fälle unterschieden.

Maximierung übertragener Energie

Die Leistungsanpassung wird erreicht, wenn $R_\mathrm{L} = R_\mathrm{te}$. Wenn diese Bedingung eingehalten wird, kann die Effizienz jedoch nie über 50% des thermodynamischen Effizienzmaximums (dem Carnot'schen Wirkungsgrad $\eta_\mathrm{c} = \frac{T_\mathrm{w} - T_\mathrm{k}}{T_\mathrm{w}}$) steigen.

Maximaler Wirkungsgrad

Der maximale Wirkungsgrad kann erreicht werden, wenn R_L angepasst wird. Dazu wird das Verhältnis $m = \frac{R_\mathrm{L}}{R_\mathrm{te}}$ definiert und mit $d\eta_\mathrm{te}/dm = 0$ ein Maximum gesucht. Das optimale Verhältnis von R_L zu R_te wird als M bezeichnet und ergibt sich nach [HKS87] zu

$$M = \sqrt{1 + ZT_M} \qquad (\text{A.21})$$

Daraus folgt der maximale Wirkungsgrad bei idealer Anpassung von R_L an das Thermoelement von

$$(\eta_\mathrm{te})_{max} = \frac{T_\mathrm{w} - T_\mathrm{k}}{T_\mathrm{w}} \cdot \frac{M - 1}{M + \frac{T_\mathrm{k}}{T_\mathrm{w}}} = \eta_\mathrm{c} \cdot \frac{M - 1}{M + \frac{T_\mathrm{k}}{T_\mathrm{w}}}. \qquad (\text{A.22})$$

Wird die Effizienz für Werte kleiner Eins und Werte größer Eins von ZT_M betrachtet ergibt sich folgender Zusammenhang:

$$ZT_M \ll 1: \eta \to \frac{T_1 - T_2}{T_1} \cdot \left(\frac{ZT_M}{2} \cdot \left(1 + \frac{T_2}{T_1}\right) \right) \ll \eta_c$$

$$ZT_M \gg 1: \eta \to \frac{T_1 - T_2}{T_1} = \eta_c$$

A.1.6. Thermomaterialien

Als Thermomaterialien eignen sich für den Einsatz bei Temperaturen um 300 K BiSeTe und PbTe Legierungen. Beide Materialien weisen bei Raumtemperatur ein hohes ZT auf. $(Bi,Sb)_2(Se,Te)_2$ Thermomaterialien können nanostrukturiert bei Raumtemperatur ein ZT von 1,2 erreichen [PHM$^+$08]. In spezieller Form eines *Quantum Dot Super Lattice* (engl. für Quantenpunktsupergitter) (QDSL) abgeschiedenes PbSeTe und PbTe Verbindungen erreichen bei 300 K ein ZT von bis zu 1,6 [HTWL02].

Nach ersten Arbeiten im Bereich der Thermoelektrik in den 1960er Jahren wurde die Forschung an thermoelektrischen Niedertemperaturmaterialien Ende der 1990er Jahre fortgesetzt. Im Jahr 2001 gelang es Venkatasubramanian et al. eine p-Typ Bi_2Te_3/Sb_2Te_3 Supergitter mit einem ZT von ≈ 2.4 bei 300 K und ein n-Typ $Bi_2Te_3/Bi_2Te_{2.83}Se_{0.17}$ mit einem ZT von ≈ 1.4 bei 300 K zu fertigen [VSCO01].

Wie bereits in A.1.4.3 beschrieben, ist das dimensionslose Gütekriterium für Thermogeneratoren ZT von der mittleren Temperatur und den im Generator verwendeten Thermomaterialien abhängig. Für kleine Temperaturdifferenzen kann der Wert ZT über den gesamten Generator als konstant angenommen werden. Die mittlere Temperatur im Auge liegt bei 35 °C. Es wird daher ein thermoelektrisches Material gesucht, welches bei 35 °C ein möglichst hohes ZT aufweist.

Viele Thermomaterialien zeigen hohe Werte für ZT bei hohen Temperaturen. Hsu et al. [HLG$^+$04] beschreiben ein Ag und Sb dotiertes PbTe, das zu $AgPb_mSbTe_{2+m}$ verarbeitet wird, welches ein ZT von 2.2 bei 800 K aufweist. Bei 300 K zeigt das beschriebene Thermomaterial lediglich ein ZT von 0,5.

2002 stellten Harmann et al. einen kompletten aus über Molekularstrahlepitaxie gefertigten, aus PbSeTe-basierenden Quantenpunktsupergitterstrukturen aufgebauten Thermogenerator vor. Der Generator war mit einem ZT von 1,6 bei Raumtemperatur konventionellen Thermogeneratoren aus $(Bi,Sb)_2(Se,Te)_3$ überlegen [HTWL02]. Nach Messungen von Harmann et al. ergab sich für den gesamten Generator eine Wärmeleitfähigkeit von 0.58 W/m·K.

Eine weitere Möglichkeit die thermoelektrischen Eigenschaften von konventionellen Thermomaterialien zu verbessern wurde 2008 vorgeschlagen. Die Gruppe um Poundel et al. [PHM$^+$08] produzierten in einem sehr kostengünstigen Prozess aus Nanopulvern ein Thermomaterial mit reduzierter Wärmeleitfähigkeit auf der Basis von Phononenzerstreuung. Die gefertigten Thermogeneratoren zeigten ein ZT von 1,2 bei Raumtemperatur und eine Wärmeleitfähigkeit von 1.1 W/m·K.

Bei der Konzeption von Thermogeneratoren im Künstlichen Akkommodationssystem werden die letztgenannten thermoelektrischen Materialien mit einem ZT von 1,2 und 1,6 als potentiell geeignet angesehen. Ihre Wärmeleitfähigkeit liegt in der gleichen Größenordnung wie die des Linsengewebes

(0.4 W/m·K) [FRL06]. Der sich ergebende Unterschied zur Wärmeleitfähigkeit der menschlichen Linse ist aufgrund der kleinen Abmessungen des Künstlichen Akkommodationssystems gegenüber dem Auge vernachlässigbar.

A.2. Grundlagen für Energy-Harvesting aus Licht

Aus einer vorgegebenen Leuchtdichte L der Umgebung lässt sich unter Annahme eines Öffnungswinkels der Solarzelle von $\theta_s = 2\pi$ sr die Beleuchtung der Solarzelle E zu

$$E = \theta_s \cdot L \qquad (A.23)$$

berechnen. Der Lichtstrom ϕ_L auf die Solarzelle ergibt sich aus der Beleuchtung E und der Solarzellenfläche A_s zu

$$\phi_L = E \cdot A_s = \theta_s \cdot L \cdot A_s \qquad (A.24)$$

Gemäß der physiologischen Definition des Lumens im photopischen Bereich entsprechen, unter der Annahme eines Wirkungsgrads von $\eta_s = 100\,\%$, 683 lm einem Watt bei einer Wellenlänge von 555 nm [Mah05]. Demnach kann die optische Leistung P_{opt} des auf die Solarzelle auftreffenden Lichtstroms ϕ_L wie folgt berechnet werden:

$$P_{opt} = \frac{\theta_s \cdot L \cdot A_s}{683} \qquad (A.25)$$

A.3. Risikomanagement und Softwarelebenszyklusprozesse für Medizinprodukte

Die hohen Anforderungen an das Implantat bezüglich der Lebensdauer und der Betriebssicherheit erfordern neben einer entsprechenden Auslegung der mechanischen Komponenten und der Elektronik ein auf Energieeffizienz, Sicherheit und Zuverlässigkeit optimiertes Softwaredesign. Die im vorliegenden Anhang vorgenommene Konzeption stellt die Basis einer auf Sicherheit, Energieeffizienz, Robustheit und Zuverlässigkeit ausgelegten Softwarearchitektur dar.

Elementarer Bestandteil der Entwicklung eines sicheren Medizinprodukts ist die Entwicklung auf Basis eines Risikomanagementprozesses nach ISO 14971 [ISO07]. Im Rahmen des Risikomanagementprozesses des Gesamtsystems wird die Sicherheit der Software des Medizinprodukts durch den Softwarelebenszyklusprozess nach DIN EN ISO 62304 [DIN07] geregelt, der einen Softwarerisikomanagementprozess beinhaltet.

A.3.1. Risikomanagementprozess

Der Risikomanagementprozess hat nach ISO 14971 die Aufgabe, den Schweregrad und die Auftretenswahrscheinlichkeit der potentiellen Gefährdungen durch das Medizinprodukt zu kontrollieren.
Der Risikomanagementprozess gliedert sich in sechs Schritte:

1. Die Risikoanalyse enthält die Zweckbestimmung und Identifizierung von Merkmalen, die sich auf die Sicherheit des Medizinprodukts beziehen. Damit werden Gefährdungen und deren Risiken identifiziert.

2. Bei der Risikobewertung wird für jede Gefährdungssituation entschieden, ob eine Risikominderung erforderlich ist. Die Bewertung erfolgt mit Hilfe der im Risikomanagement-Plan festgelegten Kriterien.

3. Die Risikobeherrschung liefert Werkzeuge und Vorgehensweisen zur Minderung bestehender Risiken. Bei einer Risikominderung werden die Wahlmöglichkeiten zur Risikobeherrschung analysiert, Maßnahmen zur Risikobeherrschung umgesetzt, das Restrisiko bewertet und eine Risiko-Nutzen-Analyse durchgeführt.

4. Wenn das Gesamt-Restrisiko nicht akzeptabel ist, kann der Hersteller eine Gesamtrisiko-Nutzen-Analyse vornehmen. Überwiegt der Nutzen das Gesamt-Restrisiko, hat das Medizinprodukt eine Möglichkeit auf den Markt zu kommen, ansonsten bleibt das Gesamt-Restrisiko nicht akzeptabel.

5. Der Risikomanagement-Bericht beinhaltet eine Dokumentation des Risikomanagementprozesses und wird erstellt, bevor das Medizinprodukt für den kommerziellen Betrieb freigegeben wird.

6. Abschließend muss der Hersteller jegliche Informationen über das Produkt, die während der Herstellung und der Herstellung nachgelagerten Phasen auftreten, dokumentieren und aufbewahren.

A.3.2. Softwarelebenszyklusprozess

Der Software-Lebenszyklus-Prozess nach DIN EN ISO 62304 regelt die Entwicklung und Wartung einer Medizinproduktesoftware. Ein Medizinprodukt, das Software enthält, muss im Rahmen der Prüfung auf Sicherheit und Wirksamkeit der Software beurteilt werden. Die Wirkung der Software darf keine unvertretbaren Risiken verursachen. Der Softwarerisikomanagementprozess ist in den Geräte-Risikomanagementprozess nach ISO 14971 eingebunden.

Eine reine Überprüfung der Medizinproduktesoftware ist zur Feststellung der sicheren Funktionsweise nicht ausreichend. Daher umfasst die Anforderung der Norm DIN EN ISO 62304 [DIN07] die Befolgung eines Satzes von Prozessen, begleitend zur Entwicklung und Wartung der Medizinproduktesoftware, so dass die Wahl der Prozesse den Risiken für Patienten und anderen Personen angemessen ist (siehe Abbildung A.4). Der Softwareentwicklungsprozess läuft parallel zur Systementwicklung des Implantats. Während des Softwareentwicklungsprozesses kann auf das parallel ständig zur Verfügung stehende Konfigurationsmanagement und den Problemlösungsprozess für Software zurückgegriffen werden. Eine Beherrschung des Risikos findet im, die Systementwicklung begleitenden, Softwarerisikomanagementprozess statt.

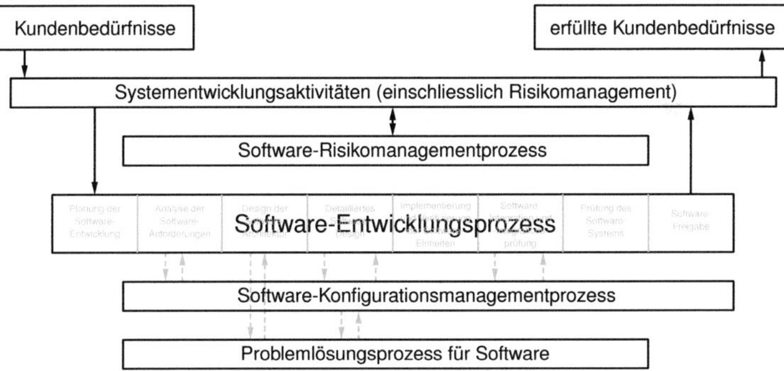

Abbildung A.4.: Überblick über Softwareentwicklungsprozesse und -Aktivitäten nach [DIN07]

Der Softwareentwicklungsprozess beschreibt den gesamten Entwicklungsprozess der Medizinproduktesoftware und umfasst die Planung der Software, die Analyse der Softwareanforderungen, die Entwicklung der Softwarearchitektur, die detaillierte Ausarbeitung der Software, die Implementierung und Verifizierung der Softwareeinheiten, die Softwareintegration und -Integrationsprüfung, die Prüfung des Softwaresystems und die abschließende Softwarefreigabe.

Der Softwarerisikomanagementprozess wird zur Einteilung der Gefährdungsklassen für die Softwareeinheiten benötigt und beinhaltet die Analyse von Software, die zu Gefährdungssituationen beiträgt, die Risikokontroll-Maßnahmen, deren Verifizierung und das Risikomanagement von Softwareänderungen. Der geforderte Softwarerisikomanagementprozess ist Teil des Risikomanagements des gesamten Medizinprodukts. ISO 14971 beinhaltet die Kontrolle von identifizierten Risiken im Zusammenhang mit jeder Gefährdung, die bei der Risikoanalyse identifiziert wurde.

Das Softwarekonfigurationsmanagement ist notwendig, um eine Softwarekomponente wiederherzustellen, um ihre Bestandteile zu identifizieren und um die

Vorgeschichte der Änderungen, die vorgenommen wurden, zur Verfügung zu stellen. Der *Problemlösungsprozess für Software* stellt einen für Software allgemein gültigen Analyse- und Lösungprozess für Probleme aller Arten zur Verfügung. Das Konfigurationsmanagement sowie der Problemlösungsprozess laufen parallel zum Softwareentwicklungsprozess. Bei auftretenden Problemstellungen kann jederzeit auf diese beiden Prozesse zurückgegriffen werden.

Nach der erfolgreichen Entwicklung eines Medizinprodukts folgt der Übergang in den *Softwarewartungsprozess*, der die Festlegung eines Plans für die Softwarewartung, die Analyse von Problemen und Änderungen und die Implementierung von Änderungen beinhaltet.

A.4. Simulation der Akkommodationsprofile

A.4.1. Definition der Handlungsparameter

Die folgende Tabelle enthält die Parameter aller für die Konstruktion von beispielhaften Tagesabläufen in der Akkommodationsbedarfssimulation benötigten Handlungen.

Tätigkeit	Akkommodationsbereich in dpt		Handlungseintrittswahrscheinlichkeit	Ablenkungsdauer in s	
	min	max		min	max
Autofahrt					
Blick Ferne h_1	0,00	0,00	0,900		
Blick Innenraum h_2	1,00	0,50	0,090		
Unvorhersehbares h_3	0,00	3,00	0,008		
Ablenkung	0,00	1,00	0,002	300	900
Aufstehen					
Blick im Raum h_1	0,25	0,50	0,800		
Blick auf Wecker h_2	0,50	1,00	0,190		
Unvorhersehbares h_3	0,00	3,00	0,009		
Ablenkung	0,25	2,00	0,001	60	900
Bad					
Blick in Spiegel h_1	1,25	3,00	0,400		
Blick in Raum h_2	0,25	0,75	0,180		
Blick auf Sanitäranlage h_3	0,88	2,00	0,400		
Unvorhersehbares h_4	0,00	3,00	0,019		

(wird fortgesetzt)

Tätigkeit	Akkommodationsbereich in dpt		Handlungseintrittswahrscheinlichkeit	Ablenkungsdauer in s	
	min	max		min	max
Ablenkung	0,25	2,00	0,001	60	300
Essen zubereiten					
Blick auf Küchenoberfläche h1	0,75	2,00	0,400		
Blick in Raum h2	0,25	0,75	0,400		
Blick auf Objekt in Hand h3	1,38	3,00	0,180		
Unvorhersehbares h4	0,00	3,00	0,016		
Ablenkung	0,25	2,00	0,004	60	300
Essen					
Blick auf Tisch h1	2,00	2,50	0,400		
Blick in Raum h2	0,50	0,75	0,180		
Blick auf Objekt in Hand h3	1,50	1,88	0,400		
Unvorhersehbares h4	0,00	3,00	0,015		
Ablenkung	0,25	2,00	0,005	60	120
Sport					
Blick auf Hand h1	1,38	2,25	0,100		
Blick in Umgebung h2	0,00	0,13	0,850		
Blick auf Mitstreiter h3	0,50	1,00	0,030		
Unvorhersehbares h4	0,00	3,00	0,018		
Ablenkung	0,25	2,00	0,002	60	600
Zeitung lesen					
Zeitung h1	2,50	3,00	0,950		
Blick in Raum h2	0,25	0,50	0,040		
Unvorhersehbares h3	0,00	3,00	0,009		
Ablenkung	0,25	2,00	0,001	60	600
Hausarbeit					
Blick auf Gerät in Hand h1	2,00	2,50	0,400		
Blick auf Gerät auf Fußboden h2	0,63	0,75	0,300		
Lesen h3	2,25	3,00	0,050		
Blick in Raum h4	0,25	2,00	0,200		
Unvorhersehbar h5	0,00	3,00	0,048		
Ablenkung	0,25	1,13	0,002	60	600

(wird fortgesetzt)

Tätigkeit	Akkommodationsbereich in dpt		Handlungseintrittswahrscheinlichkeit	Ablenkungsdauer in s	
	min	max		min	max
Spaziergang					
Blick in Landschaft h1	0,00	0,00	0,900		
Blick auf Gesprächspartner h2	0,50	0,75	0,090		
Unvorhersehbares h3	0,00	3,00	0,009		
Ablenkung	2,13	3,00	0,001	10	30
Fernsehen					
Fernseher h1	0,25	0,25	0,900		
Blick in Raum h2	0,25	1,00	0,050		
Blick auf Objekt in Hand h3	1,13	3,00	0,030		
Unvorhersehbares h4	0,00	3,00	0,018		
Ablenkung	0,25	1,38	0,002	60	300
Büroarbeitsplatz					
Blick auf Monitor h1	1,63	2,00	0,600		
Blick auf Schreibtisch h2	2,13	3,00	0,300		
Blick in Raum h3	0,25	0,72	0,060		
Unvorhersehbares h4	0,00	3,00	0,039		
Ablenkung	0,00	1,00	0,001	60	900
Kassiererin					
Blick in Raum h1	0,00	0,50	0,100		
Blick auf Band und Kasse h2	0,50	2,00	0,300		
Blick auf Kunden h3	1,00	1,38	0,400		
Lesen h4	2,13	3,00	0,180		
Unvorhersehbares h5	0,00	3,00	0,018		
Ablenkung	0,00	1,00	0,002	60	900
Uhrmacher					
Blick auf Uhr h1	2,88	3,00	0,600		
Blick auf Schreibtisch h2	1,00	2,38	0,200		
Blick in Raum h3	0,25	0,75	0,160		
Unvorhersehbares h4	0,00	3,00	0,039		
Ablenkung	0,00	1,00	0,001	60	900

(wird fortgesetzt)

Tätigkeit	Akkommodationsbereich in dpt		Handlungseintrittswahrscheinlichkeit	Ablenkungsdauer in s	
	min	max		min	max
Handarbeit					
Blick auf Hände h1	2,88	3,00	0,600		
Blick auf Schreibtisch h2	1,00	2,38	0,200		
Blick in Raum h3	0,25	0,75	0,160		
Unvorhersehbares h4	0,00	3,00	0,039		
Ablenkung	0,00	1,00	0,001	60	900

Tabelle A.1.: Definition der Tätigkeitsparameter für die Akkommodationsbedarfssimulation

A.4.2. Definition der beispielhaften Tagesabläufe von ausgewählten Personengruppen

A.4.2.1. Gruppe 1

Tabelle A.2 enthält die Definition des Tagesablaufs von Gruppe 1. Vorbild für Gruppe 1 ist ein aktiver Rentner.

Tätigkeit	Dauer min.	max.
Schlaf	6,00	6,00
Bad	0,50	0,50
Frühstücken	1,00	1,00
Zeitunglesen	0,50	1,50
Hobby (Modellbauer)	1,00	3,00
Autofahren	0,50	0,50
Essengehen	2,00	2,00
Autofahren	0,50	0,50
Fernsehen	1,00	1,00
Hausarbeit	2,00	2,00
Spazieren gehen	2,00	2,00
Abendessen zubereiten	1,00	1,00
Abendessen	1,00	1,00
Fernsehen	3,00	4,00

Tabelle A.2.: Definition des Tagesablaufs von Personengruppe 1. Die angegebene Dauer der Handlungen entspricht Stunden

A.4.2.2. Gruppe 2

Tabelle A.3 enthält die Definition des Tagesablaufs von Gruppe 2. Vorbild für Gruppe 2 ist ein Berufstätiger mit Büroarbeitsplatz.

| | Dauer | |
Tätigkeit	min.	max.
Schlaf	8,00	8,00
Bad	0,50	0,50
Frühstücken	0,50	0,50
Autofahren	0,50	0,50
Arbeit im Büro	4,00	4,00
In Mittagspause gehen	0,25	0,25
Mittagessen	0,50	0,50
Zurückgehen	0,25	0,25
Arbeit im Büro	4,00	4,00
Autofahren	0,50	0,50
Einkaufen	1,00	1,00
Autofahren	0,50	0,50
Abendessen zubereiten	0,50	0,50
Abendessen	1,00	1,00
Fernsehen	2,00	2,00

Tabelle A.3.: Definition des Tagesablaufs von Personengruppe 2. Die angegebene Dauer der Handlungen entspricht Stunden

A.4.2.3. Gruppe 3

Tabelle A.4 enthält die Definition des Tagesablaufs von Gruppe 3. Vorbild für Gruppe 3 ist ein berufstätiger Kassierer mit häufigen Blickwechseln zwischen Kasse und Kunden.

| | Dauer | |
Tätigkeit	min.	max.
Schlaf	8,00	8,00
Bad	0,50	0,50
Frühstücken	0,50	0,50
Fahrradfahren	0,50	0,50
Arbeit in Bäckerei mit Kassieraufgabe	4,00	4,00
In Mittagspause gehen	0,25	0,25
Mittagessen	0,50	0,50
Zurückgehen	0,25	0,25
Arbeit in Bäckerei mit Kassieraufgabe	4,00	4,00
Fahrrad fahren	0,50	0,50
Einkaufen	1,00	1,00
Fahrradfahren	0,50	0,50
Abendessen zubereiten	0,50	0,50
Abendessen	1,00	1,00
Fernsehen	2,00	2,00

Tabelle A.4.: Definition des Tagesablaufs von Personengruppe 3. Die angegebene Dauer der Handlungen entspricht Stunden

A.4.2.4. Gruppe 4

Tabelle A.5 enthält die Definition des Tagesablaufs von Gruppe 4. Vorbild für Gruppe 4 ist ein Jugendlicher.

Tätigkeit	Dauer min.	max.
Schlaf	13,00	15,00
Aufstehen	0,50	1,50
Bad	0,50	1,50
Essen zubereiten	0,50	0,50
Essen	1,00	1,00
Sport	1,00	1,00
Bürotätigkeit	3,00	3,00
Fernsehen	2,00	2,00
Essen	1,00	1,00

Tabelle A.5.: Definition des Tagesablaufs von Personengruppe 4. Die angegebene Dauer der Handlungen entspricht Stunden

A.4.3. Ablaufschema der Akkommodationsbedarfssimulation

In Abbildung A.5 ist das Ablaufschema der Akkommodationsbedarfssimulation dargestellt. Das Ablaufschema beschreibt die Funktionsweise des Tätigkeitsverteilers zur Berechnung eines beispielhaften Tagesablaufs für die zu simulierende Personengruppe. Nach der Tätigkeitsverteilung werden im Funktionsblock „Tätigkeit ausführen" sequentiell die Tätigkeiten für die im Tagesablauf beschriebenen Handlungen ausgeführt. Die Tätigkeiten bestehen aus ein bis mehreren Handlungen, die gemäß der definierten Verteilung innerhalb der Handlungen ausgeführt werden. Alle Ergebnisse werden im Akkommodationsprofil abgelegt.

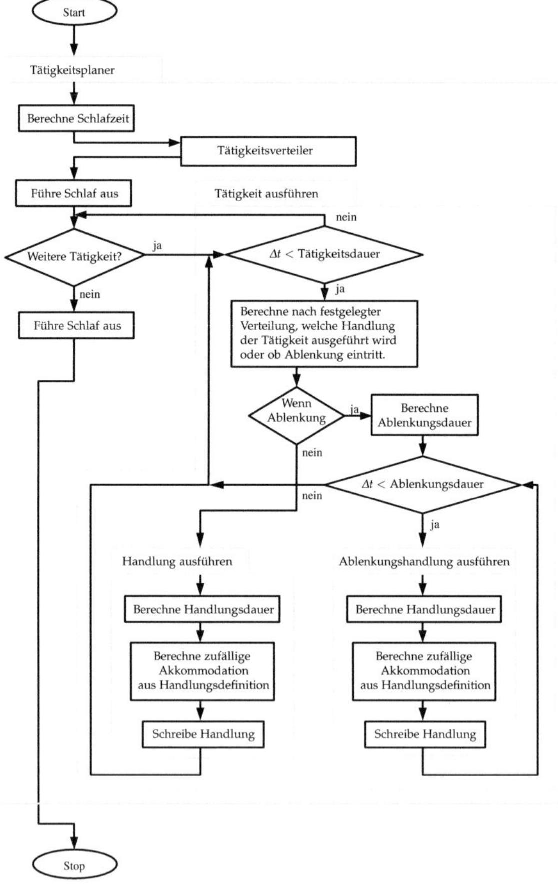

Abbildung A.5.: Ablaufschema der Akkommodationsbedarfssimulation

A.5. Energiebedarf der Teilsysteme bei unterschiedlichen Energiemanagementkonzepten

A.5.1. Gruppe 1

Der Energiebedarf der einzelnen Teilsysteme unter Verwendung unterschiedlicher Energiemanagementstrategien gemäß der Energieverbrauchsabschätzung mit dem simulierten Akkommodationsprofil von Personengruppe 1 ist in Tabelle A.6 dargestellt.

Energiemanagement	Energiebedarf der Teilsysteme						Gesamt
	Steuerung MSP430F2370	Mag.-Sensor HMC5843	Beschl.-Sensor KXTF9	Kommunikation CC1101	Aktor Piezo	Schlaf-abschaltung	
Ohne Energiemanagement	9,504	12,054	0,620	164,461	1,497	–	**188,136**
Einfach	1,557	2,322	0,620	34,720	1,497	–	**40,718**
Einfach inklusive Schlafabschaltung	1,162	1,733	0,463	25,915	1,132	0,044	**30,450**
Interrupt	0,183	0,357	0,072	3,841	1,497	–	**5,951**
Interrupt inklusive Schlafabschaltung	0,141	0,272	0,055	2,956	1,132	0,044	**4,601**

Tabelle A.6.: Täglicher Energiebedarf der Teilsysteme bei unterschiedlichen Energiesparstrategien unter Verwendung des Akkommodationsprofils von Gruppe 1 (alle Angaben in mWh)

A.5.2. Gruppe 2

Der Energiebedarf der einzelnen Teilsysteme unter Verwendung unterschiedlicher Energiemanagementstrategien gemäß der Energieverbrauchsabschätzung mit dem simulierten Akkommodationsprofil von Personengruppe 2 ist in Tabelle A.7 dargestellt.

Energiemanagement	Energiebedarf der Teilsysteme						Gesamt
	Steuerung MSP430F2370	Mag.-Sensor HMC5843	Beschl.-Sensor KXTF9	Kommunikation CC1101	Aktor Piezo	Schlafabschaltung	
Ohne Energiemanagement	9,504	10,368	0,620	164,461	1,489	–	**188,127**
Einfach	1,557	2,323	0,620	34,720	1,489	–	**40,709**
Einfach inklusive Schlafabschaltung	1,040	1,551	0,414	23,185	1,010	0,044	**27,244**
Interrupt	0,184	0,358	0,072	3,857	1,489	–	**5,960**
Interrupt inklusive Schlafabschaltung	0,128	0,247	0,051	2,699	1,010	0,044	**4,179**

Tabelle A.7.: Täglicher Energiebedarf der Teilsysteme bei unterschiedlichen Energiesparstrategien unter Verwendung des Akkommodationsprofils von Gruppe 2 (alle Angaben in mWh)

A.5.3. Gruppe 3

Der Energiebedarf der einzelnen Teilsysteme unter Verwendung unterschiedlicher Energiemanagementstrategien gemäß der Energieverbrauchsabschätzung mit dem simulierten Akkommodationsprofil von Personengruppe 3 ist in Tabelle A.8 dargestellt.

Energiemanagement	Energiebedarf der Teilsysteme						Gesamt
	Steuerung MSP430F2370	Mag.-Sensor HMC5843	Beschl.-Sensor KXTF9	Kommunikation CC1101	Aktor Piezo	Schlafabschaltung	
Ohne Energiemanagement	9,504	12,054	0,620	164,461	1,500	–	**188,139**
Einfach	1,557	2,323	0,620	34,720	1,500	–	**40,721**
Einfach inklusive Schlafabschaltung	1,029	1,534	0,410	22,932	1,011	0,044	**26,959**
Interrupt	0,185	0,360	0,073	3,880	1,500	–	**5,998**
Interrupt inklusive Schlafabschaltung	0,128	0,246	0,051	2,696	1,011	0,044	**4,176**

Tabelle A.8.: Täglicher Energiebedarf der Teilsysteme bei unterschiedlichen Energiesparstrategien unter Verwendung des Akkommodationsprofils von Gruppe 3. (alle Angaben in mWh)

A.5.4. Gruppe 4

Der Energiebedarf der einzelnen Teilsysteme unter Verwendung unterschiedlicher Energiemanagementstrategien gemäß der Energieverbrauchsabschätzung mit dem simulierten Akkommodationsprofil von Personengruppe 4 ist in Tabelle A.9 dargestellt.

Energiemanagement	Energiebedarf der Teilsysteme						Gesamt
	Steuerung MSP430F2370	Mag.-Sensor HMC5843	Beschl.-Sensor KXTF9	Kommunikation CC1101	Aktor Piezo	Schlaf-abschaltung	
Ohne Energiemanagement	9,504	12,054	0,620	164,461	1,473	–	**188,112**
Einfach	1,557	2,323	0,620	34,720	1,473	–	**40,694**
Einfach inklusive Schlafabschaltung	0,709	1,058	0,283	15,817	0,689	0,045	**18,601**
Interrupt	0,179	0,351	0,071	3,746	1,472	–	**5,820**
Interrupt inklusive Schlafabschaltung	0,086	0,166	0,034	1,813	0,674	0,045	**2,818**

Tabelle A.9.: Täglicher Energiebedarf der Teilsysteme bei unterschiedlichen Energiesparstrategien unter Verwendung des Akkommodationsprofils von Gruppe 4 (alle Angaben in mWh)

A.6. Mathematische Zusammenhänge des CORDIC-Algorithmus

Der bereits 1959 entwickelte CORDIC-Algorithmus [Vol59] eignet sich zur Berechnung transzendenter Funktionen in Mikrorechnern. Er basiert auf der sukzessiven Rotation eines Vektors in kartesischen Koordinaten. Hierzu findet eine wiederholte Akkumulation von Winkeln sowie eine stückweise Verschiebung eines durch einen Vektor beschriebenen Punkts in kartesischen Koordinaten um Δx und Δy statt. Eine CORDIC-Iteration ist in Abbildung A.6 dargestellt. Zur Berechnung des Algorithmus werden lediglich Basisoperationen, welche auf den meisten Mikrorechnern innerhalb eines Taktzyklus abgearbeitet werden können, benötigt. Der Algorithmus konvergiert nach einer fest definierte Anzahl an Iterationen und hat damit eine definierte Laufzeit.

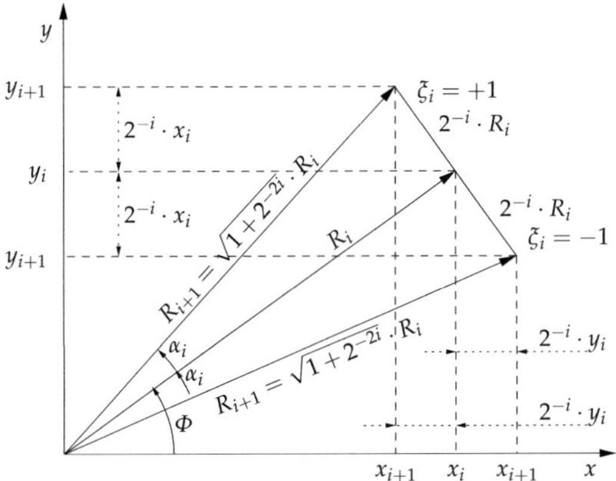

Abbildung A.6.: Eine Iteration des CORDIC-Algorithmus, modifiziert nach [Vol59].

A.6.1. Herleitung

Die Rotation des Vektors $(1, 0)^T$ um einen beliebigen Winkel Φ_i in kartesischen Koordinaten lässt sich wie folgt darstellen.

$$\begin{pmatrix} x_n \\ y_n \end{pmatrix} = \begin{pmatrix} \cos \Phi_i & -\sin \Phi_i \\ \sin \Phi_i & \cos \Phi_i \end{pmatrix} \cdot \begin{pmatrix} 1 \\ 0 \end{pmatrix} \tag{A.26}$$

Dies kann umgeformt werden zu:

$$\begin{pmatrix} x_n \\ y_n \end{pmatrix} = \cos \Phi_i \cdot \begin{pmatrix} 1 & -\tan \Phi_i \\ \tan \Phi_i & 1 \end{pmatrix} \cdot \begin{pmatrix} 1 \\ 0 \end{pmatrix} \tag{A.27}$$

Werden die möglichen Rotationswinkel auf Winkel beschränkt für die gilt, dass der $\tan \Phi_i = \pm 2^{-i}$, wird die Multiplikation mit $\tan \Phi_i$ auf eine Bit-Schiebe-Operation reduziert.

Die Rotation eines Vektors um einen beliebiger Winkel Φ_n kann dann aus n bedingten Teilrotationen um die auf $\Phi_i = \tan^{-1}(\pm 2^{-i})$ beschränkten Einzelwinkel durchgeführt werden. Hierbei wird bei jeder Iteration entschieden, ob um den i-ten Teilwinkel gedreht werden soll oder nicht.

Wird der $\cos \Phi_i$-Term vernachlässigt, ergibt sich ein Fehler abhängig von der Anzahl an Iterationen und der Entscheidung, ob um einen bestimmten Winkel gedreht wurde oder nicht. Durch Änderung des Algorithmus auf eine Entscheidung in welche Richtung gedreht wird, im Gegensatz zur Entscheidung, ob gedreht wird oder nicht, konvergiert der Fehler aufgrund der Beziehung $\cos(\Phi_i) = \cos(-\Phi_i)$, zu einem konstanten Vorfaktor.

Die iterative Rotation stellt sich dann wie folgt dar [Vol59]:

$$x_{i+1} = K_i \left[x_i - y_i \cdot \xi_i \cdot 2^{i-1} \right]$$
$$y_{i+1} = K_i \left[y_i + x_i \cdot \xi_i \cdot 2^{i-1} \right],$$

(A.28)

wobei K_i den Korrekturfaktor der jeweiligen Iteration darstellt

$$K_i = \cos(\tan^{-1}(2^{-i})) = \frac{1}{\sqrt{1 + 2^{-2i}}}$$

(A.29)

und ξ_i das Vorzeichen der jeweiligen Drehung bestimmt.

$$\xi_i = \pm 1.$$

(A.30)

Die Verstärkung des gesamten Algorithmus ergibt sich dann als Produkt der Korrekturfaktoren aller n durchgeführten Iterationen zu:

$$K_n = \prod_{i=1}^{n} \sqrt{1 + 2^{-2i}}$$

(A.31)

Neben den, den Vektor beschreibenden Koordinatengleichungen, wird eine weitere Gleichung hinzugefügt, welche die Summe aller ausgeführten Rotationswinkel berechnet. Die Werte des $\tan^{-1}(2^{-i})$ werden bei Erstellung des Algorithmus vorberechnet und für die Laufzeit in einer Tabelle abgelegt.

$$z_{i+1} = z_i - \xi_i \cdot \tan^{-1}(2^{-i})$$

(A.32)

Es ergeben sich die drei Grundgleichungen für den CORDIC-Algorithmus [Vol59] zu:

$$x_{i+1} = x_i - y_i \cdot \xi_i \cdot 2^{i-1}$$
$$y_{i+1} = y_i + x_i \cdot \xi_i \cdot 2^{i-1}$$
$$z_{i+1} = z_i - \xi_i \cdot \tan^{-1}(2^{-i})$$

(A.33)

A.6.2. Rotationsmodus

Im Rotationsmodus werden die Grundgleichungen A.33 für jede Iteration einmal berechnet. Veranschaulicht handelt es sich beim Rotationsmodus um eine sukzessive Rotation des Vektors $(x_0, y_0)^T$ um die Teilwinkel $\pm\Phi_i$. Der Algorithmus wird wie folgt initialisiert. Die Variable x_0 erhält den x-Wert des zu drehenden Vektors, die Variable y_0 erhält den y-Wert des Vektors und der gewünschte Rotationswinkel Φ_n wird in z_0 abgelegt. Die Drehrichtung der jeweiligen Rotation wird nach der Regel $\xi_i = -1$, wenn $z_i < 0$ und $\xi_i = 1$, wenn $z_i \geq 0$ für jede

Iteration festgelegt, wodurch z_i gegen Null strebt. Für n Iterationen ergeben sich folgende Ergebnisse [Vol59]:

$$
\begin{aligned}
x_n &= K_n \left[x_0 \cos z_0 - y_0 \sin z_0 \right] \\
y_n &= K_n \left[y_0 \cos z_0 + x_0 \sin z_0 \right] \\
z_n &= 0 \\
K_n &= \prod_{i=1}^{n} \sqrt{1 + 2^{-2i}}
\end{aligned}
\tag{A.34}
$$

A.6.3. Vektormodus

Der Vektormodus verwendet die gleichen Grundgleichungen A.33 zur Ermittlung des Winkels eines Vektors im Raum bzw. dessen Betrag. Im Vektormodus wird ein Vektor $(x_0, y_0)^T$ derart um die Teilwinkel $\pm\Phi_i$ gedreht, dass er sich schrittweise der x-Achse annähert. Nach Initialisierung von x_0 mit dem x-Wert des Vektors, y_0 mit dem y-Wert des Vektors und z_0 mit 0, und Berechnung von n Iterationen, enthält z_n den Winkel des Vektors und x_n dessen Betrag. Die Drehrichtung der jeweiligen Rotation wird nach der Regel $\xi_i = 1$, wenn $y_i < 0$ und $\xi_i = -1$, wenn $y_i \geq 0$ für jede Iteration festgelegt, wodurch y_i gegen Null strebt.

$$
\begin{aligned}
x_n &= K_n \sqrt{x_0^2 + y_0^2} \\
y_n &= 0 \\
z_n &= z_0 + \tan^{-1}\left(\frac{y_0}{x_0} \right) \\
K_n &= \prod_{i=1}^{n} \sqrt{1 + 2^{-2i}}
\end{aligned}
\tag{A.35}
$$

A.6.4. Konvergenz

Aus dem Algorithmus lässt sich dessen Konvergenzbereich direkt ableiten. Der Maximalwinkel, um den gedreht werden kann, ist die Summe aller Einzelwinkel Φ_i.

$$
\Phi_i = \tan^{-1}(2^{-(i-2)})
\tag{A.36}
$$

$$
(\Phi)_{\max} = \pm \sum_{i=1}^{n} \Phi_i \Rightarrow -\frac{\pi}{2} \leq \Phi < \frac{\pi}{2}
\tag{A.37}
$$

Eine Konvergenz wird demnach im ersten und vierten Quadranten erreicht. Konvergenz für Werte im zweiten und dritten Quadranten kann durch eine dem Algorithmus vorgelagerte Rotation des Vektors um π und eine eventuelle Anpassung der Vorzeichen des Vektors erreicht werden.

A.6.5. Erweiterungen

In der Literatur ist eine Erweiterung des CORDIC-Algorithmus auf lineare und hyperbolische Funktionen bekannt [BKM93]. Der ursprüngliche CORDIC-Algorithmus lässt sich aus der Verallgemeinerung durch die Wahl von $m = 1$ und $\sigma(i) = i$ ableiten. Für die lineare Erweiterung gilt in den folgenden verallgemeinerten Grundgleichungen $m = 0$. Eine Tabelle wird im linearisierten Modus nicht benötigt. Der hyperbolische Modus wird durch Wahl von $m = -1$ und unter Verwendung einer Tabelle mit $\tanh^{-1}(2^{-i})$ berechnet. Hierbei ist zu beachten, dass eine Konvergenz nur durch Berechnung der durch $\sigma_n = 3^{i+1} + 2i - 1 \leq 2n$ definierten Iterationen gewährleistet ist. Die verallgemeinerten Grundgleichungen A.33 lauten dann wie folgt [BKM93]:

$$
\begin{aligned}
x_{i+1} &= x_i - m \cdot y_i \cdot \xi_i \cdot 2^{-\sigma(i)} \\
y_{i+1} &= y_i + x_i \cdot \xi_i \cdot 2^{-\sigma(i)} \\
z_{i+1} &= z_i - \xi_i \cdot f(i))
\end{aligned}
\tag{A.38}
$$

x_0, y_0 und z_0 stellen die Eingabewerte des Algorithmus in die in Anhang A.6 beschriebenen Iterationsgleichungen dar. x_i, y_i und z_i entsprechen den Ausgabewerten des Algorithmus nach der i-ten Iteration. ξ_i entspricht der für die i-te Rotation berechneten Drehrichtung des Vektors und K_n dem für eine feste Anzahl an Iterationen unveränderlichen Skalierungsfaktor des Algorithmus. $f(i)$ entspricht dem in einer Tabelle hinterlegten Funktionswert für Iteration i. Die Variable m dient der Umschaltung zwischen linearem, zirkularem und hyperbolischem Modus.

Mithilfe dieser Verallgemeinerung lassen sich die folgenden Funktionen berechnen:

	Rotationsmodus ($\xi_i = signum(z_i)$)	Vektormodus ($\xi_i = -signum(z_i)$)	$f(i)$	$\sigma(i)$	Skalierungsfaktor
$m = 1$ (zirkular)	$x_i \to K_n(x_0 \cos z_0 - y_0 \sin z_0)$ $y_i \to K_n(y_0 \cos z_0 + x_0 \sin z_0)$	$x_i \to K_n\sqrt{x_0^2 + y_0^2}$ $z_i \to z_0 + \tan^{-1}(y_0/x_0)$	$\tan^{-1}(2^{-i})$	i	$\prod_0^i \sqrt{1 + 2^{-2i}}$
$m = 0$ (linear)	$x_i = x_0$ $y_i \to y_0 + x_0 z_0$	$x_i = x_0$ $z_i \to z_0 + y_0/x_0$	2^{-i}	i	1
$m = -1$ (hyperbolisch)	$x_i \to K_n(x_0 \cosh z_0 - y_0 \sinh z_0)$ $y_i \to K_n(y_0 \cosh z_0 + x_0 \sinh z_0)$	$x_i \to K_n\sqrt{x_0^2 - y_0^2}$ $z_i \to z_0 + \tanh^{-1}(y_0/x_0)$	$\tanh^{-1}(2^{-i})$	$i - k^*$	$\prod_1^i \sqrt{1 - 2^{-2\sigma(i)}}$

Tabelle A.10.: Übersicht über die durch eine CORDIC-Einheit berechenbaren Funktionen

A.7. Induktive Energieübertragung

Die folgenden Herleitungen orientieren sich am in Abbildung 3.20 auf Seite 119 dargestellten Ersatzschaltbild. Ziel ist die Herleitung der in Abschnitt 4.4.1 zur

Auslegung der induktiven Energieübertragung benötigten Spannungsübertragungsfunktion sowie der Strom-Spannungsübertragungsfunktion.

A.7.1. Herleitung der Spannungsübertragungsfunktion

Ausgehend von Abbildung 3.20 auf Seite 119 folgt mit $s = j\omega$ für die linke Masche 1:

$$\underline{U}_1 = \left(\frac{1}{C_1 s} + L_1 s + R_1 \right) \underline{I}_1 + M\underline{I}_2 s \tag{A.39}$$

und für die rechte Masche 2:

$$\underline{U}_2 = (-L_2 s - R_2)\,\underline{I}_2 + M\underline{I}_1 s \tag{A.40}$$

mit $\underline{I}_{C2} = C_2\underline{U}_2 s$ und $I_{RL} = \frac{U_2}{R_L}$ folgt mit der Knotenregel:

$$\underline{I}_2 = \underline{I}_{C2} + I_{RL} = C_2\underline{U}_2 s + \frac{U_2}{R_L}. \tag{A.41}$$

Wird Gleichung A.41 in Gleichung A.40 eingesetzt, folgt daraus:

$$\underline{U}_2 = \left(-L_2 C_2 s^2 - \left(R_2 C_2 + \frac{L_2}{R_L} \right) s - \frac{R_2}{R_L} \right) \underline{U}_2 + M\underline{I}_1 s. \tag{A.42}$$

Durch Auflösen von Gleichung A.39 nach $\underline{I}_1$

$$\underline{I}_1 = \frac{\underline{U}_1 - M\underline{I}_2 s}{\frac{1}{C_1 s} + L_1 s + R_1} \tag{A.43}$$

und Einsetzen von Gleichung A.41 ergibt sich $\underline{I}_1$ zu:

$$\underline{I}_1 = \frac{\underline{U}_1 - Ms\left(C_2\underline{U}_2 s + \frac{U_2}{R_L} \right)}{\frac{1}{C_1 s} + L_1 s + R_1} \tag{A.44}$$

Einsetzen in Gleichung A.42 und Auflösen nach $\frac{\underline{U}_2}{\underline{U}_1}$ ergibt die komplexe Spannungsübertragungsfunktion

$$\frac{\underline{U}_2}{\underline{U}_1} = \frac{C_1 R_L M s^2}{(C_1 C_2 L_1 L_2 R_L - C_1 C_2 R_L M^2)\,s^4} \cdots$$
$$\cdots \overline{+ (C_1 C_2 L_2 R_1 R_L + C_1 C_2 L_1 R_2 R_L - M^2 C_1 + C_1 L_1 L_2)\,s^3}\cdots$$
$$\cdots \overline{+ (C_1 L_1 R_L + C_2 L_2 R_L + C_1 C_2 R_1 R_2 R_L + C_1 L_2 R_1 - C_1 L_1 R_2)\,s^2}\cdots$$
$$\cdots \overline{+ (C_2 R_2 R_L + L_2 + C_1 R_1 R_2 - C_1 R_1 R_L)\,s - R_L + R_2}$$
$$\tag{A.45}$$

Bei Kopplung des primärseitigen mit dem sekundärseitigen Schwingkreis findet durch die Kopplung eine Wechselwirkung zwischen den Schwingkreisen statt. Ist der Kopplungsfaktor zwischen den Spulen sehr klein ($k \ll 1$), sind also die Spulen wie bei der geometrischen Anordnung im Künstlichen Akkommodationssystem nur leicht gekoppelt, wird der Primärschwingkreis durch den Sekundärkreis leicht gedämpft. Die Resonanzfrequenz des gekoppelten Systems ω liegt dann leicht unter der Eigenresonanzfrequenz ω_0 des Primärteils.

Generell muss während der Fertigung des Künstlichen Akkommodationssystems C_2 abgeglichen werden. In diesem Schritt kann C_2 theoretisch so gewählt werden, dass nicht der Sekundärkreis für sich, sondern die gekoppelten Schwingkreise bei Betriebsfrequenz in Resonanz sind. Ist diese Bedingung erfüllt, kann angenommen werden, dass sich die Blindwiderstände der Induktivitäten und Kapazitäten kompensieren und die Last eine rein Ohmsche Last für die Übertragungsstrecke darstellt. Der Imaginärteil von Gleichung A.45 wird damit bei Betriebsfrequenz Null. Der durch die Annahme eingeführte Fehler ist technisch nicht relevant und kann vernachlässigt werden. Mathematisch folgt daraus in Resonanz, dass $jX_L + jX_C = 0$ ist, woraus sich der Zusammenhang $\omega^2 C = \frac{1}{L}$ ergibt und womit sich Gleichung A.45 zu

$$\frac{U_2}{U_1} = \frac{M\omega^2 L_2}{\omega^2 M^2 + R_1 R_2 + \frac{L_2^2 \omega^2 R_1}{R_L}} \tag{A.46}$$

vereinfacht.

A.7.2. Herleitung der Strom-Spannungsübertragungsfunktion

Nach Abbildung 3.20 auf Seite 119 folgt durch Umstellen von Gleichung A.42 die Strom-Spannungsübertragungsfunktion für komplexe Größen:

$$\frac{\underline{U_2}}{\underline{I_1}} = \frac{j\omega\, M}{1 + \frac{R_2}{R_L} + j\omega\left(\frac{L_2}{R_L} + R_2\, C_2\right) - \omega^2\, L_2\, C_2} \tag{A.47}$$

Der Amplitudengang ergibt sich aus der Betragsbildung von Gleichung A.47:

$$\frac{U_2}{I_1} = \frac{\omega\, M}{\sqrt{\left(1 + \frac{R_2}{R_L} - \omega^2\, L_2\, C_2\right)^2 + \left(\omega\left(\frac{L_2}{R_L} + R_2\, C_2\right)\right)^2}} \tag{A.48}$$

Diese Übertragungsfunktion stellt den Zusammenhang zwischen der Ausgangsspannung U_2 und dem Eingangsstrom I_1 dar.

**Bereits veröffentlicht wurden in der Schriftenreihe des
Instituts für Angewandte Informatik / Automatisierungstechnik bei
KIT Scientific Publishing:**

Nr. 1: BECK, S.: Ein Konzept zur automatischen Lösung von Entscheidungsproblemen bei Unsicherheit mittels der Theorie der unscharfen Mengen und der Evidenztheorie, 2005

Nr. 2: MARTIN, J.: Ein Beitrag zur Integration von Sensoren in eine anthropomorphe künstliche Hand mit flexiblen Fluidaktoren, 2004

Nr. 3: TRAICHEL, A.: Neue Verfahren zur Modellierung nichtlinearer thermodynamischer Prozesse in einem Druckbehälter mit siedendem Wasser-Dampf Gemisch bei negativen Drucktransienten, 2005

Nr. 4: LOOSE, T.: Konzept für eine modellgestützte Diagnostik mittels Data Mining am Beispiel der Bewegungsanalyse, 2004

Nr. 5: MATTHES, J.: Eine neue Methode zur Quellenlokalisierung auf der Basis räumlich verteilter, punktweiser Konzentrationsmessungen, 2004

Nr. 6: MIKUT, R.; REISCHL, M.: Proceedings – 14. Workshop Fuzzy-Systeme und Computational Intelligence: Dortmund, 10. - 12. November 2004, 2004

Nr. 7: ZIPSER, S.: Beitrag zur modellbasierten Regelung von Verbrennungsprozessen, 2004

Nr. 8: STADLER, A.: Ein Beitrag zur Ableitung regelbasierter Modelle aus Zeitreihen, 2005

Nr. 9: MIKUT, R.; REISCHL, M.: Proceedings – 15. Workshop Computational Intelligence: Dortmund, 16. - 18. November 2005, 2005

Nr. 10: BÄR, M.: µFEMOS – Mikro-Fertigungstechniken für hybride mikrooptische Sensoren, 2005

Nr. 11: SCHAUDEL, F.: Entropie- und Störungssensitivität als neues Kriterium zum Vergleich verschiedener Entscheidungskalküle, 2006

Nr. 12: SCHABLOWSKI-TRAUTMANN, M.: Konzept zur Analyse der Lokomotion auf dem Laufband bei inkompletter Querschnittlähmung mit Verfahren der nichtlinearen Dynamik, 2006

Nr. 13: REISCHL, M.: Ein Verfahren zum automatischen Entwurf von Mensch-Maschine-Schnittstellen am Beispiel myoelektrischer Handprothesen, 2006

Nr. 14: KOKER, T.: Konzeption und Realisierung einer neuen Prozesskette zur Integration von Kohlenstoff-Nanoröhren über Handhabung in technische Anwendungen, 2007

Nr. 15: MIKUT, R.; REISCHL, M.: Proceedings – 16. Workshop Computational Intelligence: Dortmund, 29. November - 1. Dezember 2006

Nr. 16: LI, S.: Entwicklung eines Verfahrens zur Automatisierung der CAD/CAM-Kette in der Einzelfertigung am Beispiel von Mauerwerksteinen, 2007

Nr. 17: BERGEMANN, M.: Neues mechatronisches System für die Wiederherstellung der Akkommodationsfähigkeit des menschlichen Auges, 2007

Nr. 18: HEINTZ, R.: Neues Verfahren zur invarianten Objekterkennung und -lokalisierung auf der Basis lokaler Merkmale, 2007

Nr. 19: RUCHTER, M.: A New Concept for Mobile Environmental Education, 2007

Nr. 20: MIKUT, R.; REISCHL, M.: Proceedings – 17. Workshop Computational Intelligence: Dortmund, 5. - 7. Dezember 2007

Nr. 21: LEHMANN, A.: Neues Konzept zur Planung, Ausführung und Überwachung von Roboteraufgaben mit hierarchischen Petri-Netzen, 2008

Nr. 22: MIKUT, R.: Data Mining in der Medizin und Medizintechnik, 2008

Nr. 23: KLINK, S.: Neues System zur Erfassung des Akkommodationsbedarfs im menschlichen Auge, 2008

Nr. 24: MIKUT, R.; REISCHL, M.: Proceedings – 18. Workshop Computational Intelligence: Dortmund, 3. - 5. Dezember 2008

Nr. 25: WANG, L.: Virtual environments for grid computing, 2009

Nr. 26: BURMEISTER, O.: Entwicklung von Klassifikatoren zur Analyse und Interpretation zeitvarianter Signale und deren Anwendung auf Biosignale, 2009

Nr. 27: DICKERHOF, M.: Ein neues Konzept für das bedarfsgerechte Informations- und Wissensmanagement in Unternehmenskooperationen der Multimaterial-Mikrosystemtechnik, 2009

Nr. 28: MACK, G.: Eine neue Methodik zur modellbasierten Bestimmung dynamischer Betriebslasten im mechatronischen Fahrwerkentwicklungsprozess, 2009

Nr. 29: HOFFMANN, F.; HÜLLERMEIER, E.: Proceedings – 19. Workshop Computational Intelligence: Dortmund, 2. - 4. Dezember 2009

Nr. 30: GRAUER, M.: Neue Methodik zur Planung globaler Produktionsverbünde unter Berücksichtigung der Einflussgrößen Produktdesign, Prozessgestaltung und Standortentscheidung, 2009

Nr. 31: SCHINDLER, A.: Neue Konzeption und erstmalige Realisierung eines aktiven Fahrwerks mit Preview-Strategie, 2009

Nr. 32: BLUME, C.; JAKOB, W.: GLEAN. General Learning Evolutionary Algorithm and Method: Ein Evolutionärer Algorithmus und seine Anwendungen, 2009

Nr. 33: HOFFMANN, F.; HÜLLERMEIER, E.: Proceedings – 20. Workshop Computational Intelligence: Dortmund, 1. - 3. Dezember 2010

Nr. 34: WERLING, M.: Ein neues Konzept für die Trajektoriengenerierung und -stabilisierung in zeitkritischen Verkehrsszenarien, 2011

Nr. 35: KÖVARI, L.: Konzeption und Realisierung eines neuen Systems zur produktbegleitenden virtuellen Inbetriebnahme komplexer Förderanlagen, 2011

Nr. 36: GSPANN, T. S.: Ein neues Konzept für die Anwendung von einwandigen Kohlenstoffnanoröhren für die pH-Sensorik, 2011

Nr. 37: LUTZ, R.: Neues Konzept zur 2D- und 3D-Visualisierung kontinuierlicher, multidimensionaler, meteorologischer Satellitendaten, 2011

Nr. 38: BOLL, M.-T.: Ein neues Konzept zur automatisierten Bewertung von Fertigkeiten in der minimal invasiven Chirurgie für Virtual Reality Simulatoren in Grid-Umgebungen, 2011

Nr. 39: GRUBE, M.: Ein neues Konzept zur Diagnose elektrochemischer Sensoren am Beispiel von pH-Glaselektroden, 2011

Nr. 40: HOFFMANN, F.; HÜLLERMEIER, E.: Proceedings – 21. Workshop Computational Intelligence: Dortmund, 1. - 2. Dezember 2011

Nr. 41: KAUFMANN, M.: Ein Beitrag zur Informationsverarbeitung in mechatronischen Systemen, 2012

Nr. 42: NAGEL, J.: Neues Konzept für die bedarfsgerechte Energieversorgung des Künstlichen Akkommodationssystems, 2012

Die Schriften sind als PDF frei verfügbar, eine Nachbestellung der Printversion ist möglich. Nähere Informationen unter www.ksp.kit.edu.